THiNKr
新思

新 一 代 人 的 思 想

德浩谢尔动物与人书系

赵芊里 主编

以动物为镜子

动物们的自然生活之道

〔德〕

费陀斯·德浩谢尔

著

李媛 章吟 鱼顺 译

TIERISCH ERFOLGREICH.
ÜBERLEBENSSTRATEGIEN IM TIERREICH

VITUS B. DRÖSCHER

中信出版集团 | 北京

图书在版编目（CIP）数据

以动物为镜子：动物们的自然生活之道 / （德）费
陀斯·德浩谢尔著；李媛，章吟，鱼顺译 . -- 北京：
中信出版社 , 2023.1
　ISBN 978-7-5217-4890-1

　Ⅰ . ①以… Ⅱ . ①费… ②李… ③章… ④鱼… Ⅲ .
①动物学－行为科学－研究 Ⅳ . ① Q958.12

中国版本图书馆 CIP 数据核字 (2022) 第 204914 号

Tierisch erfolgreich: Überlebensstrategien im Tierreich by Vitus B. Dröscher
Copyright©1994 by Vitus B. Dröscher
Simplified Chinese translation copyright ©2023 by CITIC Press Corporation
ALL RIGHTS RESERVED
本书仅限中国大陆地区发行销售

以动物为镜子：动物们的自然生活之道
著者：[德]费陀斯·德浩谢尔
译者：李媛　章吟　鱼顺
出版发行：中信出版集团股份有限公司
　　　　　（北京市朝阳区惠新东街甲 4 号富盛大厦 2 座　邮编　100029）
承印者：　嘉业印刷（天津）有限公司

开本：880mm×1230mm　1/32　　印张：14
插页：8　　　　　　　　　　　　字数：325 千字
版次：2023 年 1 月第 1 版　　　　印次：2023 年 1 月第 1 次印刷
京权图字：01–2022–1758　　　　书号：ISBN 978-7-5217-4890-1
　　　　　　　　　　　定价：79.00 元

目 录

推荐序

　　我曾经是一个昆虫生态学家，受过系统的生物学训练。转行社会学后，我也经常思考人类行为乃至疾病的生物和社会基础，并且关注着医学、动物行为学、社会生物学以及和人类进化与人类行为有关的各种研究和进展。大多数社会科学家都会努力和艰难地在两种极端观念之间找平衡。

　　第一种可以简称为遗传决定论。这类观念在传统社会十分盛行。在任何传统社会，显赫的地位一般都会被论证为来自高贵的血统。在当代社会，虽然各种遗传决定论的观点在社会上广泛存在，但从总体上来说，遗传决定论的观点不会像在传统社会一样占据主宰地位，并且因为种族主义思想的式微，它们常常被视为政治不正确。与遗传决定论观念相对的是文化决定论，或者说白板理论。白板理论的核心思想是人生来相似，因此也生来平等，不同个体和群体在行为上的差别都来自社会结构或文化上的差别。白板理论有其宗教基础，但是作为一个世俗理论它起源于 17 世纪。白板理论是自由主义思想，同时也是马克思主义和其他左派社会主义思想的基础。白板理论对于追求解放的社会下层具有很大的吸引力，因此具有一定的革命意义。但是，至少从个体层面来看，人与人之间在遗传上的差别还是非常明显的。当然，除了一些严重的遗传疾病外，绝大多数遗传差异体现的只是不同个体在有限程度上的各自特色而已，但这差别却构成了人类基因和基因表达的多样性的基础，大大增进了人类作为一个物种在地球上的总体生存能力。可是，如果我们在教育、医疗乃至体育训练方式等方面完全忽视不同个体或群体在遗传特性上的差别，这仍然会带来一些误区。更明确地说，白板理论本是一个追求平等的革命理论，但因为它漠视了个体之间与群体之间在遗传上的各种差别，反而会将某些个体和群体，尤其是一些在社会上处于边缘地位的个体和群体置于不利的位置。

我们很难通过动物行为学知识来准确地确定大多数人类个体行为的生物学基础。个体行为的生物学基础很复杂。从个体行为或疾病和基因关系的角度来讲，很少有某一种行为或疾病是由单一基因决定的。此外，虽然某些基因与人类的某些行为或疾病有着很强的对应关系，但是这些基因在人体内不见得会表达，并且有些基因的表达与否与个体的社会行为有着不同程度的关联。但是，动物行为学知识仍然可以为我们提供一些统计意义上的规律。比如，吸烟肯定是社会行为，但是具有某些遗传因子的人更容易对尼古丁形成依赖；战争也肯定是社会行为，但是男性更容易接受甚至崇拜战争暴力。动物行为学知识还能反过来加深我们对文化的力量的理解。比如，人类的饮食行为和性行为明显来源于动物的取食和交配行为，但是任何动物都不会像人类一样发展出复杂的甚至可以说是千奇百怪的饮食文化和性文化。总之，动物行为学知识有助于我们深入了解人类行为的生物学基础，以及文化行为和本能行为之间的复杂关系。

与其他动物相似，在面对生存、繁殖等基本问题时，人类发展出了一套应对策略，其中大量的应对策略与其他动物的应对"策略"有着不同程度的相似。正因此，动物行为学知识可以为我们提供类比的素材，能为我们考察人类社会的各种规律提供启发。比如，在环境压力下，动物有两种生存策略：R策略和K策略*。R策略动物对环境的改变十分敏感，它的基本生存策略是：大量繁殖子代，但是对子代的投入却很少。因此，R策略动物产出的子代往往体积微小，它们不会保护产出的子代。R策略动物在环境适宜时会大量增多，但是在环境不适宜时，它的种群规模和密度就会大幅缩减。K策略动物则能更好地适应环境变化。它们产出的子代不多，但是个体都比较大，它们会保护甚至抚育子代。K策略动物的另一个特点是它的种群密度比较稳定，或者说会稳定在某一环境对该种群的承载量上下。简单来说，R策略动物都是机会主义动物——见好就长、有缝就钻、不好就收；K策略动物则是一类追求稳定、有能力控制环境，并且对将来有所"预期"的动物。

我想通过一个具体例子来简要介绍一下R策略和K策略行为在人类社会中的体现：假冒伪劣产品和各种行骗行为在改革开放初期很长一段时间内充斥着中国市场。对于这一现象，学者们一般会认为这是中国的传统美德在"文革"中遭受了严重破坏所致。其实，改革开放初期"下海"的人本钱都很小，但他们所面对的却是十分不健全的法律体系、天真的消费者、无处不在的商机以及多变且难以预期的政治和商业环境。在这些条件下，各种追求短期赢利效果的机会主义行为（R策略）就成了优势行为。但是，一旦法律发展得

---

* 这里的R（Rate的首字母）实际含义是谋求尽可能大的出生率，因此，生物学意义上的"R策略"可以简要意译为"多生不养护策略"。K是德语词Kapazitätsgrenze（相当于英语中的capacity limit）的首字母，其实际含义是"（考虑环境对种群的承受力，）将出生率和种群规模及密度控制在环境可承受（即资源可支持）的范围内"；因此，生物学意义上的"K策略"可以简要意译为"少生多养护策略"。为了适应讨论类似的社会现象的需要，社会学者们在使用表示这两种策略的术语时，可能会在其生物学意义的基础上对其含义有所拓展或改变，这是读者应该注意并仔细辨析的。——主编注

比较健全，政治和商业环境的可预期性提高，消费者变得精明，公司和企业的规模增大和控制环境能力增强，这些公司和企业的管理层就会产生长远预期。在这种时候，追求稳定环境的 K 策略就成了具有优势的市场行为。这就是为什么通过假冒伪劣产品和各种行骗手段致富的行为在改革开放初期十分普遍，但是在今天，各类公司和企业越来越倾向于通过新的技术、高质量的产品、优良的服务、各种提高商业影响的手段甚至各种垄断行为来稳固和扩大利润。能从改革开放初期一直延续至今并且还能不断发展的中国公司有一个共同点，那就是它们都经过了一个从早期的不讲质量只图发展的 R 策略公司到讲质量图长期回报的 K 策略公司的转变。中国公司或企业的 R—K 转型的成功与否及其成功背后的原因，是一个特别值得研究的课题，却很少有人对此做系统研究。

以上的例子还告诉我们，一个动物物种的性质（即它是 R 策略动物还是 K 策略动物）是由遗传所决定的，基本上不会改变。但是公司或企业采取的 R 策略和 K 策略却是人为的策略，因此能有较快的转变。更广义地说，动物行为的形成和改变主要是由具有较大随机性的基因突变和环境选择共同决定的，因此动物行为具有很强的稳定性。与之对比，人类行为的形成和改变则主要由"用进废退、获得性状遗传"这一正反馈性质的拉马克机制决定。*

通过以上的例子，我还想说明，虽然动物行为学能为我们理解人类社会中各种复杂现象提供大量的启发，但是类似现象背后的机制却可能是完全不同的：决定生物行为的绝大多数机制都是具有稳定性的负反馈机制，而决定人类行为的大多数机制却具有极不稳定的正反馈

---

* 近几十年生物学的研究发现，基因突变与环境会有有限的互动，或者说基因突变也有着一定程度的拉马克特性。

性。通过对动物行为机制和人类行为机制的相似和区别的考察，我们不但能更深刻地理解生物演化*和人类文化发展之间的复杂关系，还能更深刻地了解人类文化的不稳定性。具体说就是，任何文化都必须要有制度、资源和权力才能维持和发展。这一常识不但对文化决定论来说是一个有力的批判，也可以使我们多一份谨慎和谦卑。

最后，通过对动物行为学的了解，以及对动物行为和人类行为之异同的比较，我们还能加深对社会科学的特点和难点的理解。比如，功能解释在动物行为学中往往是可行的（例如，动物需要取食就必须有"嘴巴"），但是功能解释在社会科学中往往行不通。大量的社会"存在"，其背后既可能是统治者的意愿，也可能是社会功能上的需要，更可能是两者皆有。再比如，我们对于某一动物行为机制的了解并不会在任何意义上改变该机制本身的作用和作用方式。但是，一旦我们了解了某一人类行为背后的规律，该规律的作用和作用方式很可能会发生重大变化。关于诸如此类的区别，笔者在几年前发表的《社会科学研究的困境：从与自然科学的区别谈起》一文中有过系统讨论。此处不再赘述。

我常常对自己的学生说，要做一个优秀的社会学家，除了具备文本、田野、量化技术等基本功，具备捕捉和解释差异性社会现象的能力外，还必须学会在动态的叙事中同时玩好"七张牌"，并熟悉与社会学最为相关的三个基础性学科。这"七张牌"分别是：政治权力、

---

* 　这里的"演化"在赵老师写的《推荐序》原文中用的是"进化"，经赵老师同意后改为"演化"。之所以将"进化"改为"演化"，原因之一是本书系已统一将 Evolution 译为"演化"，但更重要的原因是为了避免"进化"一词所具有的误导作用。Evolution 的完整含义不仅包括正向的演化即进化，也包括反向的演化即退化，还包括（在环境不变的情况下）长期的停滞（既不进化也不退化）。将 Evolution 译为"进化"，只是表达了其上述三方面含义中的一个方面，更严重的问题是：它会使未深入学习过演化论的人误以为任何生物的演变都只有一个方向，误以为生物（乃至社会）都是从简单到复杂、从低级到高级单向变化的。——主编注

军事权力、经济权力、意识形态权力的特性，以及环境、人口、技术对社会的影响。三个基础性学科则是：微观社会学、社会心理学、动物行为学（特别是社会动物的行为学）。从这个意义上来说，一个合格的社会科学家必须具备一定的动物行为学知识，并且对动物行为和人类行为之间的联系和差异有着基本常识和一定程度的思考。

前段时间，我翻看了尤瓦尔·赫拉利所著的《人类简史》。这是一本世界级畅销书，受到了奥巴马和比尔·盖茨这个级别的名人的推荐。但我发觉整本书在生物学、动物行为学、古人类学、考古学、历史学、社会学、现代科技的知识方面有一些似是而非、不够严谨之处。如果读者对以上学科有着广泛的认识，便可以看出书中的问题。从这个意义上来说，我非常希望我的同事赵芊里主持翻译的这套动物行为学丛书能在社会上产生影响，甚至能成为大学生的通识读物。我希望我们的读者能把这套书中的一些观点和分析方法转变成自己的常识，同时又能够以审视的态度来把握其中有待进一步发展和修正的观点，来品悟价值观如何影响了学者们在研究动物行为时的问题意识和结论，来体察当代动物行为学的亮点和可能的误区。

是为序。

赵鼎新

美国芝加哥大学社会学系、中国浙江大学社会学系

2019-9-26

以动物为镜子：动物们的自然生活之道

第一章

动物之镜
人与动物间浮动的分界线

第一节　雌性如何驯服"蛮横"的雄性
——狒狒社会中的恶行

大块头狒狒山姆生活在肯尼亚西部。在一个由 120 名成员组成的野生草原狒狒群中，它是地位最高且最凶恶的雄性成员：山姆全身肌肉发达，尖锐的犬齿发出森森寒光。如果谁没有尽快给它让路，那它就会在对方脖子上狠狠地咬上一口。依靠暴力谋生的山姆能否成为东非荒野上动物群体首领效仿的典范呢？

绝不可能！狒狒群中的其他成员都回避、疏远山姆，这个刚成年的"年轻人"依靠武力根本尝不到一点甜头。每天清晨，整个群体会从夜晚栖息的岩石出发，向有食物的区域行进。此时，只要山姆一走到队伍最前面，试图确定群体的行进方向，整支队伍便会即刻改变路线，将它独自留在草原上。狒狒"群众""民主地"违抗命令，从而剥夺了强者的指挥权。

无赖永远无法俘获异性的芳心，也只能拿伙伴的残羹冷炙凑合着填饱肚子，因为它不知道能在何处觅得可口的食物。一次，山姆妄图去咬一只狒狒幼崽，这只小狒狒随即发出了刺耳响亮的尖叫声。霎时，所有雌狒狒都靠了过去，将山姆这个作恶者痛揍了一顿，并将它赶出了狒狒群。

雌狒狒的行为颠覆了迄今为止学界对动物社群生活中残暴"蛮横"的雄性所扮演的角色的所有认识——无论是在进攻性、等级制方面，还是基于"强者为尊"观念的群体生活。这一结论由研究员雪莉·斯特鲁姆（Shirley C. Strum）得出。她得到了狒狒群的接纳，并作为正式成员和它们共同生活了 15 年。

为什么身强力壮的雄狒狒无法成为群体领袖呢？因为雌性会将它们驯得服服帖帖。雄性一旦长大便会离开曾经的群体，试图加入新的群体。新群体为母系氏族制。这是一种按照母系确立群体成员地位的制度，首领并非雄性。

下面让我们来看看猴类社会中雄性的辛酸史。

尽管雄性拥有身体优势，但新生雄性仍会受到群体的轻视，到它成年时，与它青梅竹马的雌性也会拒绝它的求爱。我们称其为"雌雄同群的负面影响"。

在狒狒家族中，成年的年轻雄性无法得到本族雌性的青睐。斯特鲁姆观察了一群处于断奶期的"小男孩"：它们远离母亲，"哭得撕心裂肺，整个身体因为痛苦而不住地抽搐"。虽然年轻的雄狒狒不会遭到群体驱赶，但它却会自愿离开。它先是进入本群与他群领地的边界——那里远离本群的雌性，靠近狮子和猎豹的活动区域。若与邻近的狒狒群不期而遇，它便会在那里（如水洼旁）观察它们。

年轻的雄狒狒最终会离开生养自己的狒狒群，独自跨越广袤的草原，缓慢而警惕地靠近陌生的狒狒群。不同于雄狮成功且血腥的征服习惯，年轻的雄狒狒从不与其他雄狒狒同行，总是一个独行侠。雄狒狒之间的竞争关系毫无友谊可言。尽管偶尔会结成短暂的联盟，但它们都坚守着一个理念："帮助盟友，但切不可过分！"

品行最劣者是最大的输家
拳脚规则与社会制度

当身为外来者受到惊吓时，这位"英雄"便会立刻回到原生群体，重新投入母亲的怀抱。当它最终鼓起勇气接近陌生的群体时，在那里迎接它的是一个由幼崽和年轻成员组成的"欢迎委员会"。新群体中的雌性也会对它表现出巨大的兴趣，就像对待其他新来的雄性成员那样。

这是所谓"外族雄性效应"和纯粹的好奇。但是，新群体中的雌狒狒不会给新来的异性成员提供一丁点逾越雷池的机会。

与人类社会中的常见习惯不同，狒狒群中谁都不会驱逐或欺压新成员。现任群首领完全无视新成员，而这一行为令这个初来乍到的家伙受到鼓舞，它的行为从最初的小心试探逐渐变得肆无忌惮。于是，在短短几天的避难时间里，它就从腼腆害羞的"新人"逐渐转变为狒狒群中最厚颜无耻、最具攻击性、地位最高的成员。这与绝对免责机制诱导犯罪的过程一样。

等级观念的变革已在新成员融入群体的过程中显露出来：雄性新成员身强体壮，极具进攻性，因此地位最高。此时，其他成员因为不想挨揍，往往会避免和它正面对峙。但在很长一段时间里，这个蛮横的雄性还无法左右其他成员。因此，我们应严格地将以下两个概念加以区分：**用拳脚打出来的地位**与**根据社会影响力而确定的等级**。

无论是在狒狒群还是在人类社会中，这二者都不可画等号。

这位放肆的新成员在它接下来的生活中向我们展示了新群体鲜为人知的一面。斯特鲁姆将群体中的雄性分为三种类型：

第一种是在群体中逗留数日至 1 年半的新成员。因为新成员需要 1 年半时间来融入新群体。这类成员最为好斗，并通过打斗来跻身群体等级金字塔的顶端。鉴于重返原生群体是件丢脸的事，所以，1 年半之后，雄狒狒若仍未能融入新狒狒群，便会再找一个狒狒群，并在那里更好地表现自己。

第二种是短期成员，它们在群体中的逗留时间为 1 年半至 3 年。雌狒狒已将其驯服，它们举止得当，相对而言没那么强的攻击性，也因此只能处于群体等级金字塔的中层。

第三种则是在群体中生活了 3 年至 10 年的老成员。这些元老十分温顺，几乎毫无攻击性，但却处在群体等级金字塔的最底层——这真是一项令人诧异的发现。

悖论就此产生：最讨雌狒狒欢心，拥有最好的食物和最舒适的休憩之所，享有生活所需的各种资源的，却是第三类雄狒狒，也就是最温顺、地位最低的雄性！与此相反，那些地位最高的雄狒狒并不中用，都只是失败者——这个研究结果颠覆了我们迄今为止对力量与统治关系的所有认知。

雌性的统治策略
用剥夺交配权当作惩处与缓冲攻击的方法

一种极富启发性意义的社会机制控制着上述现象。狒狒群的社会制度由雌性建立而成，它们通过三种统治手段来驯服雄性。

第一种统治手段是建立稳定的社会结构。这一结构贯穿群体成员的一生，不会因为成员的离开而被削弱，其中同时包含了祖孙、母女、姨侄等所有母系亲属关系。一个拥有 100~200 名成员的草原狒狒群体可分为若干所谓的母系家族。每个家族都由雌狒狒及其后代组成，它们彼此拥有血缘关系，情谊牢不可破。雄狒狒们会在此试图通过长期奉献的方式融入群体，但即便它们取得成功，也只是暂时的。

狒狒群中最年高望重的雌狒狒是大家族中所有成员的母亲，它在群体中拥有绝对的领导权。位列第二的是群体中年龄最小的幼崽，而非年龄仅次于群首领的雌狒狒——拥有绝对领导权的雌狒狒确保了幼崽的这一地位。在狒狒群中排第三的是年龄稍长的幼崽，成员地位以此类推。在这个母系氏族群体的等级顺序中，只有排完所有幼崽之后才轮得到年龄仅次于群首领的雌狒狒。

成员数量最多的家族在整个群体内部拥有话语权。这个家族中的所有成员，无论其体弱多病抑或是年纪尚幼，都凌驾于群体中所有其他成员之上。

虽然雌狒狒间会时不时地发生口角，有时也会无关痛痒地相互咬上几口，但是根据群体等级关系，"获胜者"几乎从一开始就已经确定了。既然这样，雌狒狒群中为什么仍会发生争吵和冲突呢？虽然"落败者"不想过于冒险，不过每只雌狒狒总想一再试探他者的底线。但在雌狒狒必须对抗暴怒的雄性时，大家又会再度团结在一起。

雌狒狒间真正的友谊的基础也因此产生。除了个别不共戴天的仇敌外，每一只雌狒狒都拥有一个由同伴、战友、帮手组成的呈放射状的关系网。它们的关系只需要建立在互相"给予－索取"的基础上，即使是没有亲缘关系的个体也会被纳入这一网络。各个家族的首领彼此交好，各家结为同盟，忠诚相待，密不可分。和雄狒狒不同的是，雌狒狒的友谊牢不可破。这也为雌狒狒以数量优势共同对抗不受欢迎的雄狒狒打下了牢固的基础。

第二种统治手段是拒绝与不受欢迎的雄性交配。当这类雄狒狒靠近时，雌狒狒拔腿就跑，让它们在身后不停地追赶，直至其筋疲力尽。雄狒狒若试图强暴雌狒狒，就会被群起围攻。其实雌狒狒在选择配偶时有明显的偏好，只有家族中的老朋友才能享受到它们的爱。

第三种统治手段是扮演成被动的防御者。雌狒狒用这种方法对抗新来的凶恶蛮横的雄狒狒，借此保护温顺的雄狒狒！雌狒狒与其幼崽是年长雄狒狒们的保护伞，即所谓的"碰撞缓冲器"。

这个现象十分有趣，最早发现于生活在摩洛哥阿特拉斯山脉中的野生地中海猕猴群体中。如今，这种行为对草原狒狒社会结构的重要意义已获证实。

当一只地位低下的雄狒狒被另一只地位更高的雄狒狒攻击时，它会抓过来一只狒狒幼崽、一只年纪稍长的狒狒或雌狒狒，将其像盾牌一般挡在"敌人"面前。这一行为可以产生魔幻般的力量，迅速阻止攻击；而充当"碰撞缓冲器"的狒狒们显然清楚情况，丝毫不会感到恐慌。

这种平定乱象的方式绝对行之有效，但并非每只雄狒狒都能享受这种待遇。在此之前，处于弱势的雄狒狒必须花费数年时间，承担起"社群奶爸"或是"替补母亲"的工作。通过大量真挚的付出，它使自己成为狒狒群成员值得信赖的伙伴和朋友。对它而言，最好能同时赢得几位异性的信赖与好感。

若不努力获得"权益保护伞"，那么，雄狒狒的境遇将会截然相反。例如，当一只极具攻击性的新雄性成员欲用此计使自身免受群体惩罚时，幼崽便会大声嚎叫，向其冲过去。与此同时，其他群体成员也会群起而攻之。

被驯服的雄狒狒
真正的恶行

　　如果一只雄狒狒没有通过忠诚的服务顺利地与若干雌狒狒建立起友谊，那它就是一名失败者，必须得离开群体。而如果它成功了，只要雌狒狒进入发情期，那它便拥有了交配的好机会。好斗的新来者渐渐意识到：将力量用在争斗中只是白费力气；权位之争不仅多余，而且有害。雌性就这样慢慢磨平了雄性的攻击欲。

　　由于各只雄狒狒的性格不同，它们社会化的过程也存在差异。斯特鲁姆观察了两类群体新成员：一种喜怒无常，无法同他者相处，并且不得不在短时间内再度离开；另一种新成员则会很快在攻击与地位之争中做出调整，以适应群体规则，获准留下。

　　具体来说，斯特鲁姆发现外来雄狒狒有两种"再移居阶段"：

　　其一，若雄性在加入新群体最晚 1 年后仍未同任何一只雌性发展出友谊，那它便会选择离开。在下一个或下下个群体中，这些雄性就会控制自己的攻击欲，以便融入新集体。其二，雄狒狒在融入新群体 5 年后会再次选择离开，不过是出于完全不同的理由：这一时期，在其配偶所处的"妇女茶话会"中，它的女儿们逐渐发育成熟。我们已经从诸多动物那里发现了乱伦禁忌，雄狒狒也会避免与自己的孩子性交。因此，雄狒狒必须越发长久地抑制自己的本能。这种失落感迫使它们再次离群。

　　在成员数量众多的雌狒狒团体中，雄狒狒最长能忍受 10 年。随后，社交能力高超的雄性便会变换自己的"俱乐部成员资格"，再次快速融入新的集体，然后在那里一直待到 30 岁左右，直至其生命之火熄灭。

　　因此，雌狒狒才是草原狒狒群体的主心骨，是保证群体稳定和延续的基石。相反，雄狒狒则会在或长或短的时间内加入不同的"协会"。

此外，雪莉·斯特鲁姆通过其15年的研究成果向我们揭示了一个关于草原狒狒的攻击性现象的全新视角。该视角极具里程碑式的意义：

19世纪中叶，学界将动物的攻击性看成正常行为功能失调的结果。随后，康拉德·洛伦茨（Konrad Lorenz）将种群内部的攻击行为视为解决同类间领土、伴侣、地位、食物与栖息地等争端的方式。他认为，种群内的攻击行为只是一种"所谓的恶行"，在动物的生存与延续方面，它其实起到了积极作用。

作为对弱者不公平待遇的辩解，该命题被一些人运用于政治、经济以及人际关系实践中，急切地为自身行为辩护；而另一些人则极力地反对该命题。

从现在起，攻击性又有了不同的面貌，至少从狒狒群的社会结构中来看是如此：它不再是"生存之战中胜利者所具备的优势"，年轻的雄狒狒对争斗的狂热情感不会有任何结果。在狒狒群中有另外一种生活方式，那就是和平相处，互相帮助，建立彼此间的友谊。它们不用拳打脚踢而利用社交策略和平地融入新群体，运用技巧而非暴力完成目标，结交朋友而非相互攻击。

所以，在狒狒社会中，内部攻击只会以毁灭性方式出现，给同伴带来创伤。无论是对群体还是对个体而言，均有百害而无一利。因此，种群内部的攻击不是"所谓的"而是"真正的"恶行。但不同于人类的是，猴类有完美的社会机制，以平衡年轻雄性成员的攻击性。

当然，在动物界，同种的动物间也存在着排挤战与灭绝战，例

以动物为镜子：动物们的自然生活之道

如：雄羚羊会为了争夺交配领地大打出手，雄虎、雄马鹿种群内部有发情期之战，饥肠辘辘的北极熊、秃鹫会为了食物而战，就连花园里的雄乌鸫都在拉扯彼此的羽毛。

但是，难道人类可以用动物的攻击性来为我们自身的攻击行为辩护吗？我们既不像老虎或北极熊那样独居，也不像羚羊、鹿那样过着开放的群居生活，人类生活在组织良好的社会团体中，有着近似于草原狒狒的一定的群体结构。如果我们带着虎豹般的攻击性生活在"无毛猿类"的群体中，那么，一切不幸都会因我们错误且非理性的行为接踵而至。

雄性统治的垮台
雌性有更好的治理方法

男性行为研究者至今对狒狒的生活有着完全错误的认识。他们认为，群体中的首领是一个身强力壮、具有攻击性的雄性，或由三只雄狒狒结盟而成，而一大群幼崽与雌性处于群体底层，其中雌性是雄性领导集团的性奴隶。

这其实是一种带有性别歧视的两性社会角色模型，即认为：在两性关系中，雄性占有支配地位。相应的解释发人深省：20 世纪 50 年代中期及之前，第一代狒狒研究者无一例外皆为男性。当时，他们的田野观察时间十分短暂，而且，他们只对雄性动物感兴趣。他们用自己的男性世界观对这些雄性动物的行为加以阐释。在此研究视角下，他们的观点获得了持相似看法者的支持。

在这之后，情况发生了显著改变。在自然环境中观察动物的研究人员数十年如一日地工作在科研一线。代表性学者多为女性：狒狒研究者雪莉·斯特鲁姆，**青潘猿**（黑猩猩）研究者珍·古道尔

（Jane Goodall）、斯特拉·布鲁尔（Stella Brewer），已遇害的杰出的**高壮猿**（大猩猩）研究者戴安·福西（Dian Fossey），**红毛猿**（猩猩）研究者芭芭拉·哈里森（Barbara Harrison），马达加斯加狐猴研究者艾莉森·乔利（Allison Jolly），侏獴研究者安妮·拉莎（Anne E. Rasa），裸鼹鼠研究者詹妮弗·贾维斯（Jennifer Jarvis），等等。在此，我仅举几例。正是这些女性学者的付出，才能让动物行为学研究在近几十年里得到快速发展，并在野生动物的社会行为领域获得重要成果。与此相比，男性学者们几乎都只是在实验室里闭门造车。

从前，学者们在研究动物行为时会带入父权式的偏见，而斯特鲁姆为这一不当做法画上了句号。她反对的是什么呢？并不是"强势"性别对"女权"的轻视。因为如果雌性接过了雄性的社群角色，那就意味着"女权"的胜利。倘若政权更迭之后，雌性们依旧继续沿袭雄性的做法，劣迹斑斑，那么，此时身处旧时雄性王权地位的"女士们"又会做些什么呢？从社会原则层面而言，它们什么都不会做。狒狒群体的实例告诉我们，与雄性的治理方法相比，雌性的方法能够更好地统领群体。

---

* 在汉语中，四种大猿的西方语言（以英语为例）名称 Orangutan、Chimpanzee、Bonobo、Gorilla 迄今分别被通译为猩猩、黑猩猩、倭黑猩猩、大猩猩。由于这些大猿名过于相似，汉语界缺乏专业知识的普通大众乃至大多数知识分子都搞不清楚它们之间的区别，因而经常将这些词当作同义词随意混用或乱用，从而给相关的言语交流和知识传播带来很大不便。为解决这一困扰华人已久的问题，经长期考虑，本书系主编赵芊里提出一套大猿名称的新译名。其一，将 Chimpanzee 音意兼译为青潘猿；其中，"猿"是人科动物通用名；"青潘"是对"Chimpanzee"一词前两个音节的音译，也兼有意译性，因为"潘"恰好是这种猿在人科中的属名，而"青"在指称"黑"[如"青丝"（黑头发）、"青眼"（黑眼珠）中的"青"]的意义上也具有对这种猿的皮毛之黑色特征的意译效果。其二，将 Bonobo 意译为祖潘猿，因为这种猿的刚果本地语名称"Bonobo"意为（人类的）"祖先"，而这种猿也是潘属三猿之一，是青潘猿和（可称稀毛猿的）人类的兄弟姐妹动物，而且是潘属三猿之共祖的最相似者。其三，将 Gorilla 意译为高壮猿，因为这种猿是现存的猿中身材最为高大粗壮的。其四，将 Orangutan 意译为红毛猿，因为这种猿是唯一体毛为棕红或暗红的猿，红毛是这种猿与其他猿最明显的区别特征。本书此后出现的大猿名称都照此翻译，不再另加说明。——主编注

雪莉·斯特鲁姆写道："魁梧的身材、强健的体魄与巨大的力量为雄狒狒们带来了什么呢？它们不停地让自己出演遭到群体驱赶的场景。雄狒狒们将曾经的一切，所有安定的、友好的、值得信赖的一切通通抛诸身后，它们抛弃了社群关系、朋友（包括盟友）、经验、知识……归根结底，抛弃了一切狒狒的智慧。而后，它们便不得不在新群体中为自己打造全新的生活。尽管付出了巨大努力与耐心，它们最终获得的回报却远不如一只雌狒狒所拥有的多。'她'从未离家，在群体中，仅仅借助一个眼神、一个手势或是'咕咕'声就能获得想要的东西。我为雄狒狒深感遗憾。"

女权主义者或许会感到失望。其关键在于，雌狒狒在群体中建立了一套完全不同于雄性所建立的集体生活体系。它们摒弃了雄性的攻击性行为，同时，防止雄性将那种崇尚攻击的生存法则强加到雌性身上。

雌雄狒狒之间也不存在不切实际的平等主义。在斯特鲁姆看来，雌性、雄性在群体中扮演着不同的互补角色，它们都无法更好地完成对方的任务。雄性充满活力，喜欢冒险，是对抗猎豹与其他天敌的防卫者；而在保持家庭和睦的关系中，雌性是安静的一方，它是社群稳定、团结可靠的保证。

人性中是否潜藏着杀戮欲？
须在思想层面控制攻击欲

这些有关草原狒狒的研究结果令人兴奋，它们能否对人类的演化研究提供帮助呢？青潘猿是人类在动物界的至亲，两者遗传物质的相似度高达99%。相比之下，人类和狒狒间的亲缘关系就要远得多了。

不过，阿德里安·科特兰德（Adriaan Kortlandt）针对青潘猿提出了"人性退化"或"反向演化"假说。他表示：人类和青潘猿拥有共同的祖先，当那个共祖的一个后代分支演化成人时，青潘猿则走上了一条相反的演化道路。相比今天的青潘猿，人类与青潘猿的共祖猿与今天的人类更为相似。

人类和青潘猿的共祖猿以群居的方式生活在热带雨林、沼泽雨林及山林中，群体成员有24~36个；在这种共祖猿群体中，只有个别成员会进入热带稀树草原。与此相反，草原狒狒的群体十分庞大，群体成员可达200名。它们成群地移居至开阔的草原或布满荆棘丛的草原，并在那里发展出了一套防御猛兽的复杂系统。

这正是猿人和早期人类的社会组织形式。他们不像热带雨林中的青潘猿那样生活在小团体中。因为对他们而言，在这种气候环境中，狒狒式的社会行为方式是一种成功的生存策略。我们可以推断：猿人和早期人类群体的社会结构和行为与狒狒的存在相似之处。

在演化过程中，原本平和温顺的人类演化出了富于攻击性的特点。直到不久之前，人类学家仍将其解释为人类语言的产生所带来的结果。现在，我们必须将人与动物之间的分界线再往动物那侧推一推。在演化过程中，灵长目动物采取集体性抵御攻击策略的时间比我们之前所认为的要早得多。因此，"攻击行为无法避免"的说法实际上无法自圆其说。

以下结论对人类和平行为的研究具有重要意义：

持"野蛮人"观点的学者声称，人的内心潜藏着"杀手猿"的遗风。那是一种天性野蛮、残暴的动物，但人类的天性却并非如此。人类是爱好和平的高等灵长目动物。因此，给军队装备可毁灭人类自身的杀伤性武器，完全是因为人类无法认清这些关系，也无法用

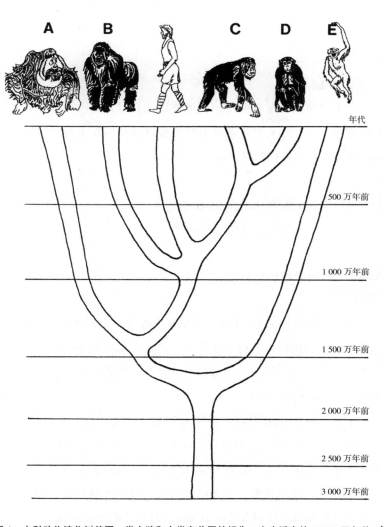

图1 人科动物演化树状图。类人猿和人类有共同的祖先，它生活在约 1 700 万年前。
那时，那种共祖动物出现了一个分支，朝着类人猿方向演化 [合趾猿（ E ）、长臂猿、白
眉长臂猿和黑掌长臂猿]。1 400 万年前，类人猿中的一个分支开始向红毛猿（ A ）方向
演化。900 万年前，又有一个分支开始向（山地与平地）高壮猿（ B ）方向演化。700 万年前，
则出现了向青潘猿（ C ）和祖潘猿（ D ）方向演化的一个分支

---

* 　美国科学院院士、人类学家康拉德·科塔克教授认为：猿与人的最早共祖即（半猴半猿的）原
　　猿出现在约 2 500 万年前，现代猿出现于约 1 800 万年前。此处出现的 1 700 万年前应该是指
　　当时学界认可的最早的现代猿出现的时间。参见：Conrad Kottak, Anthropology: The Exploration
　　of Human Diversity (Chapter 7), New York: McGraw-Hill, 2008。——主编注

思想控制攻击欲望。

　　人类之所以会用如此可怕的方式误读自己，是因为一种异化自然的观点。人类抱着这种观点看待世界以及我们在宇宙中所处的位置。接下来，就让我们谈一谈这个话题。

第二节　在自然界示教前拯救动物
——人为灾害始于学校

动物们是没有灵魂的机器吗？
何谓反射？

　　动物（如狒狒）行为的研究成果是否能帮助我们建立适用于人类的模型呢？自诺贝尔奖得主康拉德·洛伦茨的系列著作出版，这已不再是个问题——尽管本书写作时，他有关动物心理学的理论尚在初期阶段，且仍存有缺陷。

　　不过，现在仍有很多人排斥这种做法，尤其是一些生物老师。他们认为没有必要，也不应该将动物的行为模式套用到人类身上。鉴于本书欲论证"人与自然和谐相处"这一观点的重要性，我将引入下文作为一段小插曲。下文将通过对动物行为准则的探讨，来确定人类的地位以及评判人类社会与行为合理性的理论基础。

　　在德国，生物学科教学的唯一结果就是：年轻人一旦走出校园踏上社会，在其接下来的人生旅途中将再也不想看见、不想听到关于自然和动物的一切东西。人们的心中盘踞着无知、麻木和冷漠，而非对生命和谐共处的理解与爱。我们就这样培养出了未来的环境杀手。只有少数教师还热爱自然，因而令人稍感欣慰。

　　　　　　　　　　　以动物为镜子：动物们的自然生活之道

生物学是有关生命与自然造物的学说，也恰恰是当今唯一能从各方面帮助我们的学科。人类文明深陷反自然的恶性循环之中，恰恰是生物学能将我们拖出泥沼。它是我们最后的希望，使我们从非人性化的技术、理论和教条之中找到一条重返自然人性的出路。

如今，我们在课堂上传授的生态学知识过少，且仅仅将其作为生物学的一部分，但这些知识却向我们展现了保护自然环境免受污染和破坏的方法。同样，**动物行为学研究成果可为我们提供走出人际关系恶化困境的答案**。这正是我想在本书中呈现的内容。

可是现实与我们的期许大相径庭。学校只会教学生数蜘蛛有几条腿、花有几个瓣，让他们死记硬背腕骨的名称。高中高年级开设的生物化学课则教授学生脱氧核糖核酸（DNA）的组合形式，看到一棵生机勃勃的绿树时却只能想到光合作用。相比数学老师和拉丁语老师，生物老师深受自卑情结的困扰。为了弥补这一缺憾，生物学教师倾向于在教学实践中将知识复杂化，把它们变为可憎的"生物学累赘"。作为四个高中毕业生的父亲以及一个拥有两年教龄的生物学教学专员，我清楚地知道自己在说些什么。

学生们硬啃三羧酸循环模型知识，却无法区分野兔和家兔。他们从未听说过促使动物交配的力量，对母性的表现一无所知，对动物的群体生活法则更是毫不了解。当我请教一位生物老师究竟何谓本能时，他支支吾吾，最后转移了话题。

本能无非就是为了揭示，源自（存在于脑干和间脑的）潜意识的神经冲动对人类行为动机的控制方法。当人的行为彻底变为非理性时，人的理智往往会受到本能冲动的误导。动物心理学能为人类有意识地控制本能冲动的负面影响提供重要的启发。

但很多顽固不化、失去理性的人认为：只有动物才会受到原始本能的支配，而人类拥有的唯一本能就是性欲。因此，他们为自己的性冲动感到羞耻，却不知各种本能都是为动物的生存服务的。本能是造物者赐予我们的最宝贵的财富之一。

不了解"本能"的作用方式，就无法理解所有导致下意识行为的动机。我们将在下文中对作为原始自然力的反射和本能做简要描述。

以下是围绕"反射—本能—行为动机"三段式的"补课概要"。非条件反射（如膝跳反射）是外界刺激源（如用橡胶榔头敲击膝腱）刺激感官细胞引起的反应。改用电流刺激后，感官细胞所接收的刺

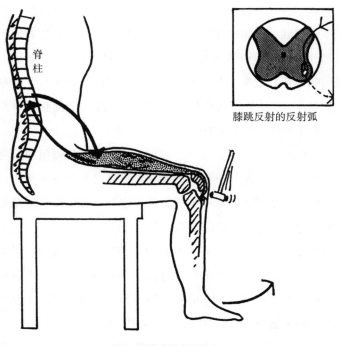

图2 脊柱引起截面扩大

激会通过神经传至脊髓。电流刺激在脊髓中会立刻自动转换为神经信号并引起反应。本案例中的反应为肌肉收缩、小腿上踢。内分泌系统在受刺激时也会做出反应，分泌化学物质。

经典条件反射理论由俄国诺贝尔奖获得者伊万·巴甫洛夫提出。但其错误在于，不仅将狗嗅到食物香味时分泌唾液归因于一系列生理反射，还想证明人和动物的所有行为方式都是反射的结果。在某种程度上，动物竟被当成了没有灵魂的反射机器。

他借助条件反射原理，发明了所谓的"条件变换器"（比如通过铃声让人分泌唾液）。反射模式迎合了政府对民众的统一管理。在苏联，个体行为研究不再占有一席之地，研究个体特性的人类心理学遭到了唾弃，大学里也禁止开设相关课程。此外，在当初的德意志民主共和国，动物心理学也有着同样的命运，对此，我深有体会。

要不是这种学说的基本思想依旧萦绕在全世界许多人的头脑中，或许这一切在当今都不值一提：将动物们视作没有灵魂的反射机器的观点迎合了许多动物虐待者的想法，这些动物虐待者不胜枚举，如养鸡场场主、驯兽师、动物实验者、猎人、偷猎者等。

此外，许多人接受了"动物是反射机器"这一观点是因为它贬低动物，从而凸显了人类的智慧。这种情况发生在许多哲学家、文学家、神学家及教育家身上。但是，除了变形虫、水母、水蛭以及其他处于低级演化阶段的原始动物外，其他动物在某种程度上是有情感、知苦痛、有爱憎的生命体。原始动物毫无感情，饱食终日，无所用心，只会单纯地对外界刺激做出反射反应。（我们通常所说的）其他动物与原始动物的区别就在于"本能"的有无。

情感的席位

何谓本能？

那些仅将动物视为植物性生物的人并不知道，条件反射理论已经科学地发展出了动物心理学中的本能学说及诺贝尔奖得主康拉德·洛伦茨和尼古拉斯·廷伯根（Nikolaas Tinbergen）的一些观点。它不再是行为学科的"包袱"，而被赋予了新内涵：

本能与反射类似，同样通过刺激信号（例如他者具有威胁性的姿势）表现出来。但不同的是，在本能反应中，感官细胞的神经信号会通过脊髓传送至脑干和间脑。从解剖学角度来看，这是人与动物所共有的原始脑区。这里会产生不同的情感，如开心、不悦、悲伤、惊讶、愤怒、恐惧、攻击倾向、爱、厌恶、希望。由于反应间隔时间的不同，上述及其他感情会影响个体行为。

洛伦茨最初认为本能是一成不变的，但事实并非如此。情感会受思想的影响，由此产生的行为方式也可受大脑的控制与改变。

本能和情感密不可分。情起之处，必有无意识的本能相伴。人**类能够感受到自身的情感，这恰恰有力地证明了本能在我们精神生**

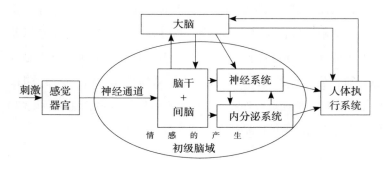

图 3　神经通道及导向本能行为的激素生成示意图

　　　　　　　　　　　　　　　　　　　以动物为镜子：动物们的自然生活之道

活中发挥着作用。每一种本能都能让我们置身于不同的心境中。当若干本能被同时激活，便产生了混合性情感。马克斯·普朗克行为生理学研究所的埃里克·霍尔斯特（Erich v. Holst）多年研究的成果有力地证实了这一点。

在 20 世纪 60 年代，他将若干纤细的金属丝植入鸡的间脑。一旦有微弱电流通过金属丝穿过鸡的脑部，电流就会如鸡自身神经产生的动作电位那样在相应的脑区产生作用。只需按一下按钮，鸡就会通过神情发出信号：它感受到了恐惧，害怕一个不存在的敌人。如果用"人工神经"来刺激其脑区，鸡或是勃然大怒，或是转着圈跳起交尾舞来，而根本不去啄食眼前的饲料；当然，它也有可能感到全身疲惫，蹲下来休憩。这一技术能人为地唤起任何一种我们所能想到的情感。

如今，这类虐待动物的实验遭到了抵制。人类如此严重地侵犯了动物的精神世界，但出于道德原因却无人能对此负责。这类实验于 1982 年终止，迄今再未进行。但我们不应该无视实验的结果，因为它有力地证明了一个事实：当本能被激发起来时，总有一种特殊的感情与之相伴。

生活在美国的约翰·奥尔兹（John Olds）也做了类似实验。他将人工神经植入老鼠的脑中。他的实验也为我们带来了新的启发：在本能被激发时，有一块脑区起到至关重要的作用，这个脑区即所谓"愉快中枢"。

这一认知解释了为什么动物会根据本能发出的指令行事：**本能会给动物们带来乐趣！**因此，动物通过精神控制本能行为同样非常困难。欺凌弱者会为它们带来乐趣。不幸的是，控制本能会大大削减动物们的乐趣。

在用老鼠做的实验中，一条金属线被当作人工神经植入这种啮齿动物的间脑中。每当研究人员将 0.08 毫安、5 伏特的电脉冲输入老鼠大脑 1 秒时，它会发出舒服的"哼哼"声。接着，研究人员在老鼠笼中安装了操纵杆。当老鼠想要自行激活愉快中枢时，只需触碰操纵杆，上述类型的电脉冲就会自动发出。老鼠很快明白了操纵杆的工作原理，每隔 4 秒就对自己进行一次电流刺激。它不吃，不喝，不睡，如瘾君子离不开针筒那般不停地用脉冲电流刺激自己。仅在一天内，次数竟达 24 000 次！它似乎失去了对进食、饮水和休息的需要。

将这种现象与瘾君子的行为进行比较没有什么不恰当。1964 年进行的一项实验证明：与电流刺激一样，用（小滴）化学物质引起的"脑部点状刺激"会引起同样的幻觉。

因此可以说，**本能和情感密不可分**。但生物老师总是不厌其烦地让我们的孩子牢记：大脑是情感的唯一发源地；情感是仅属于人类的成就，并不属于动物这种"植物人一般的机器"。这种说法错得多么离谱！

当我看着我那条摇着尾巴的狗说"它好开心"时，生物老师们总是说我不应该将动物拟人化。那么，到底应该如何描述这种现象呢？生物化学家们建议：可将动物的这些行为过程描述为一系列神经电流反应和内分泌化学反应。但如此一来，他们便将动物的行为物理化、化学化，而非拟人化了。问题是，还有比这更糟糕的情况吗？

J. R. 克雷布斯（J. R. Krebs）和 N. B. 戴维斯（N. B. Davies）是严谨的学术研究人员，他们在《行为生物学概论》中写道："用吸引人的描述性概念——例如'暴力压迫''控制''欺骗'——简单地

　　　　　　　　以动物为镜子：动物们的自然生活之道

论述不同的行为模式，是学术不严谨的体现……我们不会用简单直接的论述方式论证我们的观点，因为行为生物学是一个模糊的学术领域。"

海龟的两种恐惧
动物们的情感特性

我们必须铭记于心：我们无法客观描述动物或他人的主观情感。因为他者的情感世界永远不对我们开放。

举一个例子：海龟能感受到两种不同的恐惧。当海龟在沙滩上产卵时，人们轻敲它的龟壳，它的心跳会加速，因为它感到害怕。此时，海龟肌肉中的供血量会增加，从而为逃跑储存能量。

当人们在这只海龟游泳时轻敲它的龟壳，其心跳速度会明显减慢。它会潜水离开，控制自身的新陈代谢，以便尽可能长时间地待在水下，避免浮到水面上来换气。这也是对恐惧的反应，但显然不同于第一种情感。没人可以感知这只海龟在上述两种情况中的主观感受，但请允许我认为它害怕了。

情感无法通过量化的方式来理解。自然科学家力求数据精确，通过数学方法准确地理解和描述一切事物。因此，他们将"情感"从研究中剔除。但情感万万不能因此而遭到忽视，因为它们是动物界最重要的现象。

我们应该将动物视作有情感、懂欢笑、会忍受痛苦的生物。但在另一方面，我们也不应该像早期文学作品《蜜蜂玛雅历险记》《小鹿斑比》《白蚁的生命》，抑或电视作品《海豚飞宝》《灵犬莱西》《狂怒》那样，将动物的情感同人的情感相混淆。在上述作品中，人类特有的能力、对复杂关系的超凡意识、对善与恶的认知、道德行为及此类种种被赋予到动物身上。事实上，诸如此类的动物拟人化并不可信。

但是，谁又知道严格区分二者的界限何在呢？在现代人眼中，康拉德·洛伦茨和尼古拉斯·廷伯根这两位诺贝尔奖得主似乎从未出现过；奥斯卡·海因罗特（Oskar Heinroth）、艾雷尼厄斯·艾布尔-艾贝斯费尔特（Irenäus Eibl-Eibesfeldt）和唐纳德·格里芬（Donald R. Griffin）的大作似乎也已被埋入记忆的尘埃中。洛伦茨这位动物行为学主要创始人的后继者们在不遗余力地埋葬这一学科曾经有过的大师的思想。

我认为问题在于，研究所和大学实验室中的生物学家和那些在自然环境中数十年如一日研究动物生活的田野研究者在世界观上存在着差异。

以珍·古道尔为例，她花费 30 年时间研究非洲雨林中青潘猿的生活。令人震惊的是，她的研究结果及其对人和动物的对比最初遭到了"固守讲台的生物学家们"的断然拒绝。但是，她的导师即早期人类研究者路易斯·利基（Louis Leakey）认为："通过其他方法根本无法获得那些对我来说至关重要的研究结果。"珍·古道尔明确表示："我学的不是校园生物学，这真是太幸运了。因为，它会阻碍我在'人与动物的关系'这一研究领域上获得重要的认知。"

对那些在研究所中对笼中的动物进行残忍实验的研究者而言，否认其鲜活的实验对象的情感和感知痛楚的能力，固然能减少他们道德上的负罪感。其实，这已经够糟糕的了。把这一观点上升为学术观点，并继续传授给高校学生，学生进而将这一学说传播至中学，这是对自然的亵渎。拯救动物免遭生物老师的"毒手"吧！在此，为公平起见，我们也应该坚持在大学生物学教授那里寻找原因——

可惜只有个别例外。

在各研究所中，"动物心理学"早已被更名为"动物行为学"，并被抽象化了：原本的"动物心理学"实际上已失去了其本应秉持的普遍性。除个别精彩的动物故事外，没有人愿意知道关于动物心理学的更多内容——康拉德·洛伦茨引领的这一享有盛誉的学科分支当众缩回到了无足轻重而脆弱的抽象之塔中，这着实令人唏嘘！

谁还能回忆起"动物心理学"最初的目标——探求动物心理学与人类心理学之间的联系？我只知道两位白费口舌的人：洛伦茨的学生艾雷尼厄斯·艾布尔－艾贝斯费尔特和伯恩哈德·哈森施泰因（Bernhard Hassenstein）。但近年来，他们的呼声已日渐式微。

学生脑海中的自然之树已经死去。作为精神糟粕的自然暴力的种子已然通过化学和技术在课堂中发芽。社会中的人际行为准则分崩离析，人与人在集体中无法友好共处，婚姻不和谐，家庭生活不幸福，儿童的精神世界贫瘠化，这些基于对生态学和社会学的无知的不幸正在悄然蔓延。简而言之，这是我们这个时代的大不幸。

第三节　人与动物的区别何在？
——是能否发明工具吗？

青潘猿培养"学徒"的车间
动物教育学的高峰

1991 年 5 月，环球通讯社报道的一则简讯本该对教育家的自我价值观造成巨大冲击，然而，出于愚昧无知，人们对其视若无睹。那则简讯所报道的是：雌青潘猿教幼崽怎样使用工具。

这则消息所指的并非马戏团的娱乐性表演节目，而是瑞士苏黎世大学的学者克里斯托夫·伯施（Christoph Boesch）和黑德维西·伯施（Hedwig Boesch）的研究结论。他们在科特迪瓦国家公园的热带雨林中观察研究了身处自然环境中的野生动物。

生活在那里的青潘猿掌握着砸核桃的能力。自 1982 年起，它们的这一技能就已为人所熟知。青潘猿会选择一块平坦的石头或暴露在地表的树根作为砧板，并将核桃放在这些"砧板"上；而后，将形似斧子的尖石头作为榔头，或是将硬木棍用牙齿加工成合适的打击工具。这些工具制作过程遵循着一些规则。

曾在圣诞节期间尝试用榔头敲开核桃的人可以想象，这一工序的技术含量是多么高啊！在敲打坚果时，用力过猛会使美味的果实粉碎而无法食用，过于小心谨慎则无法敲开果壳享用美味。在上述两位学者所观察的青潘猿群中，年长的雌青潘猿完美地掌握了这一技能，而那些做起"家务活"来笨手笨脚的雄青潘猿则只有当坚果成熟且果壳呈半开裂状态时，才有可能成功地砸开果壳。当雄青潘猿面对更坚硬也更美味的露兜树的果实时，它们根本无计可施。而年幼的青潘猿必须花上约 10 年的时间才能掌握这一技能。

雌青潘猿按照教育学方法向幼崽传授这一技能。从原则上讲，这种方法几乎等同于人类培养车间技师的教学方法。

几百年前，文化哲学家们还普遍认为：动物都是愚蠢的。他们草率地否定了动物的学习能力，将其掌握的所有熟练技巧都归因于朦胧的本能。在随后的一个阶段里，学界开始认为：动物们具有自我训练的能力；基于"尝试与谬误"或"尝试与成功"之间的联系，动物们具有无师自通的学习能力。这是一种符合"巴甫洛夫经典条件反射理论"的"信仰"。

1970 年前后，动物可通过模仿（观察榜样）来学习的观点仍然

以动物为镜子：动物们的自然生活之道

受到学校生物教员们的鄙弃。与此同时，围绕"幼猫能否通过观察母亲捕鼠时的细节学习捕鼠"这一问题，爆发了一场学术之争。而今天，处于科研最前沿的人，几乎对此都不再怀疑。

但有人坚持认为，母猫让幼崽仔细观察自己捕鼠时的细节，还远远无法称得上是一种教学方法。在人文学者看来，教学方法是人类所独有的。然而，如今一份出自非洲热带雨林的科研报告再次将"人与动物之间的界限"置于动物研究领域之中。

基于教学法的教学是一种复杂的行为：教师必须明白学生的知识漏洞在哪，错误在哪；懂得如何最有效地改善学生的行为。

课程一开始，雌青潘猿在吃完核桃后，将一些未剥壳的完好的核桃放在充当"砧板"的石盘附近，石盘上放上"榔头"。接着，"她"会站在离孩子几米远处，看着孩子独自处理坚果。当孩子因无法打开坚果而绝望地放弃时，身为母亲的雌青潘猿就会温柔地从孩子手中取过"榔头"，缓缓转动敲击面，思虑过后，向下挥舞"榔头"，精准地敲打正确的位置。"她"的动作缓慢而清晰，确保幼崽能看清细节。大约1分钟后，雌青潘猿会将"榔头"还给幼崽，让其重复整套动作，直至孩子能正确地敲开果壳，享用果实。

雌青潘猿完全有能力了解其"学徒"所犯的错误以及所面临的困难，并为其指明解决问题的途径。在教学领域中，人类并不是无与伦比的神祇，人类具备精神优势的观点已沦为无稽之谈。

这是动物"教学与工具使用"研究领域中一个短暂的学术巅峰时期。在"工具使用"领域中，学者们已通过观察青潘猿取得了一系列重大发现。

岩中取蜜
类人猿的全套设备

青潘猿会用特制的植物茎秆做钓竿来捕捉蚁类，这一行为十分具有传奇色彩。对此，珍·古道尔在坦桑尼亚贡贝河自然保护区内做了观察和研究。

青潘猿对以白蚁为主菜的"沙拉"情有独钟。它们捕食白蚁时，会先找一根粗壮的草茎或细树枝，并将其折断至 30 厘米左右的合适长度。这是青潘猿为捕捉白蚁而事先准备的捕猎工具。随后，青潘猿才会径直走至蚁丘旁，用指甲在上面挖出一个洞，并将"钓竿"伸入其中。这时，兵白蚁就会一拥而上，用其"巨大"的颚齿咬住"钓竿"。青潘猿再将爬满了白蚁的"钓竿"从蚁穴中抽出。此时的白蚁不停地摆动着双脚，只能眼睁睁地让自己成为青潘猿的盘中餐。一些青潘猿会花上几个小时慢慢地享用"白蚁沙拉"。

用"钓竿"将蚂蚁从蚁穴中钓出来需要比钓白蚁更高超的技巧。为此，需要用一根 70 厘米长的树枝来查探蚂蚁群。"钓竿"上的蚂蚁并非紧紧咬住"钓竿"，而是在"钓竿"上奔走，发动攻击。因此，青潘猿会用自己空闲的手将蚂蚁从"钓竿"上拨弄下来，敏捷地将它们拨入嘴中，并在它们发动攻击前将其嚼碎。

斯特拉·布鲁尔的研究表明，单是为了享用树洞或岩洞中的蜂蜜，青潘猿就需要借助四种不同的工具：

1. 一根用作"长刀"的长 1 米的底部削尖的粗树枝，青潘猿用它来刺穿覆盖在蜂房外的蜂蜡层。

2. 一根长约 50 厘米的削尖了的笔直的细木棍，以便经由之前在蜂巢的蜂蜡层上开出的孔洞，将导管准确地插入蜂巢内部。

3. 一根约 1 厘米粗、30 厘米长的树枝用作精密工具，以刺破充满蜂蜜的巢室。

4. 一根布满树叶的枝条，用以接住巢中流出的蜂蜜，然后将它取出来舔食。

带有圆锥花序的草茎对我们人类而言，完全是闻所未闻的"远程嗅觉工具"。在研究过程中，青潘猿总是将这类草茎小心翼翼地插入珍·古道尔的口袋中，然后再将它抽出来，并用鼻子嗅嗅。借此，它们可以断定，她的口袋中是否有香蕉以及是否值得祈求美食。由于雌青潘猿禁止群体其他成员直接触碰刚出生的幼崽，因此，青潘猿群中喜爱幼崽的七大姑八大姨或大小姐姐们只能通过草茎来"远程感受"幼崽的气息。

斯特拉·布鲁尔观察到，每当塞内加尔的青潘猿在多石子、坚硬的土壤中刨掘美味的植物根部时，为了保护手指不受损伤，它们会使用自制的木铲，用牙齿将木头宽阔的一端咬成凿子状。此外，青潘猿会将金合欢属植物的刺折至 5 厘米左右，当作牙签用以处理每次食肉后嘴里的残渣；使用另外一种美容工具即禽类羽毛的羽茎来清理被动物油堵塞的耳朵；鼻塞时，则会用草塞满鼻子，以此清理鼻涕。

野生青潘猿还会将大片的树叶当作餐巾纸或卫生纸用。不过它们只有在腹泻时，才会将树叶当卫生纸用。东非的青潘猿们发现：把多片树叶咀嚼并揉成一团后，树叶就会像海绵一样具有吸水功能。借助这一自制工具，青潘猿可以在旱季从难以进入的狭长岩缝中取水喝，或是将其敷在伤口上用来止血，其功能与人类用的棉花相同。

祖潘猿的智力水平比青潘猿的更高，它们懂得有规则地用信号旗和远处的同伴进行交流。它们会从树上折下一根长约 2 米的树枝，将除了顶部外所有其他部分的树叶清除。如果身为群落首领的雌祖潘猿在清晨时将这一工具从灌木丛中抽出，并伴随着响亮的"呼呼"声，其意思就是："大家起床了！"在午休后，这一行为则意味着："出发，进行下一个活动！"当个别懒散的成员在行进过程中落在后面时，雌性首领会将树枝如旗帜般挥舞："立刻跟上，我们可不会等你！"

发明第一件武器
用木棍来对抗猎豹

青潘猿用粗木棍作为自卫武器，以抵御猎豹的攻击。阿德里安·科特兰德在几内亚丛林中观察过青潘猿如何获取并使用这一工具：当猎豹出现时，青潘猿气冲斗牛，自发地形成防线。与此同时，它们猛烈地摇晃较纤细的树木，借此展现自己的力量并起到威慑作用。在摇晃树木的过程中，树枝会突然折断，武器就这样产生了。青潘猿会用它来攻击猎豹，直至其落荒而逃。

青潘猿经常将沉重的石块当作炮弹，砸向讨厌的狒狒，且命中率出奇地高。在观察到的案例中，被砸的狒狒面对"炮火"毫无还手之力。青潘猿位于棕榈树梢，居高临下，将椰子作为炮弹，对狒狒进行无差别攻击，狒狒则毫无招架之力。近来，也有猿类研究者在纳米比亚棕榈树林中遭受到青潘猿的"椰子炮火"的攻击，他们认为，青潘猿的攻击是有针对性的。

1991 年 2 月，美国亚特兰大的耶基斯国家灵长类动物研究中心发表了一份针对"作为工具生产者的猿"的最新报告。其中，名叫康兹（Kanzi）的祖潘猿在人类的指导下成功地用一种工具制造出了另一种工具。

首先，尼古拉斯·托特（Nicholas Toth）教康兹如何用锋利的石头碎块来割断绳子，打开食品外包装。它顺利通过这一环节后，又得到了新的任务：将一块圆形石头与另一块石头摩擦、碰撞，自行将圆形石头制成理想的切割工具。

经研究人员介绍，经过几周的不懈努力，康兹成功地制造出了石具，比人类祖先中第一批工具制造者所制造出的还要完美。这群最早制造石器的人类祖先是生活在约 200 万年前的巧手人中的一部分。

同这一重大发现相比，30 年前的主流观点就显得滑稽可笑了。当时的人们认为，使用工具是人类所独有的能力，是人类与其他动物的重要区别特征。本人于 1964 年出版了一本有关啄木鸟和海獭使用工具的著作，这本书曾经引得多位神学教师和哲学家愤慨地给我

图 4　野生青潘猿用自制的击打与投掷武器抵御猎豹

来信。如今，他们对人与动物之间的界限的定义已不再正确。我也收到了生物教师的来信，他们则疏忽了对科学前沿进展的了解。

由于这些认知已无可动摇，人与动物间的分界线微微向动物领域倾斜了。如今，我们已经不能说"人是唯一会使用工具的动物"了，而应该说"动物虽然能使用工具，但它们（通常）只能**寻找**工具，而人类则能**发明**工具"。

这一变化源自以下发现：生活在加拉帕戈斯群岛（科隆群岛）上的拟鸳树雀和红树林雀会用喙取下仙人掌的尖刺，衔着它飞到树上，将它当作筷子使用。这两种鸟还会用嘴里的这一工具在树皮上戳来戳去，插住蛆、将其拖出树皮并享用它。因为拟鸳树雀和红树林雀没有像啄木鸟那样的凿子形状的喙，加拉帕戈斯群岛上也没有享有"林中木匠"之誉的啄木鸟，它们就用尖刺作为替代工具，以填补岛上（适合以凿取方式获得食物）的生态环境。

生活在加拿大和阿拉斯加太平洋海岸的海獭同样能借助咀嚼工具成功获得美食。首先，它们从海底取来一块扁平的石板，并用脚蹼夹紧。接着，它们潜入水中搜集壳类软体动物，主要是贝壳、海蜗牛、海胆和蟹。然后，海獭带着捕获的猎物再次冒出水面，并将整个身子翻转过来，以面朝蓝天背向大海的姿势漂浮在海面上。最后，它们会将石板平放在肚子上，用双手抓着猎物用力敲击石板，直至其外壳碎裂。对牢牢附着在岩质海底的鲍鱼，海獭会将石头当作榔头，敲开它们的外壳，从而享用这一美味。

在非洲，唯有成年狮子才能咬开坚硬的鸵鸟蛋。即使是鬣狗也必须使用窍门才能破开鸵鸟蛋坚硬的外壳：它们不断地摩擦两个鸵鸟蛋，直到其中一个蛋壳出现裂痕为止。在破开鸵鸟蛋这件事上，体形小于鬣狗但外表更精致整洁的白兀鹫（又名埃及秃鹫）表现更佳。它们会用喙衔住一块石头作为工具，并以此猛击鸵鸟蛋，直至蛋壳上出现一个洞。这时，白兀鹫就能享用美味的鸵鸟蛋了。

拟䴕树雀、海獭和白兀鹫实际上都属于只能寻找工具而不会制造工具的动物。

伴随着这些发现，在 1977 年前后，学术界发现了大量惊人现象——使用工具并非高智商的哺乳动物和鸟类的专利，脑袋只有大头针那么大的昆虫也可以。比如，当针毛收获蚁欲将体积远超其胃部大小的食物搬运回巢穴时，它们会取一片小树叶，将其浸入水果汁或被杀死的昆虫的体液中，待树叶被液体完全浸透后，再将其搬运回巢穴。通过这种方法，针毛收获蚁能搬运重量为自身体重两倍的食物。

独居的欧洲马蜂会使用"夯实机"。若它用当作后代口粮的毛虫填满了自己挖掘的地下通道，并在此产卵，就得将这一"保险柜"密封，使其他动物无法闯入。它会用沙子和小石块将入口填平，用花朵的汁液作为黏合剂润湿所有的沙子和石块，在石头上铺上松枝，以夯实、抚平地槽，并确保松软的泥土不再移位，直至外界再也无法察觉到这个"保险柜"。

雄蝼蛄将其地下洞穴的入口扩建为类似于喇叭的双管扩音器形状。日落 30 分钟后，它们便摩擦翅膀，开始啾啾地鸣唱起来。

在马达加斯加的热带雨林进行科学研究时，本人曾有幸在自己的帐篷内聆听"蟋蟀乐团"举办的"演唱会"。这些手指般大小的生灵试图用自己的歌声获得在黑暗中低空飞行的雌蟋蟀的芳心。因为声音越响，成功吸引雌性的可能性就越大，雄蟋蟀们发出的噪声简直让人无法忍受。幸运的是，这场尖锐刺耳的唧唧叫声持续了一个小时后就结束了。

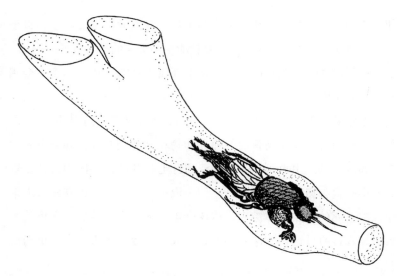

图 5　蝼蛄在地下挖出一条入口为管风琴双管状的地道作为扩音器，它站在音效的"焦点"，开始啾啾鸣唱：这真的是一种"乐器"啊！

　　这个例子令人产生这样一个疑问：我们是否能将蝼蛄自制的"喇叭"当作增强音效的工具呢？

捕鱼的鸟
动物工具的确定标准

　　随着动物使用工具的现象不断地被人们发现，1987 年，英国格拉斯哥大学的迈克尔·汉塞尔（Michael Hansell）提出了"三否两正"的定义标准：

　　　　1. 真正的工具不应是身体的一部分。例如，青潘猿用指甲挖蚁穴，指甲不是工具，而用来捕捉蚁类的"钓竿"才是。

2. 工具也不能是自然环境的固定组成部分。例如，青潘猿为了采集坚果而攀爬的大树并非工具，但是，被青潘猿折断后用以反击猎豹的小树或树枝是工具。

3. 使用者必须在行动中使用工具。所以，鸟巢不是"孵化工具"，同样，圆蛛结的网也不是工具。但是，鬼面蛛属蜘蛛能在自己前腿间织网，并将其投向一只蚂蚁。根据这一定义，它们就是工具的制造者。当大象在树干上反复摩擦挠痒时，树干并非工具。而大象用折断的或从地上捡起的树枝摩擦皮肤以止痒时，这根树枝就算是工具。

4. 物件必须在挪作他用时才可被称为工具。生活在红树林中的绿鹭会选取若干小木屑，用喙衔住，使其看起来犹如死苍蝇，并任它们漂浮在水面上。若有鱼想吞食木屑，绿鹭便会以迅雷不及掩耳之势将其捕获。于是，木屑就成了诱饵，成了捕鱼工具。

5. 动物若将同类当作工具也可作数。澳大利亚的织叶蚁在用树叶建造巢穴时会将其幼虫当作正规的梭子。雌工蚁彼此连接成活桥，将作为巢穴外壳的树叶的尖端和边缘合在一起。其他雌工蚁们在叶片缝合处集合，用其螯般的大颚运送幼虫。幼虫根据叶片可承受的压力从体内吐出黏滑的丝线。线头则被固定在叶片边缘。随后，"纺妇"们将幼虫如梭子般来回摆动，从而将叶片边缘缝合在一起。

箭蚁通过同样的方法将蚁群中的同伴当作"储蜜罐"。它们将同伴如熏火腿般悬挂在巢穴顶部，并在其体内注满花蜜，直至其后腹部鼓胀如气球般为止，这是箭蚁为下个旱季的灾情而准备的储粮

图6 鬼面蛛属蜘蛛悬挂在离地面不远处,在自己的六条腿之间编织蜘蛛网,并将其投向下方经过的猎物:根据汉塞尔的定义,这时蜘蛛网就是工具

仓库。

　　雄草原狒狒和地中海猕猴会将幼崽与雌猴当作"碰撞缓冲器"来使用。克劳斯·伊梅尔曼(Klaus Immelmann)认为:这里的幼崽与雌猴也可以被视为工具,更确切地说,是防御性工具。

　　不过,同为使用工具,草原狒狒、地中海猕猴与昆虫之间却有天壤之别。在昆虫的"本能目录单"中,如何使用工具事先就设定好了。昆虫除做出给定的行为动作外别无选择,因为它们并不知道自己在做什么。而狒狒和地中海猕猴的这一能力是练就、习得的,并能作为所谓的传统代代相传。在学习过程中,父母会将技能传授给幼崽。

　　那么,现在我们该将人类摆在什么位置呢?美国的动物学家们

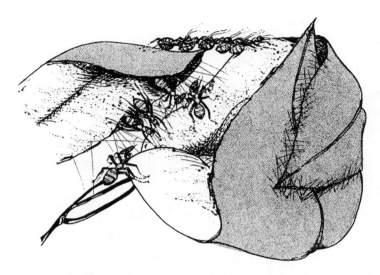

图7 织叶蚁以树叶为材料建造巢穴。雌工蚁先彼此连接成活桥，将叶片尖端和边缘合在一起，按圆锥状卷起，然后，将幼虫当作梭子织紧待缝合处

找到了解决这一困境的办法，他们不再简单地将人类称为"工具制造者"，而是将人类看作"最顶尖的工具制造者"：在工具制造上，人类超越了所有其他动物。这样一来，在工具制造上，人与动物之间的差别就不再是质上的，而只是量上的。人类创造出的工具数量极其庞大。

　　动物使用工具的事例在不断地被人们所发现，这些发现成为逐步消除人与动物之间的界限的证据。人类的自我优越感过分膨胀，这是多么羞耻的一件事啊！但这也证实了那些对创造智人的造物主心怀敬畏的人的心中所想：人应融入自然，谦卑地与自然和谐相处。

　　能否使用工具只是曾经存在的人与动物的界限论之一。接下来我们要讨论的问题是：人类是世界上唯一一种"会交谈的动物"吗？

第四节　猴与猿确实能"说话"！
——一部发现动物语言的侦探片

预警
当猎豹、鹰、蛇来袭时，长尾猴哨兵会分别发出哪些信号？

雨季刚过，在肯尼亚安博塞利国家公园里，巍峨的乞力马扎罗山耸立在草原上，山顶上覆盖着皑皑白雪。全球变暖使白雪逐渐融化，融化的雪水在山脚汇成沼泽。

我们坐在越野车里，看到了一群青长尾猴，约 40 只。这种动物最长可达 66 厘米，最重可达 7 千克。每位去过非洲东部或南部的游客应该都知道，它们住在森林中的小屋里。

突然，警报响起，低沉的声音犹如窒息时喉咙发出的呜咽声。所有猴子闪电般地蹿进金合欢树丛中。这是猎豹来袭的警报。

长尾猴能像猫科动物一样爬树。人类曾越过海洋，自非洲将它们带入欧洲。它们和猎豹之间将会爆发一场激烈的战斗，双方的阴谋诡计层出不穷。雄雌猎豹经常放弃独居生活，共同捕猎。一只猎豹追捕长尾猴，逼迫它上树并爬到最细的树枝上，接着用力摇动树枝，将其摇至地上。另一只猎豹则早已静候多时，等它落入自己的掌中。

可是，长尾猴也非常聪明。当它们察觉到附近的猎豹时，便不会远离树丛：浓密的树丛中，金合欢树并排而立，长尾猴可在不同的树冠间来回跳跃，而猎豹对此束手无策，只得树上树下来回跑动，却一无所获。可一旦长尾猴逃到形单影只的金合欢树上时，便性命堪忧。

因此，倘若能够用警报声告知同伴危险的类别，这将大大提高它们的生存可能性。这样一来，猴群成员不必都将宝贵的时间浪费在东张西望上。可是，这些小猴子真的拥有如此惊人的信息传递能力，能将致命危险用相应的名称描述出来吗？若它们真的具备这项能力，这会是一项非凡的交流成就，甚至已经触及了人类语言能力的根源。

当尖锐如鸟鸣的警报声响彻草原时，猴子们会以最快的速度蹿向浓密、带刺的灌木丛中。这是鹰来袭的警报。猴群最主要的天敌是"猛禽"非洲战雕。战雕以每小时300千米的速度自空中俯冲向猴群。在迅疾的飞行中，它能够快速抓住任何一只树干上的猴子，并凭借劲风将其掳走。因此，在这样的情况下，只有荆棘丛的尖刺能为猴子们提供保护。为了能够及时躲进荆棘丛以躲避战雕的攻击，猴子们的逃跑速度必须极快。

托马斯·斯特鲁萨克（Thomas T. Struhsaker）的研究结果表明：长达6.5米的岩蟒是长尾猴的第三大死敌。被岩蟒咬住的猴子毫无还手之力。岩蟒会用闪电般的速度用自己的身体缠住猎物，犹如三个并排的圆圈，缩紧身体，将猎物体内的空气与生机挤压而出，然后慢慢将其吞入腹中。

当猴群中的哨兵发现岩蟒时，便会发出伴有R-R-R-R声响的刺耳警报声。岩蟒来袭时，若猴子们爬到树上或躲入灌木丛中，便无法挽回。因此，这种情况下，所有的成员都会双腿直立而起，环顾四周，寻找敌害的藏身之处。面对岩蟒，选择绕道避之便已足够。此外，只有蟒蛇来袭时，猴子们才会发出警报，在遇到其他如黑曼巴、非洲鼓腹巨蝰、眼镜蛇之类的毒蛇时则不会发出警报。猴子并非毒蛇的猎物，因此不会受到它们的攻击。与毒蛇相遇时，猴子只需按照自身反应速度，向后跳1米便能摆脱险情。

图 8　危险来临时，青长尾猴通过三种不同的声音向同伴发出预警

上图：猎豹来袭时，长尾猴发出低沉得犹如窒息时喉咙所发出的呜咽声，以警告同伴。

中图：长尾猴发出的声音似尖锐的鸟鸣声，用以警告——猛禽来袭。所有成员躲进荆棘丛中。

下图：带有 R–R–R–R 音素的尖叫声用以警告同伴——蟒蛇来袭。猴群所有成员便会后退直立而起，一起盯着来犯之敌。

长尾猴向同伴发出警报时，会使用三种不同的信号，以代表三类天敌。它们能否用正确的语言为劲敌命名呢？如果答案是肯定的，那么这就是动物语言发展的开端。语言使人类社会发展至前所未有的高度。同时，动物学家、语言学家、哲学家围绕正反两方意见展开了激烈的争论。为了反驳对方，他们用尽一切办法：有关世界观的教条理论、对异议采取零容忍或是忽视的态度、利用欺骗与谎言。下文中，我将试着为这团思想乱麻带去一些曙光。

理解动物语言是人类盼望已久之事。在传说中，所罗门王只需转动他的魔戒便可与走兽、飞禽、鱼类交谈。哈里发·斯托奇（Kalif Storch）不仅可以融入最底层的民众，听取他们的意见，还能从动物的行为表现中汲取智慧。荣格·西格弗里德（Jung Siegfried）沐浴龙血后能够理解鸟语。

但是，也有许多人不愿了解"动物语言"，而且畏惧这一名词，认为它是对人类的巨大侮辱。其中还包括好几位语言学家，甚至还有动物学家。

支持"动物有语言"观点的都是"连续论"的拥护者。他们将人类语言视为"认知连续体"的一个组成部分，它深深植根于人类与猴子的共同祖先的语音能力中。反对者则追随"非连续论"学派。对他们而言，创造语言之精神是凭空产生的，并认为"连续论"支持者的观点是异端邪说。有关人和动物本质的问题衍生出两种截然相反的观点，其在人与动物关系的其他领域也不断发生着激烈的碰撞。

一方面，轻视自然的学者将人类视为托勒密体系中独一无二的存在。在这一体系中，宇宙以人类为中心。这些人认为人类本身是上帝般的存在，而自然界的其他生物都是低等生物，需要改进与完善。他们会大胆地构想使世界得以运行的社会体系，却并没有按照这种社会体系采取行动。如果他们不得不承认大自然母亲为人类设定的事实，便要为自己的精神自由担忧。

另一方面，亲近自然的学者不再将人类看作万物的中心，他们满足于现状，批判人类中心主义。在他们眼中，人类不仅仅是上帝的杰作，也是包罗万象的自然界的一部分。上帝何其伟大！在他们看来，那些将人类视作独一无二的存在的学者就是中世纪的学究。两种不同观点的激烈交锋为我们带来了令人惊讶的发现。

是表达心情的音乐，还是传达信息的意图？
语言使用中的自觉意识

据罗宾·邓巴（Robin Dunbar）的观察，人类的双耳只能听到长尾猴发出的类似打鼾的"咕咕"声和尖锐的"吱嘎"声，这增加了猴子语言研究的难度。我们也因此低估了它们所发出的声音的含义。如果我们将猴子们的"胡言乱语"用磁带记录下来，并以慢速回放，便会发现它们的声音显得异常清晰并具有明确的规律性。在这种情况下，我们就可以清楚地区分三种不同的警报声。

但是，它们真的在用语言描述不同的敌害吗？还是说，这仅仅是猴子们用以表达心情的一种音乐？那种声音中是否包含了传递信息的意图？或者，那只是一种无意识的声音表达？

例如，当乌鸫发现猫咪潜伏在房前花园中以伏击猎物时，便会发出一连串鸣叫声，我们称之为地面敌害来袭的预警。接着，乌鸫母亲便会带着幼鸟快速寻找掩护，而乌鸫邻居们也在没有看见猫咪的情况下加入了这场"音乐会"，盲目地传递警报。但若发现猛禽盘旋于高空，它们便会持续地发出高亢且尖细的叫声。这是对空中敌害的预警。紧接着，所有同类以及听懂这种"外语"的其他种类的鸣禽便会迅速躲进藏身之所。

是否可以说，乌鸫并不像长尾猴那样使用三种不同的叫声，而是使用两种不同的叫声作为警报？抑或，这些叫声在质量上存在显著差异？

乌鸫的这一预警过程完全受自身本能反应的支配，我们可以将其生动形象地描述为以下内容：就像人类在遇到恐怖的事情时会不由自主地放声尖叫，鸟类瞥见猫咪，也会感到恐惧并放声鸣叫。这一"表达心情的音乐"感染了周围的鸟儿，即使它们没有看见敌害，也会感到害怕，因而飞回巢中。

鸟儿看见天空中盘旋的猛禽时，心头便生出另一种恐惧感。正如我之前借助海龟的例子所阐述的那样，动物们的恐惧有多种表现形式。乌鸫看见掠食者时会一边逃跑一边发出尖细的叫声，以表达自己内心的恐惧。这一叫声传达的恐惧感染了周围的鸟儿，促使它们四下逃散。

这些都是本能反应。我们可将其称为交际或"语言"——引号表明此处指的是转义意义上的"语言"概念。这里的"语言"并非人类实践意义上的语言概念。为此，鸟儿需要想出、创造出自己的"词汇"，用来描述具体事物、情景，并被同伴学习和理解；而且，为了能真正实现传递信息这一目的，这些"词汇"可以被任意使用。

那么，长尾猴在掠食者来犯时所发出的警告声是怎么回事呢？

即使发声主体是人类，我们也很难区分其究竟是有意发声还是发声器官无意为之。一些世界级乒乓球运动员在击球得分时总会大叫一声，他们的对手会抱怨自己的注意力因此受到影响。体育管理人员曾就此考虑，禁止运动员发出此类叫声。发出此类声音的运动员则回应称，这些声音是不由自主发出的，他们自己无法控制。心理学家们无法举出反例来驳斥这一说法。于是叫声依旧。

动物行为研究者在研究猴子语言时遇到了同样的困难。动物们在发声时知道自己在"说"什么吗？

彼得·马勒（Peter Marler）的研究结果表明：在面对盘旋的猛禽时，雄原鸡会扯开嗓子大声鸣叫。但它们只有在雌原鸡在场时才会这么做。在实验过程中，如果雄原鸡独自在场，那么，它就不会将时间浪费在鸣叫预警上，而只是"一言不发"，快速寻找掩护。若将雄原鸡与其他种类的家禽（如家鸡或盔珠鸡）放在一起时，它们也会做出同样的反应。雄原鸡发出警报声是出于本能。但是，它们显然出于自身的经验知道这种警报声的意义和作用，因此，只在有意义的情况下有意识地发出警报。

长尾猴母亲知道幼崽能在远处听见自己的声音时，总是会更加频繁地运用类似的方式为其提供预警。但这并不意味着母亲们能通晓孩子们的精神状态，这亦是人类间信息交流的本质特点。有一些证据表明：它们无法区分究竟哪些同类对危险一无所知，哪些已经得到了消息。因为在所有同伴早已性命无忧的情况下，长尾猴依然会兴奋地发出警报声。或者说，这难道是兴奋状态下过度热情的表现吗？

在告知同伴掠食者来袭时，长尾猴所使用的三种预警方式究竟和乌鸦一样是出于本能，还是真正的语义信号呢？解决这一问题的关键在于弄清它们的预警声究竟是只会引起听者特定的恐慌状态，还是会勾起它们对敌人生动的想象。

外行人看似完全无法对此做出评价。我们究竟怎样才能深刻认识这种灵长目动物的精神世界呢？1993 年，罗伯特·赛法特（Robert

M. Seyfarth）和多萝西·切尼（Dorothy L. Cheney）的研究结果为动物行为学做出了巨大的贡献。

是本能的恐惧，还是生动的想象？
新视角下的灵长目动物语言

赛法特和切尼两位学者的研究贡献基于以下的观察结果：若将磁带中相同的警报声以每6分钟一次的频率反复播放，而没有掠食者出现，那么，猴群的成员很快便会习惯于这种"警报声"，并且不再重视它。这和众所周知的"狼来了"是同样的道理。

但是，长尾猴们究竟是习惯了什么呢？是警报的声音，还是其中的含义？在第一种情况下，存在的假设是：当两种听起来很相似但意义不同的猴叫声通过磁带以每6分钟一次的节奏交替播放时，听者的反应必然会变得迟钝。如果真的是这样，那么，乌鸫发出的警报声和长尾猴发出的警报声之间并不存在本质区别（即：若如此，那么，面对敌害，长尾猴的叫声就与乌鸫的叫声一样只是一种自然的情感宣泄，而非在情感宣泄之外另有所指的较高级语言）。

不过，也存在第二种可能。长尾猴并非对信号的声音习以为常，而是习惯了同样的意义内容。那么，就用两种听起来全然不同但含义相同的警报声进行实验。如果实验验证了这一点，则表示长尾猴能够理解警报声的含义，从而证明它们的叫声中包含着（情感宣泄以外的）意义。

为了便于实验，研究人员首先选取了青长尾猴的两种不同声音作为实验对象：一种是"叽叽"声，另一种是"隆隆"声。两种声音听起来截然不同，但表达的意思相近。当两个不同的长尾猴群在野外相遇时，双方群体内部便会发出这样的声音，其大意为："另一个猴群正在向我们走来！"以及"注意！有外族成员！"。自长尾猴开始发出叫声起，两个猴群间的紧张气氛便不断升级。

注意：不一会儿，动物们就习惯了这些声音。由此可以判断，这些猴子注意的是声音中所包含的意义，而非声音的相似性！

不过，对比实验的情况如何呢？研究人员在它们面前交替播放音调特征非常相像但意义不同的两种声音："这儿有食物"与"滚开！"。尽管这两种声音的音色近似且单调，但长尾猴们却并没有习惯。这个结果扫清了一切疑问：和人类一样，长尾猴完全明白自己在"说"些什么。

也就是说，与乌鸫不同，这些灵长目动物使用的是一种基础性的语义系统。从此，所有之前对类似实验持强烈怀疑态度的批判者都改变了他们的看法。

早期以有语言能力的类人猿（指大猿中的青潘猿和高壮猿）为研究对象的实验受到了诸多语言学家密集、猛烈的"炮火"攻击，一度被认为毫无价值。如今，这些实验也都迎来了新的曙光。

人类语言肇始于青潘猿语？
来自原始丛林的智慧

如果向学术圈里的学者们提问："人类与动物的区别何在？"他们通常会不假思索地回答："在于语言！"并解释道："动物没有语言。"事实真是这样吗？

蜜蜂可以通过一系列高度复杂的舞蹈语言告诉同伴蜜源所在的方位和距离。自 1920 年起，诺贝尔奖得主卡尔·冯·弗里施（Karl von Frisch）着手研究这一现象，并使其广为人知。虽然诸多学习过程及个体差异已体现在蜜蜂的这一行为之中，但由于人们认为这种

　　　　　　　以动物为镜子：动物们的自然生活之道

小昆虫并未充分演化，因此它们的舞蹈语言仍被归为本能的范畴。

同样，有关"小脑袋小鸟"鸣唱现象最惊人的发现也从未得到过"人与动物比较研究"的重视。甚至连埃伯哈特·格温纳（Eberhardt Gwinner）的发现也被视为无足轻重。他发现：渡鸦们会给予彼此特定的"名字"，并以此呼唤对方。

1962年，"海豚的语言"轰动了全世界。美国海军花费巨资为学者约翰·利利（John C. Lily）建造了一座大型海洋水族馆。世界各大知名报纸用大幅版面对此进行了报道。但不久之后，利利的研究方法便被指责是混乱无章的。他无法提出系统的研究假设，他的研究在探究海豚声音表达的美好幻想与教海豚以人类语言这两项不可能完成的任务之间茫然地来回摇摆。

学界同人针对此事的批评是毁灭性的。研究工作由此中断且至今再未启动。类似地，在这一方面其他学者更有说服力的研究也毫无进展，一并沦为他人的笑柄。谁还有勇气继续这一前途光明但却困难重重的课题呢？

早在1952年，科学家就刮起了一阵探究类人猿语言的"科学研究"热潮。凯特·海斯（Keith Hayes）开始教她养的青潘猿"姑娘"薇姬学说人类语言，仿佛青潘猿能鹦鹉学舌似的。但除了呼噜声和打嗝声，薇姬发不出任何别的声音。

青潘猿幼崽能和人类新生儿一样发出"咿呀"声。但是，人类婴儿发出"咿呀"声是为了训练感觉中枢和运动的控制机制，这对人类的说话能力很有必要。在4个月大左右，青潘猿幼崽的所有发音器官便停止发育。能否将这一发生在青潘猿身上的现象视为根本资质与能力的退化呢？如果答案是肯定的，那么这一退化过程便能证实之前提到过的科特兰德关于青潘猿的"退化假说"，根据这一假说，在演化过程中，青潘猿和人类走上了不同的演化之路。

　　青潘猿肯定缺少那种使我们人类能准确发声的位于咽喉处的发音器官。这与智力无关，因为在自然环境中，青潘猿会通过符号彼此交流，应对猎豹的攻击。

　　1966 年，在刚开始教年幼的雌青潘猿华秀（Washoe）一种符号语言时，美国科学家艾伦·加德纳（Allen Gardener）和比阿特丽斯·加德纳（Beatrice Gardener）便考虑到了这一情况。这一语言名为"北美式手势语"，是一种在美国常用的手语。不久，这个青潘猿便在世界范围内一举成名。

图 9　青潘猿华秀所学的北美式手势语中的四个词

教学初期便取得了可喜的成果。3 年后，华秀就掌握了 85 个词；5 年后掌握了 300 个词。

反对者一开始所持的论据存在破绽。他们认为：实验与语言毫无关联，因为实验中青潘猿仅仅用手势传递信息而没有用到音素。但这一说法很容易被推翻，毋庸置疑，两个聋哑人用手势进行的"谈话"是可以被称作语言的！"语言"并不一定需要音素，广义的"语言"可以是以任何东西为媒介的符号构成的。

甚至在人与动物之间也可能有正常的"谈话"：

华秀："拜托。"

人："你想干什么？"

华秀："出去。"

人迟疑了。

华秀："出去，出去。"

人："谁出去？"

华秀："你。"

人："还有谁？"

华秀："我。"

当青潘猿需要描述陌生的事物时，它们似乎喜欢炫耀自己富有创造性的组合能力。它们用"水"加"鸟"表示"天鹅"，用"小洋萝卜"表示"哭泣""疼痛""果实"，用"金属"加"火热"表示"打火机"，用"听"加"饮料"表示"苏打水"。许多研究者对此深表震惊。

在诸多研究所里出现的猿类语言研究热潮看起来是如此不可思

议。每一位研究人员都想用填鸭式的方式向其"毛茸茸的学生们"灌输更多的单词、词组和语法：1972 年，罗杰·福茨（Roger Fouts）教雌青潘猿露西（Lucy）北美式手势语；1978 年，弗朗辛·帕特森（Francine Patterson）教会了年幼的雌青潘猿可可（Koko）400 个单词，以此证明非人灵长目动物也具有语言天赋。

"猿用打字机"
是驯兽节目，还是学习成果？

1976 年，在大卫·普雷马克和雌青潘猿萨拉（Sara）的共同努力下，"灵长目动物语言研究"又取得了一项进展。在实验中，他用"书面语"取代了手语：用各种形状的、与实物完全不同的塑料圆盘作为抽象符号来描述那些实物。

为纪念灵长目动物研究的先驱罗伯特·耶基斯（Robert Yerkes），这种语言被命名为"耶基斯语"。紧接着，一年后，杜安·朗博（Duane Rumbaugh）就已开发出他的"猿用打字机"：每个习得的符号都能用不同的按键粘贴出来。现在，为了让研究人员理解自己所要表达的意思，雌青潘猿拉娜（Lana）不仅能用手指指向相应的象征物，还能按下打字机上带有相应符号的按钮。在与它完全隔离的、相邻的房间内有一台打字机，研究人员不仅可以在机器上清楚地看到青潘猿输入的内容，还能以同样的方式，通过远程打字，回复青潘猿。二者无须面对面即可交流。

对于雌青潘猿而言，通过死气沉沉的机器和他者交流可能是一种非同寻常的过程。起初，这些实验受到了诸多质疑，这也表明了实验的必要性。语言学家们抨击灵长目动物语言研究者，认为他们在实验中会有意或无意地影响"学生们"，比如肢体语言的信号。

同样，不出所料的是，语言学家们也指责实验有诈。他们认为：由于导致实验出错的工作人员会有意无意地给青潘猿以暗示，因此，必须与另一个房间建立远程书写联系，以排除干扰。否则，实验结果并无新意。

　　1980 年，随即发生了一件可怕的事情。国际知名的语义学家、语义学界的"万神之父宙斯"托马斯·西比奥克（Thomas Sebeok）无情地向那些研究灵长目动物语言的学者掷去了一连串"文字闪电"："他们向我们展现的动物语言能力只不过是猿对其双腿站立的教练员的模仿罢了。""这些人不是自欺欺人就是游艺集市上招摇撞骗的江湖神棍，或是十足的骗子和罪犯。""灵长目动物研究充斥着太多拟人化因素，应将这些因素锁入人类兽性的牢笼中。"这场语

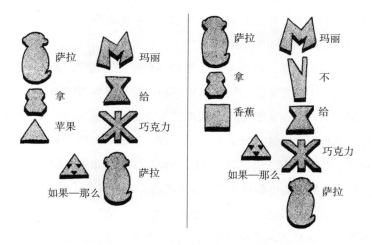

图 10　这是借助"耶基斯语"和抽象的文字符号用不同形状的塑料板组合而成的句子。雌青潘猿通过左图的句子传达如下信息：当玛丽给萨拉巧克力时，萨拉拿苹果。右图：当玛丽不给萨拉巧克力时，萨拉拿香蕉

言攻击带来的后果是毁灭性的。其他语言学家努力向这位权威看齐，那些希望给人留下可靠印象的动物学家也因此"弃暗投明"。猿类语言研究机构所获得的资金支持越来越少，甚至连自然科学领域的权威期刊《科学》（此前一直是动物语言研究的主要通讯刊物），也从那时起将所有以"动物语言"为主题的文章原封不动退还给投稿人。那些蔑视自然的人取得了"辉煌的胜利"，但胜利只是暂时的，有关"动物语言"的论战并未结束。

　　欧洲学术界实在无法想象，美国同行们竟然曾遭遇过这般待遇。这是"海豚实验"后的第二场动物语言研究领域的灾难！

鹦鹉能理解自己的饶舌吗？
马戏团里的鸟能"说出"120 个词

　　我们有什么好指责那些喜欢与猴子对话的人呢？如果和猴子说话有失人的身份，那么，观看马戏表演（如鹦鹉学舌，狗、驴、马的"心算"）岂不是也会使人堕落？

　　在马戏表演里，非洲灰鹦鹉能和驯兽师"对话"，说出 120 个词。但是，不难想象，它们所说的一切都是重复单调的内容。鸟对自己絮叨的内容一无所知。一切都只不过是严格训练的结果。它若犯错，就得不到食物。鸟儿们别无选择，不成功便成"仁"。不得不承认：在军队中，士官对士兵的"教育"和人类训练鹦鹉大同小异。但是，绝不能将鹦鹉学舌与人类的语言习得相提并论。

　　鹦鹉能否理解它们被反复灌输的人类语言的意义？在 1981 年后，认为鹦鹉无法理解人类语言意义的观点发生了改变。此后，生物学家艾琳·佩珀伯格（Irene M. Pepperberg）成功地采用了一种人类教学法，以语音的方式，教会了她的灰鹦鹉亚历克斯（Alex）50 个词。

同时，佩珀伯格通过实验证明了她的灰鹦鹉准确理解了所有词的意思，并能自由地将这些词组成有意义的短句。

提到教学法便不得不提到两位教师：艾琳和其助理布鲁斯（Bruce）。艾琳拿来一支亚历克斯很爱咬的牙膏，在布鲁斯和亚历克斯面前晃。三者间产生了如下对话：

艾琳问："布鲁斯，这是什么？"

布鲁斯响亮而清晰地回答："牙膏。"

布鲁斯获得了艾琳的夸奖，并得到了牙膏。但是，亚历克斯却不喜欢这样，它打断了他们的对话。

亚历克斯："哎，哎。"

这时，布鲁斯想试试运气，问道："亚历克斯，这是什么？"

亚历克斯："哎，哎。"

布鲁斯有些失望地说："加把油！"

亚历克斯："牙，哎。"

布鲁斯转过身说："艾琳，这是什么？"

艾琳清楚地回答："牙膏。"

艾琳得到了牙膏作为奖励。

艾琳又转向亚历克斯，问："亚历克斯，这是什么？"

亚历克斯："牙。"

艾琳："好多了。"

亚历克斯："牙，啊。"

艾琳："好多了！"

亚历克斯："牙，啊。"

艾琳："好的！"亚历克斯得到了牙膏作为奖励。

经过 26 个月的训练，亚历克斯已完全掌握 9 个名词、3 个描述颜色特征的词以及 2 个描述形状的名词的正确发音，并掌握了它们的词义。另外，它还掌握了 1 个好用的小词"不"！

因此，可以确定：鹦鹉绝对有能力理解它们所说的话语的内容。这里所指的鹦鹉并不是马戏团里为了演出而经过严格训练的鹦鹉，而是那些通过"佩珀伯格氏"教学法学习人类语言的鹦鹉。这二者在语用层面的目的有着天壤之别：马戏团严格训练鹦鹉学说人类的语言，为的只是取悦观众。而鹦鹉亚历克斯的说话技能与使用符号的青潘猿的言说技能具有某种相似性。这些相似性已经证明，将类人猿的说话训练与马戏团中的动物训练相提并论是荒谬的。这是狡黠的语言学家们所犯下的巨大错误。不过，情况正在好转。

在此之前，我还得借用"聪明的汉斯"（一匹因马戏表演出名的马）的例子来说明语言学家的错误之处。汉斯通过用前蹄在地上轻拍四下，巧妙地回答了"16 开方后是多少"这一问题。当然，汉斯不可能用十进制来表示 15 开方后的结果。驯兽师早就想到这一点了。

一个考试委员用以下结论为汉斯的"智慧"做评定：汉斯的聪明之处不在于心算，而在于判断驯兽师的身体语言！在收到驯兽师的信号之前，汉斯会一直重复前蹄轻扣地面的动作，而观众并没有察觉驯兽师所发出的信号：睫毛微皱，鼻子微微向上扬起，以及轻微的咳嗽。汉斯收到这些信号后，立刻停止动作，台下响起了雷鸣般的掌声。

并非只有经过驯兽师的特定训练才能达到这一效果。驯兽师无意间做出的细微表情和手势，以及在动物给出正确数字时所表露出来的喜悦之情，都能被动物们所感知，并且它们能做出正确反应。果不其然，汉斯停下了自己的肢体动作。这就是"预言者效应"。

　　　　　　　　　　　　以动物为镜子：动物们的自然生活之道

众所周知，所谓慧眼者就是指那些对细微之处高度敏感的人，他们能从顾客的举手投足间获知他们想要听到的内容。

语言学家误以为猿类语言研究者研究的就是"聪明的汉斯的反应"。正是出于这一原因，朗博夫妇才发明了"青潘猿使用的远程电传打字机"。使用这一机器可保证实验结果免受实验人员有意或无意的信号干扰，排除"聪明的汉斯效应"。

在研究中，语言学家们并不喜欢使用电脑教学程序，即使这在当时已被应用于外语学校和高中的教学之中。他们认为：运用电脑教学程序会使得教学变成驯兽那样。甚至连杜安·朗博也放弃了电脑教学程序。

于是，只剩下唯一一名研究者保持着清醒的头脑，那就是杜安的妻子休·萨维奇－朗博（Sue Savage-Rumbaugh）。她认为实验中的失败只是巧合。

康兹——祖潘猿中的神童
一个动物的初次文法成绩

在灵长目动物语言研究遭受猛烈抨击的 1980 年，名为玛塔塔的雌青潘猿在研究中心诞下了一只幼崽，取名为康兹。它动摇了语言发展"非连续论"学派在学界的地位及其学术观点——语言是人类独有的。

祖潘猿和其近亲青潘猿在体形上并无多大差异，只是脸型稍尖。祖潘猿生活在刚果境内茂密的热带雨林中，据说，它们比人所想象的更聪明、更喜欢叫喊、更有语言天赋，外貌上也更接近于人类。迄今为止，人类对野生自然环境下的祖潘猿的行为研究几乎空白。原因在于，祖潘猿过着群居生活，群成员数量相当大。它们会对所有靠近自己所在群体的人发动猛烈攻击。*在我看来，这是对祖潘猿智慧的又一证明。

但研究人员并没有从已升级为母亲的玛塔塔身上感受到多少祖潘猿的智慧：它按照老式打字机式的方法学习人类语言，认识的单词数量不超过 6 个，所参与的实验也没有给研究人员带来新的启发。康兹 3 岁那年，研究人员就已经不再愿意教玛塔塔新的内容了。

不过，研究人员突然发现，康兹或许能理解研究人员在其母亲和打字机之间传递的信息内容，并且有可能成功教授它最基本的内容（虽然迄今还未有学者尝试）。康兹进入研究所时还只是个孩子，完全算不上是"专注听讲的学生"。但是，当它的母亲玛塔塔坐在打字机旁进行实验时，它总喜欢跳上打字机，敲敲打打。

康兹接受了测试，结果证明：它已经通过游戏的方式自然而然地掌握了其母所掌握的 6 个字符的含义。就像人类幼子在学龄前阶段学习字符的方式一样，研究人员并没有刻意训练过康兹。

尽管如此，该实验还是不出所料地遭到了语言学家的批评。不过，休·萨维奇－朗博进行了强有力的驳斥："3 岁幼儿学会新词，人们称之为'词汇创新'。但当祖潘猿做出同样的事情时，事情却变得'有歧义'了。"我们应该注意到，幼儿话语中的语法结构十分混乱，但没有人会否认人类幼儿早期的发声可以被称为"语言"。

即便对人类而言，语言习得也是一个需要耗时 6 年多的漫长过程。根据休·萨维奇－朗博的说法，在同样的时间段内，康兹的语言能力已明显显示出类人猿语言的认知基础迹象，也就是说，类人

---

* 根据弗朗斯·德瓦尔（Frans de Waal）等人关于祖潘猿的较新研究成果，与人类血缘关系最近的祖潘猿是灵长目中最和平的动物。书中的这句话可能是作者写作此书时相关研究成果太少导致的，因而并不一定可信。——主编注

　　　　　　　　　　　　　　　以动物为镜子：动物们的自然生活之道

猿的语言能力是以认知为基础的。

获得这一惊人发现后，休立刻改变了教学方法：她不再采用一个单词接一个单词的填鸭式教学，而是一次性给康兹提供大量字符与新词，让它可以从中寻找自己喜欢的内容。这与学龄前人类儿童听父母说话时的情景相同。

经过 10 年游戏式的课堂教学，康兹掌握了 200 个词。此外，还有一个实验引起了不小的轰动。康兹得到了一个指令："去休息室取橙子。"为了增加任务的难度，研究人员在康兹面前已经放了一个橙子。康兹犹豫了很久，不停地摆弄眼前的橙子。然后，它突然跳起，飞快地跑去休息室，取回了放在那儿的橙子。

任务要求也可用灵长目动物习得的符号语言以不同方式表达出来，比如："取橙子，取那个放在休息室里的橙子。"命令下达后，康兹会毫不犹豫地取回所指的橙子。结果表明：相对于简单句，康兹更容易理解句法结构较为复杂的句子。

休·萨维奇－朗博称康兹具有相当于人类两岁儿童的句法能力。迄今为止，还未在其他动物身上发现过这样的语言能力。这使得相关的研究前进了一大步。别忘了，祖潘猿的脑容量只有人类的 1/3。

一些非专业人士希望从灵长目动物语言中获取深奥的丛林生活智慧，那他们也许要失望了。不过研究目的并不在此，唯一的重点在于：从祖潘猿身上，我们已经发现人类语言能力的微妙而清晰的开端。人类的语言能力就是从这里发展到极高水平的。

1992 年秋天，在葡萄牙举办的生物学大会上，休·萨维奇－朗博的实验给与会学者留下了深刻的印象，他们纷纷表示赞同。托马斯·西比奥克没有出席会议，他在千里之外托人表达了自己的观点："我只相信理论。但是，灵长目动物语言研究缺乏理论。"当伽利略要求教皇特使通过望远镜观察木星的卫星时，特使做出了什么反应？特使拒绝了伽利略的要求，理由是：地球是平的。

在会议期间，学者们展示了最新的学术成果。灵长目动物研究领域的专家们要求设立"类人猿权益宪章"。青潘猿、祖潘猿、高壮猿及红毛猿都不应该如囚徒般被囚禁在动物园、马戏团和实验室中。这些学者身体力行，视这些动物为自己家中的孩子。

牛津大学教授、社会生物学界领军人物之一理查德·道金斯（Richard Dawkins）作为发言人指出："在许多人看来，类人猿没有人类重要。这种态度与生物学无关，只是因为这些人用双重标准来间断性评价事物罢了。"

第五节　泰然面对羞耻
　　——动物们知羞吗？

狮子的婚礼——避开他者的目光
友谊高于妒羡

正如我们所见，人类曾因傲慢设立了许多人与动物之间的边界线。近来，动物行为学研究者发表的论文使得这些边界线逐步得到消解。他们在论文中深入探讨了以下三个主题：动物的情感世界、动物对工具的使用及动物的语言能力。此外，动物对美的感知也成为学术界探讨的主题。相对而言，我提出的观点更具冲击力，我认为：动物也有羞耻之心。下文中，我将尝试论证这一观点。

1992 年 9 月，在塞伦盖蒂大草原北部，正午的烈日炙烤着大地。我们正在吉普车里观察一群在金合欢树伞状阴影下打盹的狮子。它们一共 14 头。经过数小时的休息，这群懒散的大型猫科动物开始活动了。一头身材姣好、富有魅力的雌狮起身，以挑逗性的姿态伸了个懒腰。三头统领群体的雄狮见状也立刻起身，紧紧盯着雌狮。为了占有这头雌狮，雄狮们会上演一场流血的争斗吗？

预想中的争斗并没有发生。"万兽之王们"在统领狮群前，便已在塞伦盖蒂—马萨伊马拉地区一起合作捕猎了3年之久，彼此结下了深厚的友谊。一个狮群中所有年龄相仿的年轻雄狮，无论彼此间是否有亲缘关系，都会在2~3岁时离开故乡——它们的学习和远行时期由此开始。这些相对年轻、经验不足的年轻雄狮丧命的概率非常大。被水牛角顶起、被羚羊角戳伤、被蛇咬、被弄断腿、被饿死，都有可能。六七个兄弟中最多只能活下来三个。

共同经历的苦难让雄狮们紧紧团结在一起。在它们眼里没有等级制度，没有特权，亦没有歧视。雄狮们不会为雌狮而争斗不休，它们会将决定权交给雌狮：雌狮将最终决定哪只雄狮成为自己的配偶。雌狮选定配偶后，便与雄狮选择一处距离群体1千米远的幽静灌木丛，共度几天"蜜月"。

狮子夫妇为何不在狮群其他成员面前交配呢？是因为它们在两性关系上过于拘谨？还是因为它们觉得羞耻？

动物们究竟有没有羞耻感？或者，正如人文学者和文学家所认为的那样，羞耻感是将人类与动物区分开来的一种特质？在更多时候，对尴尬的感知被视为一项重要的人类文化成就。另一方面，"羞耻感"这一概念也因20世纪60年代的学生运动而声名狼藉。他们声称："羞耻感"是与之对立的道德的一种压制工具，它禁锢了性欲，因此必须被废除。年轻的被告们在审判席前排便，学生们则在汉堡市政厅里当着市长的面排便。裸体者们闪电般地穿过热闹的街道。

人们想废除某种事物时，必须了解其本质，否则便会遭遇灾难。从这点来说，"羞耻感"层面的问题是如何产生的呢？

这一事实值得深思：羞耻关乎一种持续性情感的品质。我们已然看到，这一情感品质是生物本能起作用的可靠标志。人类对羞耻的感知伴随着一系列无意识反应，如脸红或脸色发白、脉搏率上升、低头或扭头、捂脸、躲进人海里……人们恨不得钻进鼠洞或潜入地底，恨不得立刻逃跑——这些都是人们无意识的即时反应。

另一方面，我们也认识到：教育和一般性社会礼节会对"羞耻"产生程度不同的持久影响。对此，我们不能一概而论，只有将潜意识纳入观察研究的范围，才能更好地理解和把握它。

强烈的情绪波动同样也会影响羞耻感。因此，在研究动物羞耻感时我们必须找到参照物。比如，以上述"保守"的狮子们为例？但这一案例无法令人信服。同一群体的雄狮之间不会因为雌狮而起争端，这固然好。但两只狮子在群内成员面前公然交配，就需要群内成员有极大的宽容心才有可能避免发生争执。这样做会激起其他雄狮的嫉妒心，这至少不利于狮群的团结。看来，狮子夫妇交配时避开群内其他成员并不是因为害羞。

性爱耻感和非性爱耻感
在群体成员中交配

许多动物能毫无顾忌地在同类面前交配。当一只雄黑角羚与一只雌羚交配时，周围其他的雌羚都对此漠不关心，甚至不会朝它们看一眼。这种情况下，交配的黑角羚鲜有耻感，周围的同伴亦很少会窥伺。

和狮子一样，在野生自然环境下（而非在动物园里），草原狒狒想要交配时，便会寻找一个清幽的地方。它们这么做并不是因为害羞，而是担心群体中的其他同伴出于嫉妒会干扰或打断它们交配。

诺贝尔奖得主康拉德·洛伦茨从居住在他营地周围的灰雁身上也观察到类似情况。当春天来临时，一两只年长的雄灰雁心中爱情的种子开始萌芽。只要一只雄雁开始在群体领地内和其忠诚相伴了4年的雌雁交配，其他灰雁便会一边嘎嘎大叫以示反对，一边成群结队地冲向正在交配的灰雁，强行将它们分开。洛伦茨称这种现象为"表达不满"，这种情绪来自那些在这段时间里还没做好交配心理准备的灰雁。但仅仅几天后，当雄性们都愿意交配时，就到处都是"婚礼"了，且彼此间互不干扰。这个例子所展现的也是动物对性爱的嫉妒心理，而非羞耻感。

根据埃里克·克林哈默（Erich Klinghammer）的观察，狼群中的头狼和母狼交配时在成员面前不加掩饰，就和狗在公园中交配一样。我们知道在一些鸟类中存在集体交尾和小群体式交尾两种形式。每逢交配季节，生活在美洲西部原野中的雄艾草松鸡就会聚集在狭小的空间中，组成绚丽多彩的"新郎团"，在规模最大时，可达400只。它们会使出所有的传统求偶办法。在艾草松鸡中，雌性掌握着"择偶权"：它会用喙轻轻触碰"意中人"脖颈上的羽毛，然后立即当场与之交配。雌雄双方都丝毫没有回避其他同类的打算，并没有躲在树丛后面。交配一结束，双方就各奔东西，似乎什么都没有发生过。

在繁殖季节，其他进行"小群体式交尾"的鸟类，如鹤和小火烈鸟，会举办"大型演出"，也就是跳一段美丽的舞蹈。它们这样做似乎只是为了吸引异性，找到配偶。此时根本不会发生与性相关的事。它们中意彼此，互相来电后，才会离开大集体。鹤科动物同样会在集体求偶仪式后成双成对地找一处偏远的沼泽，在那里交配、孵化。它们感觉难堪时便不会急着交配。它们还需要一些时间平复集体舞蹈带来的兴奋感，直至其生理上做好交配准备。雄鹤与雌鹤会利用这段时间筑巢。火烈鸟们则会双双飞往寂静的海域，在那儿交配，然后飞往孵化领地，在那里用黏土筑起圆柱形的巢穴。

我在浩瀚的动物世界中不停地寻找，却始终未曾发现羞耻感的迹象。但是——也是非常重要的一点——我的搜索范围仅限动物的性行为方式这一广阔领域。没有动物羞于表达爱意，自然也不会因自己一丝不挂而害羞。而且，这压根儿也没什么好感到羞耻的。

除了所谓"性爱耻感"，在背离社会准则或在群体中名誉扫地的情况下，还存在着另一种耻感，即"非性爱耻感"。这种感觉与生俱来，在动物群体的生活中扮演着至关重要的角色，在人类社会中亦是如此。

图 11　火烈鸟（红鹳）的"小群体式交尾"。在对交配漠不关心的鸟群中，渴望交配的火烈鸟会伸长脖子、左右摆喙、张开翅膀，以高亢的声音鸣叫，快步冲出群体。这样，做好了繁殖准备的火烈鸟们便组成小群体，并在其中寻找配偶

马克斯·普朗克行为生理学研究所的学者埃里克·博伊默（Erich Bäumer）举了一个典型的例子来说明何为"非性爱耻感"。他在家中的院子里养着一群鸡。鸡群首领奥达克斯非常高傲，已统治鸡群数年之久。但是，一只年轻的雄鸡，也就是奥达克斯的后代，逐渐成长起来。"长江后浪推前浪"，终于有一天，那只年轻的雄鸡试图将它的父亲拉下王座。二者间爆发了激烈的战斗，奥达克斯不幸败北。

　　奥达克斯拒不承认战败，并在第二天试图挽回局面，但一切都是徒劳。即便到了第三天，它仍未能成功夺回自己的王国。接着，它的儿子用各种手段难为奥达克斯。那个儿子追着奥达克斯穿过母鸡群，在院落中四处追赶它，还在奥达克斯经常出现的地方痛揍了它一顿。

　　接着，奥达克斯如年迈的老公鸡般开始轻声悲鸣，如同因做错事而感到羞愧的孩子，拖着身子回到阴暗的木板房，蜷缩在最后面的角落里，并将自己的头部插入喷壶中。它就这样保持着同一姿势一动不动，不吃不喝。它的羽毛已不复往昔的光彩。奥达克斯日渐消瘦，变得蓬头垢面，肮脏不堪。两个星期后，它毫无征兆地死去了。

　　让奥达克斯屈服的就是羞耻感，即在王座争夺中惨败并失去首领之位后，它的自尊心受到重创而产生的感觉。因此，仅用"忧伤"与"悲痛"并不能解释奥达克斯的"消极自杀"。羞耻感确实在很大程度上会给动物带来巨大的心理负担，使其丧失活下去的力量。

　　这只是一个个案吗？

　　有一次，我们结束了一天的远足，很晚才回到家。一进门便发现，我们的猎狗森塔在客厅的地毯上留下了一堆排泄物。我们找了它一圈，最终在婴儿床下最暗的角落里发现了它。它断不是害怕受罚才躲进去的，因为我们从不打它。那么，就只有一种解释：森塔一定是对自己的行为感到羞耻。在这一问题上，很多狗的主人都会赞同我的看法。非性爱耻感绝非人类所特有的现象。

另一个绝佳的案例是我出色的坦桑尼亚向导告诉我的。一头母狮子在集体狩猎过程中紧紧咬住一只大羚羊的嘴不放。大羚羊有一对如长矛般尖锐的角，最长可达 1.2 米，而且，它们懂得如何有效使用这一武器。当狮群中的其他母狮赶来增援时，咬住羚羊嘴的母狮一时大意，放走了这只危险的猎物。那只大羚羊以闪电般的速度用角刺向刚赶来的另一头母狮，羊角穿过肋骨刺进了这头母狮的体内。4 天后，受伤的母狮因内伤过重而死。可以说，那头本应牢牢地咬住猎物的雌狮间接地葬送了同伴的性命。

此后，狮群并没有惩罚犯错的母狮或将其驱逐出群体。但它自己决定离开狮群，并在接下来的几周时间里，独自游荡在广阔的草原上。当大型有蹄类哺乳动物（较易捕杀的牛羚和斑马）集体向北方迁徙时，它已经无法再仅靠自身力量杀死大型猎物了。它捕捉了几只黄斑蹄兔和其他种类的小型动物，甚至还试图靠近那些因一时鲁莽而离开了吉普车的游客。幸亏野生动物区的看守人时刻警惕着周边情况，那头母狮才没有成功。不久，便有人看到：一群秃鹫盘旋在这头母狮消瘦嶙峋的尸体上空。

这头母狮令它的群体蒙受巨大损失。它的离开是因为深受羞耻感的折磨吗？是因为它无法迈过自己心里那道坎吗？它是否将自己的失误视作巨大的耻辱，因此无法再面对群体同伴？除了非性爱耻感，其他原因并不能解释这一非同寻常的事件。

为此，本文最后仍应指出：只有在由个性鲜明的个体组成的动物社群中，才能观察到与上文所描述的非性爱耻感类似的现象。这类群体中的成员相互认识，并以此作为社会机制的基础。而生活在彼此不熟识、个体间关系淡漠的群体（如椋鸟群、鲱鱼群）中的"独行侠"则不会有这种（非性爱）羞耻感。

一小片遮羞布
原罪与被逐出伊甸园

因此，人类特有的是"性爱耻感"，而不是"非性爱耻感"。

《圣经》中的相应内容也确实是对的：亚当和夏娃偷食了禁果，并像动物被赶出群体一样被驱逐出了伊甸园。这给他们带来了负罪感和羞耻心，这一感受与让他们在他人面前赤身裸体或交媾所产生的感受无异。在此，我们其实能够看到人与动物之间的巨大差异。

也许，我们可用生物学术语做如下表述：在从原始祖先逐渐向现代人演化的过程中，人类脱去了身上的皮毛，并因此不得不穿上衣服，这在很久以前曾经遭到那些赤身裸体者的集体鄙视。后来，情况发生了变化：在群体生活中，赤身裸体和性爱被视为有伤风化之事。对羞耻感的反应早在史前时代便已在动物组织内生根发芽。它包括面红耳赤、心跳加速以及其他一系列自主神经功能起作用时的毛细血管扩张。

这意味着人类的羞耻反应在很大程度上因文化的影响而千差万别。这不同于其他任何一种本能现象。那些认为本能僵硬不变的老派学者无法认识到这一问题。那些将人类的羞耻反应仅仅视为文化道德现象的反对者亦是如此。

下面让我们来看几个与此相关的例子：单是"袒露身体到何种程度才算有伤风化"这一问题，在历史上就已经经历了极端的变化。

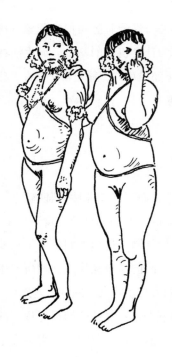

图12　两名亚诺玛米人身着"迷你衣"：她们将细绳当作腰带与胸罩。若没有这些细绳，她们会因自己赤身裸体而感到羞耻

在维多利亚时代，如果女性身穿高领服饰时没有扣上脖颈处的纽扣，便已被视作失礼。

另一个极端是委内瑞拉境内的亚诺玛米人。在他们的部落因罪恶的白人淘金者而险些灭亡前，艾雷尼厄斯·艾布尔－艾贝斯费尔特对他们进行了研究。

这两名妇女唯一的"衣服"由一种细绳"制"成，她们将它当作腰带缠绕在身体的中间部位。这样的衣服比欧洲女子穿的迷你比基尼还要"迷你"。再迷你的话，就无法遮住身体的任何部位了。当要求她们"脱"下细绳时，她们拒绝了。进一步询问原因，这些土著给出的答案是：若没有这些细绳，她们会因自己一丝不挂而感

　　　　　　　　　　以动物为镜子：动物们的自然生活之道

到羞耻。在这里，这些细绳只是象征性的，却具有重要意义。它是世上最小尺寸的遮羞布！

正如海德堡大学民族学学者汉斯·彼得·迪尔（Hans Peter Duerr）所言：在那些被认为是合乎礼仪的泛文化框架内，地球上所有原始民族都尊重礼俗和性爱耻感。除此之外的一切将是罪恶。

原则上，我们现代人在海滨浴场中的裸体文化也是如此。除了无限的自由，海滨浴场亦有铁律，它规定了人们不能做之事与不能看之物。正如在桑拿房中，人们会掉转自己的目光或将目光越过他人看向别处，这些都是"严格的规定"。偷窥癖和"行为摄影师"在这里的经历可能就不太愉快了。人们不会用手遮住私处，而是按照惯例，看向别处。

从"不知耻"到"厚颜无耻"
无法产生耻感

判断耻感现象时的诸多困惑导致了一个严重的错误。不到三四岁的孩子还无法感受到性爱耻感，但人们对这一事实却存在误解，认为只有通过强行灌输的教育手段才会令孩子们获得这一令人不适、备感拘束的自我批评感，而这一做法开启了孩子们的伊甸园流亡之路，这都是父母的过失。

持上述观点之人对人类与生俱来的青春期行为一无所知。在迪克·弗兰克（Dierk Franck）看来，人类的某项资质可能在青春期还保持"休眠"状态，尚未展露出来。只有当人的神经内分泌系统发育完全时，它才会显现出来。

三四岁的人类孩子正处于这种情况下。在此之前，他们生活在一个纯洁无瑕的世界里。长大后，他们才有了感知耻感的基本资质，但是这种资质并不是通过外部教育被带入人体的。更确切地说，它是自然而然出现的。

美国著名人类学家 M. E. 斯皮罗（M. E. Spiro）在以色列移民区的集体农庄内进行了一系列研究，这些研究有力地证明了这一点。以色列的孩子们从出生起就在一个性爱完全自由的环境里成长，这里的人们不会对性反感，没有所谓的命令和禁令，也不存在试图向孩子们灌输"羞耻行为"的教育工作者，这种情况在德国鲜少发生。在十岁前，以色列的孩子们都以最原始的状态玩着各种各样的性游戏。此后，他们才产生关于"性"的拘束感和羞耻感。在此期间，没有人在这方面对其造成影响，孩子们也不清楚自己为什么会有羞耻感，为什么会脸红。

约阿希姆·伊利斯（Joachim Illies）是一位我非常尊崇却不幸英年早逝的学者，他曾在位于富尔达河畔施利茨的马克斯·普朗克湖泊学研究所任所长。在上述基础上，他这样评论"先天与后天"的问题：当一些特质是与生俱来的时候，人就可在道德层面上寻求宽慰。后天习得之事可归咎于父母、社会以及主导的体系，是他们向孩子灌输了这些内容。与生俱来的东西以某种心理基础为前提，如果主体没有遭受心灵重创，则必须重视在学习过程和文化影响下的这一心理基础。

但是，与生俱来与后天习得之事宿命般地联结在一起，这在我们诸多的性学教育者、"六八运动"中的性解放主义者及其少数的后继者中都无迹可寻。正如金特·策姆（Günter Zehm）所言，性倡导者、反权威托儿所的所长、社区发言人以及学校教授性常识课的教师们，都尝试系统性地淡化年轻人的羞耻感，特别是在 20 世纪七八十年代，这造成了精神虚无化。有精神创伤的学生们可能出现震惊的反映，对性欲的约束导致他们的精神问题越发严重，他们整个的伦理道德框架也分崩离析了。

正如前文我已叙述过的那样，羞耻是一种社会现象，它只存在于群体之中，且仅为了群体而存在：注意自己在群体中的言行举止并进行自我控制；当个体意识到自己的行为与集体利益相冲突时，"内心测谎仪"便会不由自主地出现。人类的羞耻心本质上是反对不受拘束的性行为、反对有损集体利益的行为的一种非本能情感。从利己主义角度来看，羞耻心只会给个人带来坏处，让其所在的群体获益。

因此，羞耻心是灵魂中的一块基石，位于其上的是人类社会所有的伦理价值与道德价值。一旦羞耻感受损，那么，植根于这一感情的其他人性价值——各种集体责任感、各类对他人的体谅与理解以及明确的是非观——也会丢失。因而，羞耻感的瓦解不会让人重返梦幻的伊甸园，而是直接坠入不知羞耻的地狱。去除羞耻心并不是一项社会化成就，而是一条通向反社会行为的道路。奥地利心理学家西格蒙德·弗洛伊德（Sigmund Freud）在《图腾与禁忌》中说过："羞耻感的缺失清楚地表明了当事者的愚钝。"在当今社会，羞耻感的缺失是一种反社会却不受惩罚的教育方式的结果。

那些（羞耻感的）心理基础已被摧毁的人已无药可救。无论是道德说教还是对习俗与礼节的呼唤，或是用下地狱与诅咒来威胁他们，都无济于事。一切挽救的努力都如云烟泡影，他们将永不知耻。

如今，我们总在收割那些恶果：不是腐化堕落，就是着眼于个人利益；政界、经济界及工会内部存在着欺骗，严酷无能的人手握权柄，担任主编坐在出版室里或获得教席担任协会理事。倘若有人察觉到他们的无能，他们便会矢口否认，且丝毫不会因此脸红。若证据确凿，他们便一脸茫然，站在电视摄像机前，仿佛无法理解这个世界似的。

这就是丧失了知耻能力的表现。

不过，现在，理智的人们有一种能准确操控羞耻感的精神工具，即在"过度拘谨"与"厚颜无耻"之间找到黄金平衡点。

正如我此刻想阐明的那样，轻视本性与精神的统一，将在相关领域带来更为严重的后果。

第二章

纵欲世界的爱情困境

关于动物交配行为的新认识

第一节　性摧毁了宁静的伊甸园
——对性爱的联结力量的重新审视

1989 年 3 月，我们在安非久拉阿保护区（Amphijoroa-Reservat）露营。这里位于辽阔的马达加斯加岛北部，是仅存的干旱原始森林之一。清晨，我们听见有东西打响了帐篷帆布。是豆大的雨点吗？不是。那是从一棵 25 米高的罗望子树上抛下的坚硬果壳，一群冕狐猴正站在树梢向我们"投弹"。冕狐猴属于原猴亚目，它们是（正式的）猴子及猿的祖先物种，即我们人类的祖先的祖先。这正是这种动物的行为尤为吸引我的原因。

这种"炮火攻击"其实并非攻击行为。这些半米高的"丛林幽灵"只不过将我们露营的大树选为了自己清晨进餐的场所。当我们在帐篷前吃早餐时，4 只冕狐猴甚至沿着树干"呼"地滑了下来，如杂技表演者抓住表演道具般紧紧地抓住树枝，在距我们 5 米处打量了我们 20 分钟，毫不掩饰它们的好奇。冕狐猴以树叶为食，所以，它们肯定不是对我们的干粮感兴趣。

冕狐猴生活在混合式群体中。这种猴群规模小，成员一般为 4 只至 7 只，通常雄狐猴数量略多，成员之间关系融洽。据艾莉森·乔利研究，尽管其群体内部存在着等级制度，且首领一直由雌狐猴担任，但它们几乎不会因身份地位而发生争执。

此外，冕狐猴群成员之间的关系十分随意。无论是雄狐猴还是雌狐猴，都会时常转入临近的四五个冕狐猴群中的一个中去生活，过一段时间后，再次返回原来的猴群，并不会因此发生争执。冕狐猴似乎正处在灵长目动物群体由松散的联合体向彼此关系更为紧密的社会发展的初始阶段，而与它们同属原猴亚目的亲属动物，如鼠狐猴和倭狐猴，则彼此关系淡漠，几乎无社会行为，仍处于彼此不好相处的"独行侠"阶段。在这类群体中，较容易观察到"反社会因素"的影响。

因为，"魔鬼"每年都会出现一次，降临这个松散的群体中：当为期两周的发情期到来时，雄狐猴身体中潜藏的性欲便突然觉醒，使其心中充满戾气，富有攻击性。为了赢得雌狐猴的青睐，雄狐猴彼此大打出手；反过来，为了引起强壮雄狐猴的注意，雌狐猴会用爪子与利齿伤害彼此，留下流血的伤口。这时，此前维系群体成员的社会纽带荡然无存。除了个别雄性和雌性短时间配对结伴外，在发情期，大多数狐猴过起了独行侠式的生活。

这种群居动物一下子回到了初始的生活状态。当几周过后，发情期过去时，狐猴的攻击性才会变弱；这时，冕狐猴才逐渐放下心中对同类的猜忌，重新组成小型群体。新狐猴群的成员通常与往日猴群中的有所不同。

每个动物群体在发情期都会遭遇类似情况，只不过表现没有这么明显。与原猴亚目动物相比，猿猴亚目动物的社会机制则已发展得较为完善，从而极大地降低了个体在发情期的自私程度，缓解了由此引发的攻击行为，避免了猴群解体的危险。本书第一章中所描述的草原狒狒便是很好的例子。

　　　　　　　　以动物为镜子：动物们的自然生活之道

在此，需要简单提一下其他例子：雄马鹿自成群体，在将近一整年的时间里都较融洽地生活在一起，远离雌鹿群。但是，每当9月底的发情期来临时，这些丛林主人之间便会毫无理由地爆发冲突，每头雄鹿都会用角攻击对方，森林各处都上演着决斗的场景。在短暂的争斗过后，为了御敌而组建的雄马鹿群就瓦解了，成员们分道扬镳。它们游荡到40千米外的地方，寻找并加入雌鹿群。唯有等到10月中旬发情期过后，雄马鹿才会重新组成群体。

在狮群中，当同年出生的雄幼狮在3岁左右进入"青少年时期"，它们的父亲们——通常是狮群的2~4个首领，便开始抑制少年狮的生理本能。这一举措使得狮群分裂：如前文所述，年轻的雄狮会组成"兄弟会"，离开原生狮群，在草原上流浪3年左右，然后再尝试征服新的狮群，组建自己的家庭。

从个体角度来看，因性嫉妒导致少年狮离开原生狮群，完全是一个毁灭性的过程。因为，如果年轻雄狮和年轻雌狮一样继续待在原来的狮群中，可以极大地增强狮群的战斗力。这样一来，外来征服者几乎不可能有机会驱逐或杀死狮群的老首领，而后杀死幼狮。因此，由性而生的自私心理削弱了狮群的防御能力，不可避免地为其在每隔几年上演一次的狮王争霸中带来灾难。在这一事例中，"性"与群体利益也是相悖的。

野兔整个冬天都群居在"地下堡垒"中，兔群成员数量众多，但相处融洽。在食物短缺的时候，野兔经常需要刨开积雪寻找食物。即便如此，群体团结仍然不会受到影响。但是，当春回大地、草木蓊郁之时，野兔间的友谊与宽容却荡然无存。它们凶狠残暴地彼此撕咬，鲜血四溅。战败的野兔必须离开本群，前往未知的地域。在那里，它们多数会因为食物短缺而饿死。

性本能的觉醒和发情期的开始使团结、和睦的群体发生改变，是出现冲突与矛盾的原因。发情期同时也是所有群体成员彼此无情争斗的时期。在这里，（祖潘猿所遵循的）"要爱不要战"的口号显得极为荒谬。很多动物可能会说："爱情是战争的导火线。"

从性沉迷到灭亡
田鼠的情爱生活与大规模死亡

田鼠会疯狂地交配，在几年时间内，两三只田鼠便能繁殖出数百万只后代，霸占我们的庄稼良田。这种小型啮齿动物通常过着一夫一妻制的生活，雌雄双方彼此忠诚，共同抵御入侵者。但是，德国慕尼黑的动物学家瓦尔特·博伊姆勒（Walter Bäumler）研究发现：在食物充足的年月里，田鼠数量增多，田鼠家庭所居住的"地下堡垒"较以往更为拥挤。这时，雄田鼠的"春天"来了，除了自己的配偶外，它们会与邻居的配偶"私通"，以扩大自己的"后宫"。

这导致雄田鼠之间爆发了一系列无止境的激烈争斗。高涨的性欲带来血腥的杀戮。田鼠们相互残杀，至死方休，90% 的田鼠因此死亡或离开鼠群。

在幸存下来的为数不多的雄田鼠中，平均每只有 9 只雌田鼠作为配偶。这一阶段的田鼠家庭实行一夫多妻制。一只雌鼠每隔 21 天便能生产 7 只左右幼鼠。雌鼠将所有的幼崽放在与其余雌鼠共用的中心巢室中，共同抚养，一视同仁。

在鼠群发展的第一阶段，田鼠的这种一夫多妻制以及"公共托儿所"并没有减缓鼠群成员数量的爆炸式增长，反而以令人难以置信的方式促进了繁殖。数量锐减的雄性竟然繁殖出了更多的后代！

此外，在田鼠常规行为与社会行为不断退化的过程中出现了令人惊讶的现象：近亲繁殖。"后宫"掌控者在自己的孩子们还只有3天大、体形极小时，便会与它们交配。这是一种"洛丽塔效应"。这些"少女"在出生3个多星期的时候便有了自己的孩子。这种乱伦现象或许是我们所了解的动物界物种退化、沉迷于性的极端例子。在田鼠的近亲旅鼠中也存在同样的情况。

紧接着出现的是田鼠群成员数量快速膨胀的第二阶段。这一阶段以如下方式导致了整个鼠群的灭亡：

外来雄田鼠入侵成员数量过剩的田鼠群，在杀气腾腾的争斗中，从因纵欲过度而虚弱不堪的雄田鼠身边夺走鼠群中的"女眷"。现在，这些外来征服者们并不需要像狮子或印度长尾叶猴那样为了和雌性交配而杀死群中原有的幼崽。因为，在鼠类中，会出现早在1959年就声名远扬的"布鲁斯效应"（妊娠终止效应）。对所有被征服的雌田鼠而言，单是外来雄田鼠的体味便能起到"堕胎药"的作用。它能有效地使群体中每一只怀孕的母鼠体内的胎儿停止发育。与胎儿没有血缘关系的外来雄鼠的体味会对不同发育阶段的胚胎产生不同的效果：胚胎直接溶解于母鼠的体液中，或导致母鼠流产。

将未出生的幼鼠扼杀在胚胎中，更确切地说，外来雄田鼠并非用尖牙利齿把幼鼠撕碎，而是仅凭自身的体味就能间接地杀死非亲生的幼鼠！只有当母鼠处于临产前一两日时，这一"秘密武器"才会失效。母鼠得以顺利产下幼崽。但是，这些幼鼠刚刚出生，新的鼠群首领就会立即以雷霆之势吃掉它们。在此后不久，它便又与刚刚下肚的那只幼鼠的母亲交配了。

不过，新任鼠王最终会被这一野蛮准则所害。因为，在母鼠为期21天的妊娠期结束、新首领的后代出生前，下一位外来征服者便已出现。所有的幼鼠再次丧命。极端"自私"的基因使得每只疯狂交配的雄鼠都无法繁殖更多的后代。于是，"杀戮–交配"在田鼠社会里无限循环，却不再有新生命到来。虽然田鼠疯狂交配，但不久后，鼠群中的大部分成员因无子、杀戮或筋疲力尽而死。

类似的例子在动物界不胜枚举。无节制的交配永远不会为种群成员带来和平、友谊与好感，它只会带来竞争，导致群体成员间纽带断裂、群体分崩离析。在动物界，性与攻击犹如连体婴儿般密不可分。

鉴于自然界存在诸多例子证明性解放百害而无一利，那些宣称性解放能为人类世界带来和平、友谊与自由的教育学家、政治学家、社会学家是多么无知与罪恶深重！根据德国"性教育片之父"奥斯瓦尔特·科勒（Oswalt Kolle）1968 年提出的观点，第二次世界大战（简称"二战"）后的一系列事实表明：对工作毫无兴趣的一代*认为自己身处一个充满性欲望的社会，不再有真爱，纵欲过度摧毁了婚姻与家庭，给孩子带来了不幸。

动物们亟需其他力量消除"性"与"攻击行为"的破坏性。在后面有关关系纽带力量的章节中，我将为您介绍相关内容。在此之前，我们还需要探究以下问题：虽然性欲对群体不利，那是否能为雌雄双方建立起联系、强化彼此间的关系，以起到积极作用呢？

老虎的爱像谋杀
攻击性 vs 亲和感

清晨，在印度伦滕波尔国家公园内的帕丹塔劳湖边，一头名为盖德斯·努恩的雌虎从茂密的灌木丛中探出身来。在它身后 400 米

---

* "毫无兴趣的一代"或"无所谓的一代"（Null-Bock-Generation），特指二战后德国社会中对生活丧失希望、对一切失去兴趣的一代人。——译者注

处，这片区域的主宰者雄虎忽必烈正悠闲地踱着步。努恩看了忽必烈一眼，然后躺倒在地，高举四肢，来回舞动，像极了刚出生的婴儿。它一边挥舞四肢，一边发出令人心碎的叫声。

在老虎两性之间，雄虎的戒备之心是要由雌虎主动采取措施解除的。在两性相遇之际，虎"女士"会表现出一副孩子气的样子，以激起虎"先生"照顾后代的父爱本能，使其乐意与之"攀谈"并靠近。忽必烈在距努恩约 7 米处躺下，抬头望向空中的云彩。此时，努恩再次起身，围着忽必烈打转，舒展自己的肋部，挑逗对方，向它展示自己所有的雌性魅力，"她"娇滴滴地呼唤着"他"，最后用脸上的虎须轻轻地触摸着忽必烈。

此时，如果忽必烈认为自己已经完成了渴望实现的目标，那就大错特错了。一旦它向雌虎展露出温柔的一面，雌虎便立刻性情大变，不再孩子气或小鸟依人，开始龇牙咧嘴、张牙舞爪。

雌虎的这种行为是否只是一些没有危险的、容易被雄虎识破的、为了保护自己而耍的花招呢？它们是否只是装装样子，为了吸引异性？事实可能并非如此。当雄虎初次尝试靠近雌虎时，雌虎突然爆发出来的攻击性其实并不是它自愿的。

这听起来非常荒谬。但是，正如关于老虎的上述事例中展现的那样，对那些富有攻击性、雌雄两性关系疏远的动物而言，这绝不像乍看起来那样显得荒诞：在雌虎打算靠近雄虎的那一刻，如果雄虎主动靠近雌虎，那么，雌虎原本的意图便会瞬间消失，取而代之的是一种原始的兽性——对陌生虎的敌意。它们需要更多时间来彼此磨合，直到对彼此产生吸引力，攻击性的减弱以及欲望敏感度的提升，使它们接受相互抚摸，而后交配。

因此，当雌雄双方单独相遇时，性欲能很好地缓解它们接近、触摸异性时的恐惧心理，以确保交配进行，是促成"二人世界"必不可少的一环。唯一的问题是：以性欲为基础的交配行为可持续多久？老虎也能在这方面给予我们启发。

在交配时，雌雄双方看起来杀气腾腾，让人误以为它们在相互攻击：雌虎趴在地上，雄虎起身站立，张开血盆大口咬住对方的脖颈，似乎要将它置于死地。不过，雌虎是绝对安全的。这种交配方式虽然看起来危险，但不至于使雌虎丧命，轻微的疼痛会使其感到兴奋。

在此，我们可以看到，两种本能行为完美地结合在一起：几乎每种动物在交配时都会展露出诸多与攻击性有关的重要行为要素，内心的愉悦与狰狞的神情同时出现。事实上，作为两种相反的本能，性本能与攻击本能在以独特的方式互相结合，从而形成"杀戮制动器"。当一个热恋中的男人对他的爱人说："我好爱你，真想把你吃了。"这是其感情状态的另一种贴切的表达方式。

弱小的雌性杀死强壮的雄性
"攻击性"与"性"的交替变化

真正的危险将会出现在交配结束后的那一刹那。但奇怪的是，遇到危险的并非雌性，而是身强体壮的雄性。雌虎几乎在一瞬间就熄灭了它内心的性欲之火，对之前牢牢趴在它背上的雄虎的好感亦荡然无存。雌虎的攻击性好似突然打开了"闸门"，并重新开足火力。它如甩水滴般将"情人"从背上甩落，并怀着杀死对方的念头扑向雄虎。如果雄虎此时没有为了求生一跃而起、跳到安全的地方，对雌虎敬而远之，那么，等待它的就只有死亡。在我们的这个例子中，雄虎一个猛子扎入了湖水中，雌虎气急败坏，穷追不舍。但是，

以动物为镜子：动物们的自然生活之道

清凉的湖水很快就熄灭了它愤怒的火焰。

这并不是因为雄虎比雌虎柔弱，造成雄虎悲剧性行为的原因就在我们探究的问题中：交配一结束，雌虎的爱情火焰就骤然熄灭，而雄虎对配偶的亲和感仍会持续一段时间，因此，它应对疯狂的雌虎的攻击本能还未被唤起。雄虎身强体壮，能较为轻松地抵挡雌虎的进攻，但对雌虎突如其来的扑杀却完全没做好心理准备。如果雄虎不能及时逃走，那就只得手无寸铁地直面悲惨的命运了。

接下来发生的事不禁让人觉得雌虎"厚颜无耻"："追杀"失败不久后，雌虎便再度用温柔的叫声吸引自己曾一度欲杀死的"情人"，它体内重新燃起爱情的火焰。接下来的短时间里，雌虎热衷于性爱，为了交配每天频繁向配偶求欢至少 18 次，而每次交配都以雄虎落荒而逃而告终。在几天的发情期结束后，它们便分道扬镳。这便是发生在极富攻击性且大多独居的动物身上的性爱情况。

老虎使我们目睹了性爱与攻击性的交织，令人印象深刻。性欲是交配的前提，它能有效减少雌雄双方彼此接近、抚摸时心中的恐惧，淡化双方的距离感。但它也会消失，甚至对雌虎来说，交配一结束，心中的性欲便瞬间消失，离间彼此的攻击本能立刻苏醒。仅因交配而产生的亲密关系只会持续很短一段时间。

其他动物，特别是那些过着群居生活、为了幼崽的生存始终拥有持久的牢固关系的动物，则在演化过程中形成了牢不可破的共同生活机制。现在，就让我们来看看它们的两性关系。

第二节　是什么令"有情人"终成眷属？
——使动物成双结对的自然力量

动物"订婚"时节
公鸭的集体求偶舞

深秋时节，人们通常看到绿头鸭在公园湖中进行一场平日难得一见的"演出"。可一旦散步者用面包投喂它们，"演出"便马上结束。

特别是在阳光明媚的日子里，20只光鲜亮丽的公绿头鸭（有时数量更多）聚集在一方自己挑选的"剧院舞台"上，淡棕色的母绿头鸭则以它们为中心围成一个圈，作为观众，对公鸭们即将展示的"求偶舞"进行评判。

当着异性的面，公绿头鸭遵照严格的规定，在水中上演一系列复杂但有特定程序的舞蹈。这些舞蹈的规则如下：

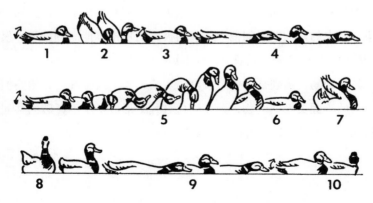

图 13　公绿头鸭集体求偶时所遵循的固定舞姿程序

　　　　　　　　　　　以动物为镜子：动物们的自然生活之道

摇尾巴—整个身体上下摆动—摇尾巴—将头颈用力前伸，身体平行于水面泳动—用嘴巴将水珠抛至高处，同时发出尖锐的叫声，然后发出"咕咕"声（康拉德·洛伦茨称之为"咕咕的口哨声"）—摇尾巴—高举翅膀，摆出一种类似说话的姿态—望向"意中人"—将头颈用力前伸，身体平行于水面泳动—向母鸭展示自己的后脑勺。

接着，公绿头鸭会按照完全一样的程序再次舞蹈。

绿头鸭的近亲，如绿翅鸭、白眉鸭、针尾鸭、琵嘴鸭，则会遵循完全不同的程序舞蹈。它们的节目中缺乏舞蹈造型，但也包含了绿头鸭不了解的诸多魅力。

鸭子舞的独特魅力在于：只有当公鸭在舞蹈比赛中不出任何差错、没有遗漏任何环节、"舞步"无误且严格遵循舞蹈动作的程序时，在一旁观看的母鸭才会答应"他们"的求偶请求。当一只公鸭成功地展现了高超的舞技时，一只或几只母鸭就会难掩内心的激动，以平趴式游泳的方式快速穿过正在表演的公鸭群。这就是"她们"所特有的掌声。

然而，在一只母绿翅鸭面前，一只公绿头鸭虽然也能遵循绿头鸭的舞蹈规则，迈出轻盈的舞步，展现优美的舞姿，却丝毫得不到异种雌性的青睐。

如果一只公绿头鸭在起舞的当天以及接下来的几天里多次得到来自同一只母绿头鸭的"掌声"，这就表明"她"接受了"他"的求偶请求。它们会一起离开"舞台"，大约自 9 月初起就确立起稳定的伴侣关系，形影不离。公绿头鸭会小心翼翼地守护着配偶，并用带有示威意味的泳姿驱逐每一只好奇的竞争者。

在这一阶段及接下来的 3 个月中，绿头鸭夫妻双方并不会交配。这纯粹是因为它们尚不具备这种生理能力，因为其体内的生殖器官功能尚未完全觉醒。

在这一时期，绿头鸭两性的结合完全是柏拉图式的。在行为研究领域，人们用"订婚"这个专业术语来描绘这种现象：雌性与雄性在某一段时间内共同生活，但不交配。

"订婚"只是为了描述相关的动物行为而使用的术语，并不是一种"对动物不可信的拟人化"，这和那些不了解情况的教书先生常常批评我的有所不同。在无数动物身上，我们都能发现订婚现象。性爱根本不是促使雌雄双方持久地在一起的动力，这就是最好的例证。订婚现象有力地驳斥了那些支持"性欲说"的学者的观点，他们认为：在动物界，能将雌雄双方联结在一起的唯有性爱，别无其他。清晰确凿的事实已证明这种观点是错误的，是 20 世纪下半叶学界的一大谬误。

对性持这种错误观点的还有英国动物学家家、动物电影编导德斯蒙德·莫利斯（Desmond Morris），他是动物性学研究领域的"奥斯瓦尔特·科勒"。在其 1968 年出版的著作《裸猿》中，他提出人类是"最性感的灵长目动物"。该书以一只生理功能退化、贪恋美色的动物园猴子为原型，将性爱描述为联结人类的唯一动力。他对自然环境中动物们的生活一无所知。但由于迎合了当时的时代精神，人们狂热地接受了这一错误的学说。直至今天，它仍停留在很多人的脑海中。可是，如果人们稍稍看一眼绿头鸭的行为，就不会相信这一错误的观点了。

在许多其他物种发情时，性欲能有效帮助雌雄双方克服接近对方、彼此触摸时内心本能的恐惧与不安，我将用跳鼠的例子来说明这一点。因此，我们将继续跟踪研究绿头鸭在一年间的行为方式。

两性绿头鸭在没有交配的情况下一起度过历时 3 个月左右的寒

　　　　　　　　　　　　　以动物为镜子：动物们的自然生活之道

冬，矢志不渝。只有当春天来临时，它们才会交配。可是，一旦母绿头鸭在巢中产下第一枚蛋，公绿头鸭便会弃它而去，另寻新欢，再也不会回到原配偶与孩子的身边。在与雌性交配了几次后，雄性已经满足了自己的生物学使命的最低要求。现在，它要尝试着在别处发泄自己的欲火。

公绿头鸭之所以会离开母绿头鸭，是因为一旦母鸭开始孵蛋，它便会拒绝继续与公鸭交配。母鸭的欲火已熄灭，而公鸭的欲火却依然在熊熊燃烧。

因此，在为期 3 个月、饱含忠诚与和谐的纯柏拉图式的订婚期结束后，迎来的是仅仅持续几天的交配活动。随后，婚姻关系在短时间内破裂，公绿头鸭另寻新欢。这是性爱波动阻碍动物社群化的真实的一面。

在绿头鸭的案例中，公鸭弃母鸭而去，这在某种程度上并没有产生不利影响，因为母鸭可独自孵蛋，并将后代抚养长大，这些根本不需要作为父亲的公鸭在场。但是，在现今城市周边的许多湖泊中，鸭子数量过于密集却造成了物种退化这一致命后果。

抛妻弃子的公鸭们以 3 只为一组组成联盟，袭击一只低空中的母鸭，使它坠落，并强行与其交配。它们用嘴紧紧咬住母鸭的翅膀、脚和背部的羽毛。在交配过程中，这些公鸭将挣扎着呼救的母鸭拖入水中，经常残忍地将作为自己性交对象的受害者溺死。而且，由此造成的死亡率出奇地高。

这些被欲望冲昏头脑的公绿头鸭会以同样方式袭击其他种类的母鸭，如北京鸭、疣鼻栖鸭及其他野化了的家鸭。这一暴行造成的最轻微后果是因鲁莽行为而繁殖出的混血鸭。在汉堡诸多湖泊与溪流中已经出现了一群群滑稽的、犹如被染过色的混血鸭，慕名而来的鸟类学家在珍稀鸟类名单上都找不到这些混血鸭的名称。

公鸭在秋天集体求偶仪式上的舞蹈不带一丝情欲色彩，那是多么优雅和谐！而现在，纯粹的性欲究竟让公鸭们干了些什么啊！

两只灰雁的爱情故事
用终身单偶制应对混乱的两性关系

为了避免发生野鸭那样无节制的交配行为，灰雁采取了一种行之有效的方法：终身单偶制。让雏鸟苗壮成长，引导、保护它们，为其找来水生植物作为食物，这些任务雌灰雁其实都可胜任，父亲并不是必需的。但是，灰雁非常喜欢与几个或多个同伴一起，在一片领地上共同抚育后代。在灰雁中，也可能出现给雌灰雁和雏鸟带来灾难性后果的强行交配行为。因此，灰雁选择了一夫一妻制，以确保种群的繁衍。

但是，康拉德·洛伦茨的理论使我们了解到：和人一样，雁族动物也常出现不忠、外遇、嫖娼、同性恋、夫妻拌嘴以及离婚的情况。那么，问题是：灰雁能在多大程度上对伴侣保持忠诚？

假如佩尔与森塔是人类，我便可围绕着它们的命运谱写一段感人至深的爱情故事。但它们是灰雁，我对其情感知之甚少，只能以不成熟的文笔记录下它们的事迹。

佩尔与森塔的爱情赞歌是这样开始的：它们先在别处产下了5只小灰雁，并成功将其抚养长大。之后，这对灰雁夫妇便来到位于不伦瑞克的鸟类动物研究所。研究员鲁道夫·贝恩特（Rudolf Berndt）试着让它们在阿本森湖定居，并让它们有家的感觉。为了不让这对灰雁秋天向南迁移，贝恩特剪光了森塔右翅上的羽毛。佩尔就不必了，因为它是森塔忠诚的伴侣，二者终日形影不离。为了它

　　　　　　　　　　　　以动物为镜子：动物们的自然生活之道

的所爱，佩尔放弃向南迁移至温暖的地中海过冬。

1月6日，大戏拉开帷幕。零下15摄氏度的温度下，湖面结冰了。为了保护佩尔和森塔免受冰寒侵袭，研究所为它们提供了温暖的窝棚。研究人员轻松地抓住了无法飞行的森塔，但是，佩尔误解了研究人员的意图，害怕自己死于人类之手，惊恐万分地飞离了研究所。

屋外持续数日冰天雪地、寒风凛冽，森塔不得不在窝棚中度过了几个星期。研究人员认为"灰雁移居"计划没有成功，因此在2月初将森塔迁居至不伦瑞克的多维湖（Dowesee）。那里位于阿本森湖东南方向25千米处，森塔将作为"观赏鸟"被放养在此。

飞走的佩尔肯定认为它亲爱的森塔已惨遭人类的毒手，但它显然抵挡不住对伴侣的思念，不切实际地怀着与森塔重逢的愿望，而且这一意愿日益增强。如果伤心欲绝的人类怀有类似的愿望，一定会被说成"痴心妄想"。每隔3天，佩尔就会飞到阿本森湖上方，大声呼唤森塔。当然，一切都是徒劳。

"不能飞翔的森塔已脱离人类魔掌，并已在另一个湖边找到栖身之所"，这一想法比上述希望更虚无缥缈。但爱情的真谛就是不放弃最虚无缥缈的爱情之花，不遗余力地靠近最遥远的镜花水月。

于是，在"灾难"过后的5个星期里，佩尔不仅经常在阿本森湖区寻找森塔，而且不断往返汉诺威马斯湖、希尔德斯海姆附近的因纳斯特河支流和不伦瑞克、吉夫霍恩、策勒整片范围内的其他湖泊、河流、池塘以及小小的水塘——这一片区域加起来有上千平方千米！鸟类学家凭借佩尔身上的彩色圆圈标记一眼就能认出它。

2月8日，森塔终于可以走出将它与外界隔绝的窝棚。工作人员在长和宽都只有几百米的多维湖岸边将其放归自然。2天后，佩尔就发现了森塔！

当时发生的事情吊足了所有湖畔散步者们的胃口：当佩尔在多维湖上空发出沙哑的叫声、进行第一遍搜索时，仍然无法飞行的森塔立刻发出了类似小号的声音，以作为回应。就在那时，佩尔也发出了响亮而刺耳的声音。它听到回应后马上在空中转了个大弯，俯冲而来，像一块石头似的稳稳地落在了森塔身边。顿时，水花四溅，视线模糊。一开始，行人们以为是雄鹰捕捉到了猎物。但随后，他们便看见两只灰雁张开翅膀，胸部紧贴，扑扑振翅高达 3 米，用翅膀拥抱彼此，并开始了一场持久的"小号表演"。

将作为雁形目动物之一的鹅视为愚笨的动物是愚笨的人的一贯作风。在一期电视节目中，一位女主持人对我说："原来您就是那个将鹅与人相提并论的人！"我回答道："我还从未将女主持人与鹅相比较，但很乐意现在补上。"

这位女士借格言表达了她的批评态度，这完完全全地体现出她对动物行为学一无所知，且抱有极强的偏见。仅凭她那句有关"呆头鹅"的谚语便能为此找到依据，而这句谚语早已深深烙进那些更愚蠢的人类的脑海中了。

那个女主持人肯定只认识白色的家养鹅。不过，家鹅在平日里的行为与灰雁退化后的行为非常相似。在驯化过程中，由于完全靠人工饲料喂养长大，家鹅几乎已失去了所有的社会习性。它们的性欲变得越发旺盛，交尾时间变长，却没有出现伴侣关系。雄家鹅不加选择地与雌家鹅交尾，在这种情况下，性欲并非联结雌雄双方的纽带，而是埋葬双方的坟墓。

奇怪的是，人类在驯化家鹅的过程中如此大费周章才意识到：通过牢固的一夫一妻制婚姻，造物主赋予了野生灰雁一条重要的生存法则，这使它们不同于绿头鸭，即能在种群数量过度膨胀的情况下避免发生因性欲过盛导致的灾难性后果。

我常常听到那些厌婚的人说："持久的单偶制婚姻'只不过'是一种出现在某些鸟类中的现象，它不适用于哺乳动物，亦无法与意义重大的人类婚姻相提并论。"对此，我想要说明以下两点：

其一，哺乳动物大多身强体壮，与它们相比，鸟类更容易受到来自死亡的威胁，面对外界的干扰与威胁显得更为敏感与脆弱。若要探寻动物的生存法则，在飞禽中寻找会更为容易，因为鸟类已在生活中将其表现得淋漓尽致。

其二，认为哺乳动物间不存在一夫一妻制婚姻的观点根本是无稽之谈！每个敌视婚姻的人都宣称自己蔑视自然，他们对造物主的力量知之甚少，对动物的生存策略一无所知，所以才有这样一番言论。我们清楚地了解狼、非洲野犬、郊狼、狐狸和胡狼的长期单偶制，还有獾、海狸、豪猪以及各种鼠类甚至家鼠都实行这一婚配方式。如果没有这一制度，许多小型羚羊，如山羚、犬羚、麂羚、倭新小羚，甚至不具备生存能力。此外，一些灵长目动物也唯有在一夫一妻制关系下才能生存，如南美洲的狨猴、东南亚的长臂猿（包括合趾猿和白掌长臂猿）。

侏獴——为爱结婚
为集体献身

在非洲东部与西南部，生活着一种非常可爱的哺乳动物——侏獴，它们一生只有一个伴侣。科学家们对此进行了深入研究，他们发现：这种动物的社会行为具有以下两个值得钦佩的特点。

1. 侏獴会无微不至地照顾那些身患重病、被毒蛇或蜈蚣咬伤及被蝎子蜇伤的群内同伴。它们为这些同伴取暖、按摩，给它们提供最好的食物与最舒适的休息场所，寸步不离地守护它们直至康复。以上种种并非只出现在个例中，也并非那些身份地位显赫的成员才享有的特权。这种现象十分常见，每只侏獴在陷入这些困境时都能无一例外地享受来自群体的温暖。

2. 每当觅食时，侏獴群会设置全天候岗哨，以便及时发现空中前来觅食的猛禽和地面来犯之敌，并发出警报。这一任务非常艰苦，因为"哨兵"在放哨期间会连续一个小时无法进食。哨兵常常救了同伴，自己却成为掠食者的盘中餐。因为它处于开阔地带，位置暴露（比如站在蚁丘顶部），非常容易受到掠食者的攻击。尽管如此，侏獴群仍会设立岗哨，为的是能及时查探四周存在的危险，以便群内所有其他成员能专心致志地觅食，而无须将宝贵的时间浪费在查探四周环境上。

在非洲自然环境中，拥有金色毛皮的侏獴是最具牺牲精神、最无私、最可爱的动物之一。更让人感兴趣的是它们经营婚姻生活的方式。

侏獴群一般由 12 只左右的成年个体组成，首领始终由雌侏獴担任。一只普通的侏獴重约 420 克，但刚坐上首领宝座的雌侏獴在短短 3 周内体重便可达 640 克。关于这一现象，目前尚没有任何生理学解释。但是，侏獴群中的其他成员并没有因"女王"体形庞大而对其产生敌意，"女王"以此为优势实施"仁政"，领导着群体。"她"享有至高的权威，以至于根本无须动用武力。"她"对所有触犯族规的行为置若罔闻。因为"她"的副手，即体形较小的"夫君"

会负责协调争端，保卫群体内部和平，维护群体制度。"它还负责维护侏獴群内的道德法典。"学者安妮·拉莎这样写道。

在侏獴群中，"女王"与"亲王"一生都对彼此忠贞不渝。对它们而言，对方便是自己此生的唯一。"亲王"本可在成年雌侏獴中选择几个作为情妇，"女王"也本可与"朝臣"私通。但它们都没有那么做。要是它们真的这么做，整个群体便会在繁殖期内解体，这将不可避免地使所有成员在短短几天内死亡。

在整整一年时间里，"女王"眼中只有自己的丈夫。它们在发情期交配，平日里相敬如宾，过着柏拉图式的爱情生活。安妮·拉莎写道："'亲王'追求'女王'，大献殷勤的方式不得不让大多数男人为之汗颜。'女王'是其一生至爱。无论何时，'亲王'总会坐在它身边为其梳理毛发。"它们两个是整个群体的主心骨。

在侏獴群内部，等级仅次于首领夫妇的是幼崽，最年幼者为尊，年长的次之。当成年侏獴找到甲虫、蝗虫或蠕虫而幼崽又饿得嗷嗷叫时，幼崽总是能即刻享用到美味。我们称这一制度为由首领掌控的等级体系。

在这一等级制度中，等级位列幼崽之后的是侏獴群中所有的雌性，在侏獴群中的威望高低决定了成年雌性的地位高低。雌性之后才是剩下所有雄性成员，它们在群体中的地位最低。平日里，这种等级制并没有什么作用。这些金色的小精灵虽然不时遭到掠食动物的攻击，但群体内部却是一片祥和。当"女王"进入发情期时，侏獴群中会产生交配嫉妒心理，从而引发骚乱、哗变。不过，这样的情况一年中只会出现三次。"亲王"会竭尽所能控制事态的发展，以保持侏獴群的稳定与团结。侏獴群平复群成员交配欲望的机制引起了我们的兴趣。

当"女王"戴安娜的夫君乔治不像往日那般频繁地轻咬"爱人"的脖颈与背部的皮毛（这与猿猴轻挠伴侣的行为一样，是一种表达好感的方式），而是更频繁地轻咬它的肛门时，这就表示它开始发情了，也预示着群体的动乱时期即将来临。

可是，就在同时，群体中所有成年侏獴体内的性欲也觉醒了，这使乔治不可多得的5天调情期变得一团糟。除了交配这一任务之外，乔治还得维持侏獴群的"纪律与秩序"：禁止群体中其他成员交配，阻挡好色之徒接近它的戴安娜。正如安妮·拉莎所说："乔治几乎不停地忙碌着，来回飞驰，它必须连续不断地出现在群内各处。为此，它滴水未沾，颗粒未进，无法休息。"

第2天，乔治便已经疲态尽显：尽管它明令禁止群体中其他侏獴交配，但乔治对此的打击力度已逐渐减弱，因此，这种现象日益频繁。终于，到了发情期的第3天，它只能守护自己的戴安娜了。它用两条前腿紧紧夹住戴安娜，并连续几小时趴在它的背上，很快便陷入了沉睡状态。

第4天发生了一起意外。乔治想在蚁丘的陡坡上真心地拥抱戴安娜，却不幸失去平衡，导致它俩双双倒地。戴安娜因此怒视乔治。"亲王"羞愧难当，爬进洞穴暂避锋芒。夫妻拌嘴，这是多么真实的一幕啊！半小时后，乔治才敢从洞穴中出来。但是，要重获"女王"的芳心还需再等待几个小时。

第5天，侏獴群中所有成员体内的性激素都消失得无影无踪。形容枯槁、憔悴不堪的乔治连续两天睡得天昏地暗，与此同时，其他侏獴却办起了游戏舞会，到处奔跑蹦跳，你追我赶，还玩起了类似"红军－蓝军"的军事游戏。所有成员的身心都得到了较大程度的放松。多亏了侏獴卓越的社会行为方式，友情和群体的团结才没有因为"激素危机"而瓦解。

我们还需要探究，乔治阻止群体其他成员交配"失效"后会产生什么样的后果。在怀胎 8 周后，戴安娜成功地产下了 5 只幼崽。獴群中的其他两只雌侏獴也诞下了幼崽，但它们在刚来到这个世界的第一个夜晚便被杀死了。是谁通过何种方式害死了那些幼崽，我们不得而知。

在幼崽遇害后，按照规矩，侏獴群中发生了一些非常伟大的事：那两只失去幼崽的雌侏獴会分泌奶水，并用自己的乳汁喂养戴安娜的孩子。于是，这些幼崽即使是在旱季或食物短缺时期依然能茁壮成长。在狼群中，我们也已观察到了类似的现象。那些在群体中地位低下的雌兽成了"奶娘"——人类早在几个世纪以前就已经开始使用这一概念，用以指那些失去了自己的孩子，受雇给别人的孩子喂奶的女子。

性爱特技表演者破坏婚姻
性并非爱情婚姻的保证

关于侏獴的上述例子展现了性爱的强大破坏力：即使交配期只有短短 5 天，它也会通过影响侏獴的社群行为，摧毁整个群体和雌雄双方的"伴侣关系"以及动物为防止群体瓦解所运用的各种手段。

这也许是多此一举，但我仍想对诸位读者说：请诸位谅解我花费如此多的篇幅探讨这一主题。糟糕的生活经历告诉我，仍然有许多人不愿意承认：（无节制的）性欲在社会行为中只有毁灭性，绝不会对社会稳定与群体团结带来益处。萨满教*崇尚性爱，在过去几个

---

* 萨满教是以崇拜作为群体起源与保护神的祖先或其象征物为基本特征的原始宗教，可意译为"祖护神教"，或简称"祖神教"。——主编注

世纪中，萨满（巫师）们围绕着阳具图腾*大跳蛋舞，以致有关性爱的谬误烙印在我们这个时代的思维模式中。而其导致的后果是：那些友好温顺、渴望和平的人恰恰成了挑起婚姻、家庭以及国家内部争端的人。

一些动物行为被人们极为无知地当成了"动物的"，即野蛮的行为模式。回顾以往，可以看到，有关这些动物行为的研究以一种令人难以置信的荒诞的方式，为我们人类提供了一个构建共同生活的视角。

在选择配偶时的一个重要准则是：让性吸引力只发挥其应有的作用，而不是像近几十年来一样如此夸张地高估它的价值。单纯的性爱并不能造就爱情与婚姻。相比于看重地位、财富、能否提供保护、是否顺从等的择偶观，看重性吸引力的择偶观对配偶双方未来生活的负面影响更大。无论是在动物世界中还是在人类社会中，以性爱为基础的婚姻都不会长久。

对性爱的曲解会给婚姻带来诸多不幸，其原因正在于此。夫妻吵架与离婚现象从未像在我们所处的这个"纵欲时代"这样如此频繁地出现过。年轻人从未像今天这般恐惧婚姻和固定的关系，他们从未像今天这般因婚姻问题而不得不忍受父母的争执。今天，诸多年轻人敢于保持单身生活，这表明我们所谓的婚姻生活正日益"废墟化"。1992 年，在德国生活的单身者群体达 1 200 万人，这占到了全国家庭数的 32%：德意志民族正逐渐变为"单身民族"。无所顾忌的性解放与过分追求提高生育率造成了这一结果，这是婚姻、家庭教育和社会的废墟，是精神的困境，也是乱成一团的生活。

---

*　原字面义为"标志"；在萨满教信仰中，特指（意指祖护神的）群体标志或所崇拜之物的象征物。——主编注

如果那些"性萨满"不知羞耻，一味地将造成以上现象的原因归咎于那些被他们破坏的家庭，那么，性反常行为便会极端恶化。那些自以为思想先进的人寻找着共同生活的新路子，但迎接他们的却是连续不断的灾难。还没有哪一个性行为反常的社群能在几年后仍然存在。它并非通往美好未来的光明小径，这条小径几乎无路可走。从理论上看，每个建构出来的理论听起来都非常理想，但都缺乏实际可操作性。对动物世界的探究也告诉了我们其为何不可。

如果不是性爱，那么，是什么使两性结合在一起的呢？

第三节　鹅何以诉衷情？
——结对本能的发现

动物对婚姻的通告
他能与禽类聊天

乌鸦沙哑的"哇哇"声，狒狒尖锐的叫声，狮子低沉的吼声，猪的"噜噜"声，青蛙的"呱呱"声……今天已有许多动物行为学研究者能解码这些声音信号。在我写这本书的几年前，康拉德·洛伦茨甚至能成功地用"鹅语"与鹅交谈：

当一群灰雁在草地上啄咬草茎时，嘴里发出的声音至少带有七个音节："嘎–嘎–嘎–嘎–嘎–嘎–嘎。"它们大体是想表达："在这儿感觉真好。我们找到了充足的食物，在这里歇会儿吧。"

如果灰雁们发出的声音只有六个音节，则表示："这片草场食物不够，我们可以一边吃着草茎，一边缓慢以第一挡位上下的速度朝前行进。"如果声音中包含五个音节，则表示："用第二挡速度前进。"于是，灰雁群中便笼罩着即将启程的氛围。若再少一个音节，其意思便是："将速度提升至第三挡，脖子向前伸直。"如果音节减少至三个，那就表示："尽可能加快步行速度。注意！恐怕我们马上要起飞了！"

如果要表达"尽可能加快行进速度，但无论如何都不起飞"的想法，灰雁所发出的声音会有所变化，不再是"嘎–嘎–嘎"三个音节，而是"嘎–咁–嘎"，中间音节更加尖锐高昂。在此情况下，那些由于身体肥胖而无法飞行的白色家鹅也会不断发出"嘎–咁–嘎"的声音，以表示自己没有飞行打算，这场对话在精通"鹅语"的学者听来有些滑稽。奇怪的是，家鹅继承了野鹅的"说话"方式，但飞行能力却退化了。

这种有关行进速度的协定被视为所谓的"原始交流"。此外，灰雁还能通过叫声告诉我们它们的单偶制婚姻方式的重要信息。这就要求我们不仅能对其叫声中的每一个音节进行简单的解码，还得准确知晓其动机以及每个个体"语言基因"的发展过程。

海尔加·菲舍尔（Helga Fischer）是洛伦茨在塞维森的马克斯·普朗克研究所的同事，她根据廷伯根的方法，对十年来研究中的动物行为动机进行了分析，找出了灰雁本能结构中的这些关系。海尔加的研究发现有力地证明了在动物中存在着"结对本能"（海尔加·菲舍尔创造的新词）——一种使动物两性结为夫妻，并一辈子忠贞不渝的非性爱力量。这一发现使得相关研究达到了高峰。

有一点要事先说明：野生灰雁（而非被驯化了的家禽）所拥有的"结对本能"要远远强于人类所拥有的这一本能。可惜，人类所拥有的结对本能的强度太弱，以至于许多人根本就不重视它，并错误地将性欲视为婚姻中联结男女双方的唯一力量。但人类的的确确拥有这一本能！当我们认识到它的存在时，我们的婚姻就有可能变得更牢固、更持久。

结对本能的关键是所谓"胜利的呼声"，灰雁通过它来告诉我们其中的关系。此处涉及以下行为：

当一对灰雁夫妇在一只陌生的雄灰雁周围摇摆着前进或游水时，（1）雌灰雁会与陌生的同类保持距离，雄灰雁则会伸长脖子，冲向或游向"情敌"；（2）雄灰雁会在大多数时候毫无缘由地挑起一场激烈的争执；（3）遭受攻击的一方通常会逃跑，从而避免冲突；（4）获胜的雄灰雁立刻回到自己的配偶身边，并发出响亮的、听起来略带沙哑的欢呼声，此时，它的声音高昂且尖锐，紧随欢呼声的是略轻微的灰雁特有的"嘎－嘎－嘎"的叫声；（5）雌灰雁为这声音所倾倒，激动不已；（6）这对拥有一身靓丽羽毛的灰雁夫妇表现得看似想攻击彼此，它们伸长脖子，头紧贴地面，朝对方的耳朵发出"嘎嘎"的叫声，似乎在诉说着什么。

图14　灰雁发出"胜利呼声"的各个阶段

然而，这对夫妇并非用这种方式围绕"与陌生人的争端"这一话题继续争吵。恰恰相反，它们在朝着对方叫唤，**这一共同的"胜利呼声"将雌雄双方联结成一个牢固的整体**。当两只刚刚发育成熟、尚未交配的灰雁第一次同时发出"胜利呼声"时，它们将从此结为伴侣、相伴一生。

当父亲惨遭同类痛揍之时，幼雏亦会热情洋溢地"歌唱"甚至发出"欢呼声"。它们会像庆祝胜利那样在家庆贺失败。与强化婚姻纽带类似，这也会巩固家庭的纽带。即使在非繁殖季节，灰雁们聚集在一起觅食时，偶尔也会如凯旋的士兵那样行军。就像唱国歌能增强民族自豪感一样，行军也可增强灰雁的团队精神。

"幼鸟奥运会"是一种决定成员在群体中的等级地位的竞技赛。"奥运会"落幕后，一只幼雏可能会在无意之中攻击了自己的弟妹。在受到攻击后，被攻击的幼雏不会以牙还牙，而是会马上唱起"儿童胜利歌"。接着，攻击者就会马上停止攻击，并加入唱歌的行列。

由此可见，"胜利呼声"的作用与狼嚎相似，能很好地平息纷争，加强群体、家庭、配偶之间的联结。海尔加·菲舍尔认为，若没有"胜利呼声"，人类就完全无法理解灰雁的婚姻与群体生活。

如果灰雁没有机会发出"胜利呼声"，那会发生什么情况呢？我们了解了诸如此类的情况，比如，当年轻的求偶者找不到配偶，无论雌雄都如"墙花"般待在一旁时，没有同伴会回应它所发出的"胜利呼声"。得不到回应令那些没有找到配偶的灰雁大失所望。从这一刻起，它们便保持沉默，一部分会选择远离群体，去其他地方继续寻找配偶。

在这种情况下，它们会将脖子弯成一定角度，不同的角度和姿态表征着孤寂或悲伤的不同情感。

　　　　　　　　　以动物为镜子：动物们的自然生活之道

图 15　灰雁脖子的弯弓状姿势表征的是孤寂之情（图左），灰雁脖子后仰所形成的瓜子状姿势表征的是悲伤之情（图右）

　　它们流下"离群者之泪"，将所有其他日常活动抛诸脑后，不吃不喝，不修边幅，蓬头垢面，邋遢不堪。周围稍有动静，便犹如惊弓之鸟般逃散。它们甚至不休息，行为举止病恹恹，很快便会走到生命的尽头。那些"寡妇""鳏夫""离异者"的婚姻就是在可怕的争吵中随着殴打、呵斥以及他者的火上浇油而破裂的。它们和那些出于各种原因而被驱逐出群体的动物的情况几乎一模一样。前文较早提到的佩尔与森塔的爱情故事已经表明：当夫妻双方因外界因素而被迫分离时，它们是多么热切地期盼能够找到彼此。

　　在研究所里，人们把灰雁当成"卡斯帕·豪泽尔式动物"（Kaspar-Hauser-Tiere）抚养。这一名称源于一个出身不明的人类弃婴，他于 1828 年出现在德国纽伦堡。他在暗无天日的地下室度过了人生最初的 16 年，与外界以及其他生物相隔离，没有任何接触。所有在这种"封闭式监禁"情况下长大的灰雁都会渐渐丧失"嘎嘎"叫的能力。即便之后重获自由、回归雁群，它们依然无法找到配偶，也无法发出"胜利呼声"。它们没有灰雁所应该有的行为模式，成了害怕与外界接触的精神残疾者。

　　我们已了解灰雁在"完全无法找到配偶"与"矢志不渝地对配

偶保持忠诚"两种极端情况间的所有过渡形式。从灰雁夫妇彼此发出的"胜利呼声"的强度上，我们很容易判断出它们婚姻的牢固程度。高昂、嘹亮的"嘎嘎"声表示它们生活美满幸福。胆小怯懦的灰雁发出的叫声略有不同，表示家庭生活不尽如人意。伴侣间的沉默寡言状态则表示家庭生活不和睦，很快便会发生争吵与分离。

缔结婚姻是一种本能吗？
以满足欲望的行为为据

在与"动物缔结婚姻的本质"这一问题有关的内容中，我们感兴趣的是这一力量究竟从何而来？它真的是一种本能吗？它伴随着来自天性的自然力量吗？若真是如此，那么，性在婚姻中扮演着什么样的角色呢？

诺贝尔奖得主尼古拉斯·廷伯根发现了以下规律：判断行为是不是本能的关键标准是，其中是否存在内生性驱力，这种内生性驱力体现在满足欲望的外显性行为中。一旦可清楚地辨别出这种行为，它便能表明，本能在这种行为中起着支配作用。

这是什么意思呢？在德语中，"欲望"（Appetenz）一词与"食欲"（Appetit）一词非常相似，并可作为同义词使用。比如：狮子有了食欲后便开始寻找猎物。"捕捉猎物"是紧随"寻找"之后的一个动作，对"捕捉猎物"而言，"寻找"就是满足欲望的行为。德语还可将其表达为"搜寻行为"。"搜寻行为"有目标地指向一个最终行为，即"捕捉猎物"。

在灰雁的例子中，我们已经发现了一个相当明确的"搜寻行为"：一只尚无伴侣、发育成熟的动物在自然之力的驱使下，寻找一位伴侣。如果目标伴侣和它一起发出"胜利呼声"，则意味着愿意与它结成固定的夫妻关系。上述行为的推动力是内在的、自发的、由内向外的，不受外部诱因的影响，在灰雁性欲不活跃的季节中依然发挥作用。**因此，灰雁渴望寻找伴侣的欲望是发自内心的，与性冲动无关。**

这种内心欲望以一种人类无法想象的方式表现出来。如果一只灰雁一时半会儿找不到伴侣，那么，它的所有其他欲望都会被压制，尽管这些欲望也非常重要，比如食欲、饮欲、睡欲、保持整洁欲等。即使以上所有关乎身体机能的欲望都得到满足，灰雁仍然渴望寻找伴侣。

因此，这个结论合乎逻辑，同时也证明促使灰雁寻找伴侣的力量是本能，而非其他事物。灰雁夫妇因"结对本能"而结合在一起。对此，洛伦茨早已做出类似的猜想；从那时起，就无须再怀疑自然界存在一种促使雌雄双方走到一起的特殊"纽带"。动物行为学将其定义为"使雌雄双方结合在一起的动机"。出于自身的考虑，我们人类应对此加以了解。

如果我们在人类学领域引入另一个表示"结对本能"的词，那么，我们便可进一步熟悉这一观点，更好地观察这种现象。这个词是"亲和感"。由于该词的含义带有强烈的情感色彩，尤其是人们无法通过量化的手段来理解它，因此它遭到了以"精确性"著称的自然科学的否定。可是，这一强调情感的词正好表明，在结对现象中，有强烈的本能因素在起作用，我们关于灰雁的研究思路是对的。

性在婚姻中起着怎样的作用？
燃起的火花与恒久的明灯

　　灰雁在结为夫妇的过程中会强化性方面的行为方式。它们先向彼此展示所谓的"颈部曲线"，保持这一姿势游向对方，并来来回回不停重复。交替着将喙、头、脖子短暂地浸入水中。"将脖子没入水中"属于交配的前戏。此外，灰雁还会摆出双桅帆船式的造型。它们将翅膀高高举起，交叠成餐巾的样子，以"装扮"自己。

　　这就是灰雁为了最大程度展现自己的性吸引力所摆出的造型。

　　在这段我们认为最重要的时间里，陌生的灰雁间也会多次交尾，但没有任何结对的迹象。已拥有固定伴侣的灰雁也会"肉体出轨"。伴侣长期不在身边的雌灰雁会在陌生异性面前展现自己的"美"。一对同性恋的雄雁甚至也会"有"后代：其中的一只会出轨于某只

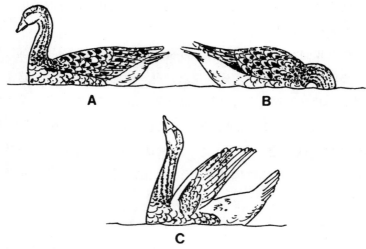

图 16　灰雁为展现自己的性吸引力所摆出的造型：A 呈现"颈部曲线"，B 将脖子没入水中，C 摆出双桅帆船式造型

　　　　　　　　　　　　以动物为镜子：动物们的自然生活之道

不知情的雌灰雁，一旦雌灰雁在巢中产下蛋，两只雄灰雁就会抢过孩子，抚养后代，并再也不管鸟蛋的"供应者"。就这样，两只成年雄灰雁与 6 只幼雏组成了家庭！

灰雁的婚外情只会持续几分钟，随后，双方就会再次变得冷漠，分道扬镳。交尾不过是发泄性欲的一种方式，永远无法使雌雄双方真正生活在一起。

因此，在这里，能让它们真正生活在一起的只有"结对本能"这种社会性本能的力量。纯粹的性爱只不过是其对立面，对人类而言亦是如此。虽然，纯粹的性爱能使男女双方相聚在一起，但如果没有结对本能，男女双方更多地会以一种攻击性的方式相处，且只能维持几分钟。类似于老虎，激情过后，性欲之火随即熄灭。通常，激情过后随之而来的是厌恶与争执。没有任何好感的性爱存在于风月场及性暴力中。

满足性欲仅仅是为了在交合过程中释放（紧张性）情感。与之相反，亲和感是一种对生活在一起的渴望，与性倾向（或性吸引力）无关。性欲自然倾向于多偶制，柏拉图式的坚贞的爱情则倾向于单偶制。性欲看重的是脖颈以下部分的身体，个体间的亲和感则主要与面容相关。

在短篇小说《昔日的面包》中，海因里希·伯尔（Heinrich Böll）描述了男主人公如何用毛巾遮住每一个与他同房的妓女的头，以免妓女那令人厌恶的脸庞让自己反感。通过该小说，伯尔凭感觉准确地展现了某些人在两性关系中将性欲与亲和感本末倒置的情景。

仅仅以性欲为基础的两性关系与人的情感背道而驰，最后使得一方沦为另一方的附庸，彼此爱恨交织。一旦"同房"没有新鲜感，双方对此习以为常，彼此的关系便会分崩离析。

危机中的人类婚姻

"结对本能"经受得起"婚外情"的考验

性吸引力虽然来势凶猛但持续时间较短。但是，只要不故意抹去"结对本能"，它便能使两性个体相伴一生。在结为夫妻的男女双方地位平等、相互尊重、互帮互助、绝对信任的基础上，"结对本能"会由最初弱不禁风的小石子转变为可以承受怒海狂涛的礁石。作为一个与同一位妻子拥有 40 年婚龄的人，我知道自己在说什么。

"结对本能"甚至能经受住肉体出轨的多次考验。肉体上的出轨可能会致使婚姻走向尽头，但也可能因"结对本能"的存在而得到挽救。唯有夫妻中的一方行为极为卑劣时，以情感为纽带的婚姻才会破裂。

夫妻间的爱情是指在多年的婚姻生活中，包容对方所有的错误、缺点、坏脾气，容忍其无能为力之处，熟知另一半的古板与无趣，接受对方齐啬与不断重复的长篇激情独白……尽管如此，仍乐意与之相伴。这便是夫妻情感交融的力量，我们不应将其与俊男靓女之间的魅力相混淆。

当下，许多婚姻面临巨大的危机，其原因在于婚姻的基础存在问题。如今，人们总是单单将"性"作为爱情与婚姻得以长久幸福的关键，但恰恰是这一观点埋下了婚后纷争的种子，导致乱成一团的婚姻走向不幸。

性关系到未来的婚姻和谐，但将性看作爱情全部的人，要比那些为了物质利益与社会利益而接受所谓的理性婚姻的人错得更加离谱。女性在选择配偶时所考虑的东西令人费解：配偶的可掌控性（家里是否由我说了算），对方是否能成为一位好父亲，还有对方的养家能力（包括赚钱能力、持家能力）、声望和社会地位。但所有这些因素的负面影响与高估"性欲"的作用所产生的后果相比，简直是小巫见大巫。因为由上述因素造成的负面影响很快便会烟消云散。在金钱婚姻中，夫妻完全可以培养彼此间的情感，除非双方只是自顾自地生活。

在我们了解了单纯的性爱所具有的强大破坏性之后，是时候来看看自然赋予我们的"情感之力"与"结对本能"了。这决定了我们是否会虚度光阴，是否会垂头丧气、陷入无止境的争执中，以及是否能过上和谐的生活。

尽管我们能够通过对自然紧密的、充满热爱的观察得到积极的认知，蔑视自然者的反对声依然不曾停歇。他们坚决否认雌雄双方能够通过非性欲因素（社会性"结对本能"）走到一起，并宣称海尔加·菲舍尔对灰雁的研究仍不足以推断出对人类具有深远意义的结论。

我会在另一节中论述这件事。在下一节中，我将借助 1993 年才发表的研究论文来说明：只要事实胜于**意识形态***，便不应再质疑用以解释社会性结对行为的结对本能概念的合理性了。

第四节　使婚姻忠诚的"迷魂酒"
——橙腹草原田鼠的单偶制婚姻

初次交配的激情 40 小时
性作为婚姻关系的发起者

美国中西部曾经随处可见无尽的草原，现在则变成了一望无际、

---

*　原文字面义为"虚假意识学（说）"，实指关于事物（尤其是政权与制度）合理或合法与否的辩护性理论，可简要意译为"合理性理论"。——主编注

呈棋盘状分布的田野。我从芝加哥以西200千米的127路公交车站"草原站"出发，置身荒无人烟的田野。在广阔无垠的麦田里，人们刚刚收割完麦子。大群酷似旅鼠的"小精灵"如风般从我脚边一闪而过。这些7克重、灰棕色的小型啮齿动物快速吞食着散落在田野中的谷粒、秸秆与野草。它们成双成对，遍布在田野上，为抢夺食物与同伴发生激烈的冲突。它们是橙腹草原田鼠。与欧洲的田鼠和生活在北欧斯堪的纳维亚的旅鼠一样，它们使当地农业蒙受巨大损失。

学界此前从未认为这种动物具有进一步的观察价值，直至休·卡特（Sue Carter）与洛厄尔·盖茨（Lowell L. Getz）于1993年发表了几篇有关橙腹草原田鼠的学术文章并引起巨大反响，这一情况才得到改变。这些地底洞穴居民出现时，数量是如此庞大，它们是如此矢志不渝地遵守着一夫一妻制的法则。灰雁夫妇之间偶尔会发生口角、关系破裂，但这一情况从不会发生在橙腹草原田鼠的身上。每一对橙腹草原田鼠都对彼此绝对忠诚，直至死亡使它们阴阳两隔。

它们是理想的研究对象，学者可以以其为例，详细准确地研究使动物建立伴侣关系并对彼此忠贞不渝的行为机制。现在，让我们开启一场探索动物结对现象的神奇之旅吧！

橙腹草原田鼠通过嗅觉确定交配的可能性：在做好交配准备之前，雌鼠必须先闻一闻对方的气味。当然，它并不会去嗅自己父亲或兄弟们的气味，不管它们是否在场。因为对于这种动物来说，近亲繁殖乃是禁忌。只要仍处于原生家庭的影响范围内，幼鼠在早熟状态下也会保有朝气。

与人类及许多其他哺乳动物不同的是，雌橙腹草原田鼠没有月经。休·卡特认为：雌性没有月经现象是那些严格遵守单偶制婚姻的动物的典型特征。雌性的繁殖生理期完全按配偶的在场情况进行调整。从中也许可以得出结论：从生物学意义上来说，人类较橙腹草原田鼠而言具有更强的多偶制倾向性。

适当的雄性气味即外激素能令雌性在几分钟内就进入性兴奋状态。雌性体内的感觉器官会立即引起它一系列戏剧性的反应。橙腹草原田鼠夫妇在其地下宫殿深处的"婚房"里完成生命中的第一次交配。整个交配过程持续 30~40 个小时，没有停歇，这让初次了解到这一情况的我们瞠目结舌。

这一极为纵欲的交配过程却具有十分深远的意义。就受精而言，马拉松式的交配略显多余，但它能激发雌雄橙腹草原田鼠体内的激素分泌与神经反应，而这些反应是它们结为夫妇并终身忠诚于彼此的必要条件。性通过原始之力将雌雄田鼠联结在一起，激发其内分泌过程，这一过程能在非繁殖期内使与性无关的夫妻关系得以存续。靠性激素维持的忠诚则会以失败告终。一旦雌雄双方通过不可分割的精神纽带（与性无关的"结对本能"）结为配偶，它们之后的交配过程则都只会持续几分钟。

第一次交配后，雌雄双方会变得柔软灵活、多愁善感，并紧紧依偎在一起。它们互相爱抚，互相取暖，相敬如宾，丝毫感觉不到疲惫。与此同时，这些不久前还和陌生同类相处融洽的橙腹草原田鼠开始攻击外来者，一场前所未有的厮杀爆发了：雄田鼠对战雄田鼠，雌田鼠对战雌田鼠。橙腹草原田鼠为了保护配偶免受异性无休止的纠缠，为了捍卫自己的领地，与同类展开了一场激烈的争斗。它们的行为准则是：对内和平，对外作战。

和实行多偶制的鼠类近亲一样，当产下 4~6 只幼崽时，橙腹草原田鼠夫妇便会花费以往 4 倍的时间来陪伴它们，并且无微不至地照顾它们，为它们取暖、除垢。作为一名动物母亲，雌橙腹草原田鼠的表现无可挑剔。因此，橙腹草原田鼠的幼崽们都生活得非常幸福。

出轨并非不忠
实行单偶制和多偶制的鼠类

出人意料的是，橙腹草原田鼠的近亲草原田鼠与根田鼠根本没有"忠诚"或"单偶制"这样的观念：在这两种鼠类那里，雄鼠肆无忌惮地与所有雌鼠交配。但是，同为橙腹草原田鼠近亲的鼹形田鼠却严格遵循着单偶制婚姻。将它们进行比较，我们可能会得出富有启发性的结论。有趣的是，所有遵循多偶制的田鼠第一次交配的时长仅为 2~3 小时，并非 40 小时。金黄地鼠的交配过程甚至只有 45 分钟。交配一结束，雄鼠便立即离开雌鼠，否则，它会成为雌鼠的"刀下鬼"，这和老虎交配后的情景相似。短暂的欢好并非婚姻长久的充分条件。实行多偶制的鼠类虽然气氛平和，但交配一结束便立刻分道扬镳。它们并不了解"在一起"的真谛：既是双方共同经历幸福的产物，亦是长久婚姻的开始。

实行单偶制的动物一有机会便与配偶紧紧依偎，唯有寻找食物时才会分开。于是，便发生了下面的事。研究人员当场抓住了明目张胆"出轨"的鼠类，不仅有雄性，也有雌性。它们也能通过所谓的"DNA 指纹"进行亲子鉴定。于是，可以看到：在雌鼠产下的一窝 6 只幼鼠中，通常有 2~3 只是其他雄鼠的孩子。

因此，鼠类可在婚姻层面上对配偶保持绝对忠诚，但肉体上的出轨却是常见现象。在动物界几乎不存在性关系上的百分之百的单偶制。

唯有深海的鮟鱇亚目鱼类是例外。体形迷你的雄鮟鱇鱼紧紧地与体形相对大得多的雌鮟鱇鱼的身体长在一起。在动物界，"忠诚"一词甚至只在此处适用于雄鮟鱇鱼，因为潜水员经常发现一整群短小的雄鮟鱇鱼悬挂在雌鮟鱇鱼的身上。

了解这一关系对我们人类来说亦大有裨益。在动物界，以性欲为基础的婚姻和以社会关系为基础的社会性婚姻有着天壤之别，但人类并没有意识到二者的区别。不出所料，现在，在人类中出现了将肉体上的出轨视为社会性婚姻解体的理由或诱因这样不协调的现

图 17　这是一条身长 1.2 米、体形庞大的雌鮟鱇鱼，在其腹部有两条体形微小的雄鮟鱇鱼，它们出于客观原因不得不对雌鮟鱇鱼保持忠诚。当雄鮟鱇鱼用嘴咬住雌鱼的腹部后，随着时间的推移，它的嘴将与雌鱼的身体融为一体。这一咬成为定终身的"永恒之吻"。之后，雄鮟鱇鱼会失去视觉。雌雄双方的血液循环融为一体。动物界最忠诚的雄性会寄生在雌性身上，永远成为其身体的一个组成部分，一个精子发生器

象，我们这个时代的诸多不幸大多来源于此。

使两性互相结合的生物性力量不应成为可以性放纵的借口。道德、伦理、宗教同样禁止我们这么做。但人类文化的这些方面应当劝说我们不要高估了性，不要将性看得如此重要以至于忽视了比其更有价值的东西：夫妻间的情感联系。

"迷魂酒"的效用
长时间的集中交配与激素浪潮

激素作为一种"魔液"，有着深远的影响。它能使个体找到伴侣，并忠贞不渝。正如休·卡特发现的那样，在首次极其漫长的交配过程中，橙腹草原田鼠体内会产生两种激素并进入血液：催产素和抗利尿激素。它们会导致动物的行为发生戏剧性的骤变。

早在一段时间以前，催产素就已在其他动物身上以"母爱激素"为人所熟知了（参见后面关于"亲子纽带"的章节），其也被证明是联结夫妻双方的重要纽带。催产素产生于下丘脑，还具有其他效用。例如，催产素能在雌性哺乳动物和女性分娩时引发子宫收缩，刺激乳汁分泌。

橙腹草原田鼠夫妇在亲热时只需通过身体接触便能产生激素，并使其重新进入血液。我们了解到，雌雄双方通过"反馈"相互影响：在第一次长时间的集中交配时，身体接触会使内分泌系统产生旨在满足结对本能的激素，它使得两性在第一次交配后依然彼此相伴，而相互亲热又会再次刺激激素的分泌。唯有当研究人员将田鼠夫妇分开，并让它们独自待上较长时间后，这种"结对驱力"的效用才会逐渐消失。

当人类夫妻长时间分开时，彼此间同样也会产生距离感，比如

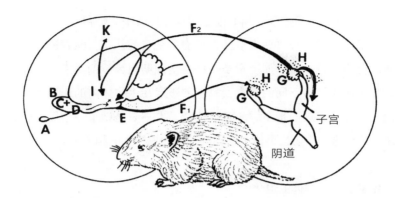

图 18　激素能够令雌橙腹草原田鼠做好交配准备，激发其性欲。当雄性嗅到雌性激素的气味时，雌性体内的激素早已开始发挥效用。犁鼻器（A）接收雄性的气味（信息素即外激素）并刺激嗅觉神经（B），产生去甲肾上腺素（C）和可刺激并控制卵巢发育及功能的激素（D、E）。这些物质进入血液循环（F₁）和卵巢（G），刺激卵巢分泌雌激素（H）。这些激素再通过血液循环（F₂）进入与垂体相连的下丘脑（I），并在此处发挥作用，令雌鼠在心理和生理层面上做好交配准备（K）

当丈夫长期出差、加班或在战争时期被俘入狱冷落妻子时就是如此。"正妻对抗秘书"事件也会作为另一种威胁婚姻的形式而出现。

研究人员给一只雄性橙腹草原田鼠注射了催产素后，就相当于在实验室中人为地为其接种了"婚姻忠诚免疫药"。在注射 6 小时后，雄鼠开始与其附近的每一只雌鼠亲密接触。以松鼠猴和褐家鼠为研究对象的实验表明，在催产素的作用下，其他哺乳动物也可以成为温顺的伴侣。

催产素是中世纪巫师的迷魂酒，或是莎士比亚戏剧《仲夏夜之梦》里精灵帕克用以捉弄恋人的魔液吗？我们是否能拥有这种可以让离异夫妻重归于好的"魔药"呢？可能吧。但在我看来，所谓"迷魂酒"无非就是一种生物化学试剂。如果我们从现在起，对伴有身体接触的心理过程有所了解，便足以挽救危机中的婚姻。

至此，我们对"激素事件"已有了初步的认识。激素还可以具体划分为多种类型。催产素是一种在交配期间释放的激素，它能进一步释放出许多不同的激素，每一种激素在生物体内的作用稍有不同。对那些想进一步了解激素的读者，本书只是做了一个简短的介绍，建议进一步研读由休·卡特编写的妙趣横生的相关文献。

避免发生危害群体的退化
单偶制为鼠类带来哪些好处？

在探究单偶制为橙腹草原田鼠夫妇及其子女带来的好处时，休·卡特对结果感到有点愕然。人们通常会认为：由双亲所抚养的后代的存活率高于由单亲所抚养的。诸多鸟类也确实如此。若年幼的椋鸟仅由母亲抚养，大概因为其父已死，那么 4/5 的雏鸟会因饥饿而夭折。只有在父亲的帮助下，所有孩子们才可能保住性命。

奇怪的是，这一规律并不适用于橙腹草原田鼠。研究人员在实验室中喂养了 700 只雌橙腹草原田鼠作为相关实验对象，结果令人大吃一惊：与双亲共同抚养幼崽一样，"单亲田鼠妈妈"也能成功地将孩子抚养长大。人们甚至可以推测出双亲抚养存在的弊端：当夫妇俩与单亲母亲做同样的事时，前者在后代身上所注入的心血要多得多，且没有必要。这会浪费许多时间、食物和精力。

但是，这仅仅是在马里兰大学的研究所进行实验所得到的结论，田野调查则可能会得出完全不同的结果。让我们回想一下之前描述过的在欧洲田鼠身上发生过的事情。当种群密度过高时，便会出现危害群体的退化现象：性暴力、自杀、谋杀幼崽等现象导致 400 万只田鼠死亡，种群濒临灭绝。我们可以推测，橙腹草原田鼠配偶间的紧密关系会缓解这些大规模的自我毁灭过程，甚至可能避免这一过程的发生。

这一研究对人类的重要意义在于：它进一步证明了"社会性结对本能"观点的正确性。自然之力正好符合本能与欲望产生的条件，使动物体中的激素发生彻底改变；社会性激素用一种原始之力将动物行为转向了建立紧密配偶关系、忠于婚姻、坚定不渝地厮守在一起上。

仅从少许激素的作用中，我们便看到了夫妻心理过程的物质性表现。如果这一过程纯粹是一种精神过程，那么，我们便无法在神经–内分泌系统中找到相应的生化现象。毫无疑问，结对行为与特定激素相关是一种事实。因此，忠于事实之人不应再否认，（某些）动物两性间存在着令其走到一起的社会性结对本能。

因此，我们还将在关于婚姻关系的章节中探讨以下问题：动物能在多大程度上保持忠诚？它们能从中获得哪些好处？看看动物界中与我们最相似的近亲，相比许多其他动物，为何人类之间的情感联系却显得如此脆弱？

第五节　因感情烦恼而亡
——动物间会有多忠诚？

当爱情鸟选错了新娘
鸟舍中的婚配亲和性测试

在非洲和马达加斯加生活着一种在小群体中过终身单偶制婚姻生活的鹦鹉，德语中称之为"不可分之鸟"，英语中称之为"爱情鸟"（牡丹鹦鹉）。爱情鸟是一种小型鹦鹉，其外表酷似短尾虎皮鹦鹉，深受广大养鸟人士的喜爱。爱情鸟伴侣形影不离，相依相偎，常用喙轻轻地互相梳理羽毛，因而成为忠贞不渝的爱情的象征。根据爱情鸟头部的颜色（橙色、草莓色、桃色、玫瑰色、绿色、灰色和炭黑色），可将其分为不同的种。每一位去过坦桑尼亚的游客应该都见过黑头爱情鸟，但由于它们过于害羞，几乎没有人成功地用相机捕捉到它们的身影。

爱情鸟的相亲活动富有戏剧性。在"相亲会"上，雌鸟根据自己的判断接受或拒绝追求者。在叽叽喳喳地尖叫与奔忙后，所有已经结成对的爱情鸟会在一个安全的地方住下来。其他未配对的爱情鸟则尊重它们的婚姻。正如其名所示，成婚后的爱情鸟会厮守终身，永不分离。

不过，不同于灰雁的是，当配偶死亡时，爱情鸟不会长时间沉湎于悲痛，而是会立即另寻新欢。它们常会优先选择旧相识、同群伙伴或昔日的追求者，只要它们还是单身。

简言之，为了进一步揭示动物两性间忠诚之谜的细节，爱情鸟是理想的研究对象。这是德国柏林动物学家 R. A. 施塔姆（R. A. Stamm）提出的想法。他在大鸟舍中饲养了一群黑头爱情鸟，并用玻璃片将鸟舍的内部空间一分为二——将已婚的爱情鸟强行分开。这种分开方式残忍恶劣，夫妻双方只能看到彼此，却无法接触。它们不断努力地对配偶保持忠诚，试着不要出轨于同一空间中其他没有伴侣的异性，但很快都以失败告终。

爱情鸟罗密欧与朱丽叶是一对极为忠诚于彼此的夫妻，也是第一对遭此命运冲击的鹦鹉。它们连续数月隔着玻璃相对而坐，呼唤、注视彼此。当发情期来临时，罗密欧与朱丽叶分别同各自所在的空间中的陌生同类进行了交配。但是，交尾一结束，它们便直接飞回了玻璃隔板边，长时间地凝望着彼此，仿佛在说："那时候，我心里想的其实是你。"

爱情鸟个体间基于亲和感的结对本能是否比性本能更强烈呢？关于这一点，我们能否找到更清晰的证据呢？

当研究人员再度取走鸟舍中的玻璃隔板后，朱丽叶与罗密欧立即舍弃各自在分离期间的临时伴侣，破镜重圆，仿佛一对从未分离的"恋人"，它们之间的忠诚也并非一纸空文。

然而，每对爱情鸟夫妻的"彼此归属感"各不相同。研究人员测试了无数的爱情鸟，但结果总有所出入。有一对爱情鸟夫妇只在玻璃隔板边面对面坐了一会儿，便将所有注意力转移到了新伴侣身上。它们似乎都觉得配偶在新伴侣身上找到了真爱。因此，当研究人员取走玻璃隔板后，曾经的鸟夫妻根本不可能再走到一起。

造成这一现象的原因可以解释为：纯粹基于亲和感寻找配偶十分困难。如果爱情鸟在选择伴侣时因可选对象过少而找不到理想对象，或在成为"剩男剩女"的极度恐慌中担心"无法找到更好的伴侣"而做出让步，都会导致婚姻关系松散。

研究人员另选了多对爱情鸟作为研究对象，以同样的方式重复进行"罗密欧与朱丽叶实验"。从这些实验中，我们可推测出在哪些情况下会出现终身一夫一妻制，哪些因素会导致松散的婚姻形式与较高的"离婚率"。在取走透明玻璃隔板后，曾被分开的爱情鸟夫妻是否会继续经营曾经的婚姻取决于以下四个因素：

1. 夫妻间昔日的情感联系强度；

2. 与新近交往的异性之间的情感联系强度；

3. "爱"与"被爱"的交替变化；

4. 双方分离的时间。

如果夫妻双方对彼此的情感强度存在差异，鸟舍内就会上演一幕幕小悲剧。

比如，一只雄爱情鸟在其"人生"的第二段婚姻中才找到真爱，而它的前妻在第二段婚姻关系中境况悲惨。这种情况下，雌鸟经常会心急火燎地从新伴侣身边飞至玻璃隔板处，透过玻璃张望，试图了解自己的旧爱在做些什么。在玻璃隔板被取走后，鸟舍里就会上演类似电影中的场景：雌鸟再次快速地奔向旧爱，但雄鸟却不想再了解关于雌鸟的一切了。雌鸟扑打着翅膀，大声地哀求，而雄鸟总是不耐烦地将其从身前推开，最终不胜烦扰地将雌鸟赶走。

奉行一夫一妻制的爱情鸟会如何应对群体中某一性别成员过多的状况呢？当雌鸟过剩时，爱情鸟的生活习性就会退化。通常情况下，获取异性的青睐是雄鸟的事，只有雌鸟拥有接受或拒绝的自由。而在雌鸟过剩时，许多没有伴侣的雌爱情鸟会主动向雄鸟求爱，其求爱对象也包括那些已有固定伴侣的雄鸟。已婚的雌爱情鸟首先会竭尽全力驱赶竞争对手，但面对对方的优势常常不得不立刻放弃反抗，尤其是当保有"处女之身"的雌鸟参与争夺"最后的男丁"的时候。在这种情况下，整个鸟群中到处都会上演"重婚"或"三婚"。一个"帕夏"*的两个或三个"妻妾"会在不同的巢穴中下蛋。但当这些"妻妾"在孵育场所之外相遇时，会逐渐放下仇恨并彼此包容。

爱情鸟的这种行为让人想到了夫兄弟婚：在这种习俗下，每个男人，哪怕他已经结婚，都必须与他没有子嗣的已故兄弟的遗孀成

婚。这一做法的意义一方面在于照顾兄弟的遗孀，另一方面在于繁衍后代，其子会被视为亡兄的后代与继承人。这一做法能够有效缓解战争带来的"男人荒"问题。

在爱情鸟的世界里，雄鸟过剩情况下的一妻多夫现象与雌鸟过剩情况下的一夫多妻现象有着天壤之别。在雄鸟过剩的情况下，雌鸟们依然保持着单偶婚状态，那些无配偶的雄鸟最多只能扮演"家庭朋友"的角色。它们最多只能在雌鸟孵蛋期间为其提供食物，这是底线。这位"家庭朋友"只能盼望"男主人"某日死去，然后自己取而代之。

作为亲和性测试的求偶行为
何为亲和感？

想要准确地描述以亲和感为导向的结偶现象的各种要点具有相当大的难度。亲和感是一种关涉双方的情感。许多动物在求偶和交配仪式中会相互测试对方与自己的亲和性程度。雌雄双方会以飞快的速度起舞、飞行、游泳，或深情而缓慢地摆出某一特定造型。它们时常并肩而行，直至动作节奏完全一致。

在我看来，由此得出雌雄双方实现灵魂和谐的结论不无道理。

事实上，在双方步调尚未协调一致的情况下，求偶双方就会分道扬镳，在庞大的"相亲市场"中继续寻找各自的理想伴侣。在求偶过程中，动物们的生殖器官会同时进入季节性的完全成熟状态，这一点已在许多动物身上得到了验证。但是，当雌雄双方彼此"不来电"时，求偶过程亦会陷入停滞状态。

因此，我们很难判断动物是根据哪些身体或心理特征从诸多异性中挑选出自己的伴侣的。比如，为何一只雌贵宾犬会疯狂地爱上一只雄达尔马提亚狗（俗称斑点狗）？为何一只雌腊肠犬会不可救药地爱上一只雄巴哥犬？无人探究过。唯有一点可确定：它们在选择伴侣时毫无种族偏见。

与人类一样，动物在寻求伴侣的过程中也存在拒绝与接受两种情况，它们会互生情愫，也会相互厌恶。与此同时，它们主要以实用性为衡量标准做出选择。以下仅为两性互选情况的一个概述：

躯体特征： 雌环颈雉选择伴侣的标准是脚爪要尽可能长，因为那是抵御令家庭生活陷入混乱的掠食者与情敌的最佳武器。雌家燕容易被那些尾羽修长且分布匀称的雄家燕吸引。此外，它们还要求对方飞行技术高超、善于捕捉飞行中的昆虫，也就是说，要求伴侣能很好地哺育后代。许多雌蝴蝶只会对那些拥有美丽、完整翅膀的雄蝴蝶动心。这些雄蝴蝶似乎是生存竞赛中最矫健的精灵，还不曾有鸟类会对它们发起进攻。即使在翩翩飞舞时，它们也能避开每一丛荆棘。

声音特征： 雄蟾蜍在夜间举办的"音乐会"上用自己尽可能低沉的"男低音"俘获异性的芳心。声音越低沉，效果越好。而雌雨蛙则以声音响度作为择偶标准。因为在它们看来，叫声越高昂的雄蛙越有责任心。雌金丝雀只会被雄金丝雀悦耳动听的歌声所打动。起初，年轻的雄金丝雀鸣唱的曲调并不正确。它们得花一两年的时间积累经验，了解什么样的歌声最受异性青睐，方能在年长时获得机会。不过，它们也会用自己的歌声向雌雀表明心迹：它们已掌握生存技巧，且绝不会在幼鸟诞生后"抛妻弃子"。

体色特征： 银鸥们会深情款款地彼此对望，从配偶眼圈的颜色中解读出难以言说的情谊。拥有红色鞘翅、黑色斑点的雄瓢虫最喜欢对着拥有黑色鞘翅、红色斑点的异性"嗡嗡"吟唱，唯有爱神才知晓其中的原因。热带萤火虫只会飞向带有特殊光色的灯笼或以正确频率发光的异性，而不会飞向毫无节奏感的磷火。当雌孔雀必须在两位追求者中做出抉择时，若一只雄孔雀展开的尾屏上有 150 只"眼睛"，而另一只只少了一只"眼睛"，那么，雌孔雀便会选择前者，尽管孔雀完全不会数数。雌孔雀看起来能在整体印象中感受到最细微的差异。测验表明，最英俊的雄性亦是最能抵御来犯之敌的强者。这一规律大概适用于包括极乐鸟在内的所有雄性动物。

行为特征：孔雀花鳉，亦称孔雀鱼、百万鱼。在它们的择偶标准中，雄性体色色彩艳丽与否是次要的。对孔雀花鳉而言，最重要的是雄鱼跳求偶舞时所表现出来的内心的热情之火。能俘获雌山鹬芳心的并非最强壮的雄性，而是最优秀的"哨兵"，它们能最先发现田野中的掠食者。雌刺鱼偏爱能在海床上建造精致的巢穴且巢中有卵的雄刺鱼，仿佛这是雄刺鱼具有保护后代能力的证据所在。如果尚未有雌刺鱼在雄鱼建造的巢穴中产卵，雄刺鱼便会从相邻的巢穴中夺卵。这使得它更具魅力。

雌山地高壮猿只有一条评判伴侣的标准：是否能让后代在群体中生存下来。戴安·福西举了这样一个例子，在一场两个雄高壮猿的对战中，仅仅因为疏忽，它们使一个幼崽受了伤。虽然责任并不在于老首领，但群体中所有的雌高壮猿在老首领取得胜利后都离开了"他"。

生活在欧洲北海海岸的蛎鹬是美食专家。它们有的能掰开软体动物的外壳，有的能砸碎蟹坚硬的外壳。同时具备这两种技能对鸟类而言要求过高。在蛎鹬的"相亲会"上，以软体动物为食的雄蛎鹬只会对以软体动物为食的雌蛎鹬倾心，而以蟹为食的雄蛎鹬也只会追求具有相同口味的异性。这种做法的逻辑在于，雌雄双方可一起向幼鸟传授捕食技能，这样，幼鸟就不会因为种类多样的教学方案而感到困惑迷茫了，否则，就可能带来致命的后果——幼鸟一项技能也无法掌握。

寒鸦甚至会根据社会等级来选择伴侣。在雄鸦群体中排名第十七的雄寒鸦，其伴侣在雌鸦群体中的排名亦是第十七。它们的婚姻早已注定。如果其中一方在为期数周的"订婚期"内不幸成为花猫的"盘中餐"，则其所在性别群体中比它地位更低的"联姻"都将解散，并按照更新后的排位重新结合。人们将这种现象称为"身份地位优越感"！截至本书写作时，研究者尚不知道这一做法能带来什么益处。

唯有"房主"和"金主"才有机会俘获芳心
爱情的物质基础

许多雄性动物若想俘获异性的芳心，必须先向其展示自己的"房产"。否则，即使最强壮、最有魅力的雄性也别奢望那些"势利"的雌性能看上自己。这一现象主要出现在那些筑巢下蛋的鸟类中。这样的鸟类往往面临严重的"住房紧张"问题，比如啄木鸟和仓鸮。深夜，尚未找到伴侣的雄鸟会发出响亮的"咕咕"声以告诉雌鸟：它已准备好了爱巢。雄粉头斑鸠所准备的爱巢要比其自身更能刺激雌斑鸠卵巢与输卵管的发育。

雄家麻雀会大声鸣唱，快速扇动翅膀，展现自己的魅力，以吸引雌雀的到来：若雌雀在短暂"考察"后发现雄雀一无所有，便会立刻弃它而去。过去几年中，在德国某些地区，工人在屋顶作业时没有在檐沟上留下小孔或缝隙，致使许多家麻雀幼雏因失去母亲的照料而死去。

家麻雀的近亲织雀生活在旧大陆*的热带及亚热带地区，它们建造巢穴的动机与家麻雀截然相反。它们筑巢并不是因为"住房紧张"，而是因为雌鸟的惰性。与盘旋在坚实的木屋中的家麻雀不同，织雀将球状的巢建在野外，悬挂在树枝上。这种鸟巢，雌织雀和雄织雀都能筑成，且在任何地方都可以。但是，建造这一精美的巢穴需要高超的技巧和大量的时间。因此，雌织雀总是将这一任务交由雄织雀完成。由此可以马上确定，雌织雀只会选择已拥有"毛坯房"的雄织雀作为伴侣。因此，初建巢穴的新手只能独自待着，修修补补自己的巢穴，并尝试着修筑更加坚固的新巢。

另一种弥补雄性自身魅力不足的方法是给雌性送**礼物**。雄燕鸥会送给"意中人"一条鲜鱼，意思是："尝尝鲜鱼。看，我能为妻儿带来多么可口的食物啊！"我们用专业术语称其为"求偶礼物"。

大个头的雄紫蓝金刚鹦鹉完全不会对自己的投食行为感到满足。为了证明自己对心仪异性的爱慕之情，它会给"爱人"送去足够多的食物，直至对方的肚子撑到无法继续进食为止。雄鹟科鸟类会选择难以捕捉、飞行速度奇快的食蚜蝇作为晨礼送给配偶，以证明自己高超的捕猎技巧。

雄非洲短尾雕会捕捉一条蛇（如2米长的喷毒眼镜蛇）作为定情信物。雄雕用喙叼住蛇尾，雌雕则叼住靠近蛇头的部位。不过，它们并不是在进行拔河游戏，而是向对方奉献自己的所有。这是一种以定情信物为表象的利他行为！

欧洲燕隼在发情期间会和配偶并排飞行，一起完成高难度的空中求偶舞蹈。在这一场舞蹈的最后阶段，雄鸟会用喙衔住一只已失

去生机的断翅蜻蜓，在空中做翻滚动作的同时，将蜻蜓掷向配偶；雌鸟会接住蜻蜓，然后再把它扔向雄鸟。这一动作会在空中来回重复多次。

雄戴胜鸟会尝试用肥美的蝗虫"贿赂"自己的伴侣。如果雌戴胜鸟真的对雄鸟一往情深，便会立刻归还蝗虫。于是，在被真正享用之前，同一份"礼物"可能会以"喙对喙"的方式交换近百次：夫妻相互谦让，让对方享用美食，这是它们对彼此的爱的证明。

以食物为基础的爱情在危急时刻亦可通过食物的作用重新焕发活力。为此，当气氛紧张时，生活在印度的雄灰腹绣眼鸟总是将食物磨成小块，储备在腺囊中。当与伴侣发生口角时，雄鸟便用腺囊中的食物"贿赂"妻子，抚平其烦躁的心理，重获家庭幸福。

在北极冻原上，如果雄雪鸮没有用旅鼠喂养巢穴中的妻子，雌雪鸮便会拒绝与之交配。这背后有着更深层的含义：在食物短缺的岁月里，饥饿难耐的雄雪鸮会独自吃掉所有猎物。这样的话，雪鸮幼崽便不可能在此条件下被抚养长大。因此，雪鸮会停止繁衍有可能面临死亡威胁的后代。

对澳大利亚鹈鹕而言，筑巢材料比食物更有吸引力。雄鹈鹕会用喙叼着一根红树树枝，在"相亲会"上趾高气扬地穿过孵育地带，走到心仪的雌鹈鹕面前，将树枝递给它："看啊！我能用这些材料筑起爱巢！"如果雌鹈鹕接受了这一礼物，就表示它答应了雄鹈鹕的求偶，双方便会结合在一起。

奇怪的是，大杜鹃（布谷鸟）也有类似的行为。为了俘获佳人的芳心，雄鸟会捕捉金龟子给雌鸟喂食，并将小树枝送给它作为礼物："我有能力哺育后代并建造属于自己的爱巢！"事实上，大杜鹃会将筑巢和哺育后代这两件事完全扔给其他鸟类中的夫妻。这一行为方式其实是祖上的遗风，那时，它们的祖先们还没"发明"巢寄生的行为。

其他鸟类的送礼行为发生了改变，它们不再赠送异性食物或筑巢材料，而是追求单纯的美感。雄性南非鲣鸟不仅在"新婚期"的每次孵化换班时会在巢中放上一根色彩斑斓的羽毛，以起到装饰巢穴的作用，且终其一生都会这么做。如果加拉帕戈斯群岛上无法飞行的雄鸬鹚在返巢时忘记带回礼物（如一簇海藻、一只柱形海胆或一个贝壳），它就会遭到配偶的驱赶。只有当雄鸬鹚找到令妻子满意的小礼物后，雌鸬鹚才会允许它接近自己。红眉火尾雀是澳大利亚桉树林里的居民。在发情期，它唯有用喙叼着一根带有和平信号的"橄榄枝"——草茎，并用其他鸟类的羽毛和彩色浆果来装扮巢穴，才有可能获得雌雀的青睐。

若要浏览动物界"送礼"现象的全貌，我还能继续写上好几页。

将动物"送礼"现象与人类行为进行比较，其关键在于了解动物在此过程中严格遵守的先后顺序。首先，雌性要考验未来夫婿的"经济实力"。如果雄性通过了考验，双方才会开始接触并跳起"求偶爱情舞"。在此期间，要考验二者的灵魂是否和谐一致。只有兼具了现实的生活基础和彼此互生的情愫后，它们才会举行"婚礼"，结为一生的"夫妻"。

那些总是持过时、肤浅观点的人认为：动物们的爱情只是"野兽式的爱情"，它们之间只有暴力的、野蛮的或是令人厌恶的性。他们对动物们灵动优美的爱情舞蹈一无所知，也永远无法理解我在本章节所阐述的内容。

这一法则适用于动物界：没有生存的物质基础，纯洁无瑕、令人欢呼雀跃的爱情又有何用？最至高无上的情感也会因为"面包问题"而破灭。在自然界中，对现实视而不见只会招致死亡与毁灭。因此，动物们既要直面现实，又要大胆追求自己的爱情。唯有如此，才能拥有天堂。

因误解而由爱转恨
人类的择偶方法

描述人类的情感关系和择偶现象更为困难。在大多数情况下，甚至连恋爱中的男女也无法准确说明谁爱谁，原因是什么。或者，他们之所以不愿意说明原因，是因为他们羞于承认：爱上对方的动机中包含着性冲动或物质利益的考虑。

但正如我们所见，将对方是否有为人父母的能力以及物质基础（钱与持家能力）这两点纳入考虑范围，并不丢脸。如果还有"想拥有对方"的感情，也就是对对方真切、热烈、发自内心的爱意，那么，成就一桩良缘的前提条件便都已备齐。

"家里由我说了算吗？"选择伴侣时，将"对方是否强势、是否可控"纳入考虑范围是较为危险的做法。在和谐的伴侣关系中，动物们不会压制伴侣——这是一种退让，当然，这是相互的。一方偶尔会表现得比较强势，但局外人很难察觉到这一点。在某些情况下，婚姻生活中的地位会多次更替。在交配时，雄性会占据主导地位；不过，一旦涉及抚养后代，雌性就掌握了主导权。

社会地位与真爱是一对相互矛盾的动机。毫不夸张地说，灰姑娘与白马王子的故事大多数时候只存在于童话中。男版"灰姑娘"和美丽的女富翁也总是无法找到称心如意的伴侣。真爱无法消除男女之间所有显而易见的社会差异，若这些差异大如鸿沟，那就更难了。

女性大多可通过找"金龟婿"完成从"灰姑娘"到"白雪公主"的华丽变身，而男性由于担心自尊心受损，则很少这么做。一方面是自以为是的优越感，另一方面是对社会地位更高者的一种利用，仅仅为了金钱与名利而结婚，这些都是婚姻幸福的障碍。

究竟如何判断男女双方是不是因真爱而结合的呢？

1952 年，生物气候学家曼弗雷德·库里（Manfred Curry）曾尝试建立人脸类型学说。起初，他的兴趣点仅限于人体对天气的敏感程度。他在研究中注意到：相当多的人在天气由冷转暖时会表现得无心工作，注意力不集中，心情也会变糟（暖敏感型）；而另一部分人则在天气由暖转冷时才会出现类似的负面情绪（冷敏感型）。在进一步仔细探究这些人的生活习惯之后，库里惊奇地发现：暖敏感型的人若拥有良好的婚姻，其配偶必是冷敏感型的；反之亦然。

我不想在此进一步论述这一类型学说。心理学家们否认这一学说的学术性与正确性，因为在他们看来："亲和感"无法用"克"和"厘米"来测量，因而，应将这种学说排除在学术之外。我对此深表遗憾，因为正是这一"无法精确理解"的情感在人类的人际关系中扮演着至关重要的角色。

如果我们没有将性需求与爱意相混淆，没有将爱意和对俊男美女的喜好相混淆，也就是说，我们如果没有犯下这些根本性的错误，便早已收获颇丰了。当我们和异性面对面站立时，应触摸自己最敏感的神经，倾听自己内心的声音：异性身上的哪一点使我们"上钩"并为之倾倒？什么样的好感能够经受得住无情岁月的拷打？

同时，我们也不能忽视一系列的警告信号：哪些轻咳或耸肩行为令人厌恶，且无法长期忍受？男伴或女伴的哪些行为举止令我们厌恶、感到陌生，甚至无法调和？令人惊奇的是，好恶之感的表现特征总是不易察觉。妻子想给丈夫"一个惊喜"而换的新发型，甚至连新香水都可能会让婚姻突然走到尽头。诸如此类的"琐事"不胜枚举。但在此我只想着重强调亲和感或厌恶之情的细微表现症状。只要爱情没有使人盲目，亲和感"气压表"就能正常运转。

动物体中每一种"厌恶"都能通过紧张的表现反映出来。即使最不易察觉的厌恶情绪也会引起轻微的紧张。1993 年，心理学家罗伯特·利文森（Robert Levenson）通过测谎仪发现：不只爱意，对他者哪怕一丁点的不满也会使研究对象"心跳加速"。他使用测谎仪进行测试的目的在于：使得迄今被视为难以描述的双方情感能通过量化的方式加以理解。

参与加利福尼亚大学伯克利分校相关实验的夫妻会先探讨日常问题，随后交流婚姻问题。在此期间，人类无法察觉的、极细微的汗液分泌状况、心跳和血压变化情况、肌肉松弛度以及呼吸变化情况都会被记录下来。研究者根据以上现象的频率与强度，大胆做出预言：在接受测试的 500 对夫妻中，有 73 对即将离婚。当然，他并没有向被测试者们透露只言片语。最终，他的预言在 71 对夫妻身上得到了验证。

第六节　我们祖先的糟糕形象
——猴与猿中的婚姻关系

是什么使雌性比雄性做得更好？
雌性当权的环尾狐猴群

原猴、猴、猿（亦称人科动物，包括各种大、小猿），尤其是其中的类人猿（大猿）是人类在动物界血缘关系最近的近亲。这些人类近亲过着怎样的婚姻生活？在"对婚姻的忠诚与背叛"这一话题上，它们能带给我们诸多启发。

让我们开启一次科学之旅，在原猴亚目动物即人类祖先的祖先身上探索我们祖先的痕迹。许多原猴亚目动物生活在马达加斯加。我曾在此观察研究过它们。那里生活着一些最原始的灵长目动物，比如体形较小的鼠狐猴和倭狐猴，它们是活跃在夜晚的独行侠。一只母猴的领地与几只公猴的领地重叠在一起，这是它们在短暂的交配季实行一妻多夫制的基础。在这一演化阶段，尚未出现婚姻生活和集体生活。只有当严寒来袭时，它们才会为了相互取暖而聚拢在一起休憩，这就是社会行为的萌芽。

马达加斯加南部的环尾狐猴在这方面向前迈了一大步。它们在贝伦蒂地区的沿河森林带或湖滨森林带过着群居生活，群体中大约有20名成员，由雌性担任首领。对狐猴而言，雌性的统治比雄性的武力统治更利于群体的发展吗？

环尾狐猴的典型特征是尾长，且带有黑白相间的圆环，可以自由蜷曲，上下舞动。若要接近它们，不必蹑手蹑脚，因为这些犹如来自天堂的、温顺可爱的小精灵对外来者没有戒心。我还没来得及拿出香蕉，便有4只雄环尾狐猴跃上了我的肩头。其中一只已等不及我剥香蕉皮了。当其他3只环尾狐猴在一旁乖乖等待的时候，那只狐猴就用它的两只小爪子轻柔地抬起我的胳膊，慢慢拉向自己，然后连皮带肉一口吞掉了1/3的香蕉，并像猫一样发出惬意的叫声。而在同样的情况下，狒狒则会变成粗鲁的拦路强盗。

突然，传来了一个响亮的"喷嚏"声。4只狐猴争相跃下我的肩膀，落荒而逃。而我又迎来了一位新骑士——群体的雌性首领。雌环尾狐猴只有3.7千克重、45厘米长，无论是身高和体重都比不过雄性，但所有雌性的地位明显高于雄性，这种现象异乎寻常。在发现食物时，雌环尾狐猴只需发出一阵低沉的喷嚏声，所有的雄环尾狐猴便已闪到一旁。

所有生活在马达加斯加的原猴亚目动物群体中都存在这种母权社会现象，如黑美狐猴、獴美狐猴、蓝眼黑美狐猴、褐美狐猴、竹狐猴、冕狐猴、领狐猴、大狐猴。在一些狐猴群体中，一只雌狐猴甚至拥有两三个伴侣，实行一妻多夫制。雌性统治的基础是什么？20 年来一直研究狐猴的艾莉森·乔利认为，这与狐猴的脾性有关，雄性生性更为懒散沉闷。

当狐猴群中出现意见分歧时，首领很少动手，更多的是通过大声斥责和来回挥舞双手的方式来解决，这是典型的雌性统治方式。最温和的方式便是发出带有"走开"意味的"喷嚏声"来赶走讨厌的成员。例如前文提到的雌性首领就用"喷嚏声"赶走其他狐猴，好得到我手中的香蕉。

狐猴通过以下方式来解决等级之争：互为对手的两只狐猴在两根树枝上相对而坐。两者需保持足够的距离以保证碰不到彼此，这样它们便不会打起来。然后，面向对方露出牙齿，来回舞动双臂，直至一方慑于对手的威势落荒而逃。

另一种较为激烈的决斗方式是"毒气攻击"。双方紧紧盯着彼此，昂首阔步地向着对方走去。而后它们相视而坐，却不会大打出手。双方不停地用自己 55 厘米长的尾巴来回摩擦腋窝处，那个部位的臭腺会分泌臭味液体。然后二者四肢着地，将沾了"香奈儿 5 号香水"的尾巴绕在对手耳边。整个过程最长可以持续 1 小时，忍耐能力最强的那只狐猴便是最后的赢家。

狐猴平日里最激烈的战斗方式便是用爪子互扇耳光。在繁殖季

　　　　　　　　　　以动物为镜子：动物们的自然生活之道

图19　马达加斯加狐猴的"毒气攻击"。双方尾巴沾染臭腺分泌出的臭味液体，并用沾了这种"香奈儿5号香水"的尾巴绕在对手耳边，让其嗅自己尾巴上的臭味

雄狐猴之间会爆发冲突。争斗时，它们会拔掉对手的毛发。这一行为可能会演变为所谓的"跳高比赛"，甚至激烈的流血冲突。每一只为了俘获雌性芳心的雄狐猴都会试着用双腿一跃而起，努力触碰更高处的树枝，然后用后肢紧紧抓住树枝，做一个"大回环"，并努力在身体呈现"头下脚上"的状态时，用露出的犬齿在对手身上撕出伤口。这一人猿泰山式的策略可能会导致重伤。

发情期的狐猴攻击性变强，这使得群体面临解散的风险。雄性老友间的友谊荡然无存。维持群体内部和平至今的等级制度分崩瓦解。以武力为基础的新等级制度产生，并将存续，直至12个月后下一次交配期的到来。这再度证明：性欲具有危害社会的力量。如果交配期时间延长，这些原猴亚目动物的群体生活将不复存在。

在追求配偶的过程中遭到年轻雄狐猴侮辱的年长者会离开原生群体，加入邻群，这些狐猴群体通常会友好地接纳它们。有时会出现这样的情况：位于区域中心、与诸多狐猴群体为邻的某个群体会接纳过多的外来雄狐猴。如此一来，群体中 4 只成年雌狐猴最多会拥有 12 个雄性伴侣。

有动物园曾尝试在同一间笼舍中只饲养一只雌环尾狐猴与一只雄环尾狐猴，使其过上一夫一妻制的生活。然而，它们的感情很快就出现了问题，且从未生下后代。只有当 5~6 只不同性别的环尾狐猴聚集在一起时它们才会交配，而且是集体交配！

新生的环尾狐猴幼崽总是紧紧地抓住母亲或照顾它的"姨娘"腹部的毛发，它们走到哪儿，幼崽便跟到哪儿。所有群体成员都会用它们温柔的爱意照顾新生幼崽，有时甚至达到溺爱的程度。一旦新生儿长到 4~6 周大，不再需要母乳时，没有后代的雌狐猴会将其夺走，由自己来抚养。交换后代也是环尾狐猴的风俗：女儿换儿子，或者用较为年长的后代换可爱的新生儿。这种动物已逐渐成为能照顾不同年龄段幼狐猴的"育儿专家"。

如此多情的环尾狐猴寿命可达 20 年，但要想找到任何有关这种原猴亚目动物单偶制生活的证据实属徒劳。

当保姆的父亲
狨猴的有局限性的单偶制婚姻

不过，如果我们来一次大飞跃，离开马达加斯加岛，进入南美洲亚马孙丛林，便能发现单偶制婚姻的踪迹。

　　　　　　　　　　　　　以动物为镜子：动物们的自然生活之道

它拥有狮子的外表：金黄色的皮毛，头部周围是金黄色的鬃毛，仪表堂堂，威风凛凛。它发怒时会竖起全身的毛发——犹如帝王的盔甲，在阳光下闪闪发光。但它无法发出令人战栗的咆哮声，最多只能发出小鸟般的叽喳声。它就是灵长目动物王国中的"小男孩"，体重仅 1 磅*的金狮面狨。

动物园曾尝试对金狮面狨这种濒临灭绝的动物进行人工繁殖，随后便发生了一系列意想不到的事情。当时，人类对其在自然生态环境下的行为方式还一无所知。饲养员误以为雄金狮面狨是个多余的捣乱者，它或许会吃掉自己的孩子们！因此，交配一结束，饲养员便将雄金狮面狨带走了。但仅仅几天后，55 克重的幼崽们便全都夭折了。

图 20　只有雄金狮面狨会照顾幼崽，雌狨的任务仅为喂奶。如果父亲意外身亡，幼崽也一定会夭折

---

*　磅，英制质量或重量单位，1 磅约等于 0.45 千克。——编者注

饲养员当时不知道的是：金狮面狨是单偶制动物，且一生都会忠诚于伴侣。雌雄双方一生都不会让配偶离开自己的视线。而且，只有雄金狮面狨才会给幼崽取暖，保护并抚养它，并且会为了避免幼崽睡觉时着凉而将其紧紧地搂在怀中。雌金狮面狨并不会悉心照料孩子，它唯一的任务便是每隔 15 分钟喂一次奶。除此之外，它必须为 150 天后的下一次生产养精蓄锐。顺便提一下，雌金狮面狨每次通常会产下双胞胎或三胞胎。自从掌握了这些知识之后，动物园在进行人工繁殖时便会让金狮面狨"爸爸们"与孩子们待在一起，这样一来，情况就好了许多。现在，仅在位于华盛顿的美国国家动物园，每年就有 50 只金狮面狨幼崽顺利长大。

　　确切地说，在幼崽出生 3~7 天后，雄金狮面狨便承担起了照顾它们的责任。如果新生儿有较为年长的兄弟姐妹，它们也会加入照顾幼崽的行列中。此时，父亲的任务便缩减为给"助手们"分配照顾新生儿的任务，然后"坐镇调度"。

　　金狮面狨是卷尾猴科的一种新世界猴，因其手、脚上强有力的爪子而得名，这些爪子犹如登山鞋上的尖钉，能帮助它们在爬树时牢牢抓住树干。它们会较长时间地保持这一姿势。在此期间，它们会用自己特殊的门齿在树干上咬出一个洞，然后享用从中流出的汁液，这是它们的"碳水化合物主餐"。一个金狮面狨家庭拥有数以千计塞着木栓的小洞。这一场景使人感觉置身于一片橡胶种植园中。

　　狨属包括约 20 种狨猴，它们几乎都有自己独特的"发型"：普通狨、黑羽狨、黄肢狨、杰氏狨、绒顶柽柳猴（其德文名源自著名钢琴家李斯特的头发）和皇柽柳猴（其德文名源自威廉二世的胡子）。它们都生活在亚马孙丛林中，不同程度地践行着单偶制婚配方式。单单凭借外表无法区分狨猴的性别。雌雄双方只能靠气味上的"细

　　　　　　　　　　　以动物为镜子：动物们的自然生活之道

微差别"来辨别彼此。

　　如果狨猴夫妻中有一方在 10 岁左右病逝或死于虎猫、猛禽或蛇之口，那么，家庭中所有的爱也将随之逝去。剩下的一方将不会再与任何异性交配，新生幼崽也会夭折。狨猴分泌的外激素避免了近亲繁殖。规模过小的狨猴群体会瓦解，其成员会分散至丛林深处，加入新的群体。

　　只有在狨猴家庭拥有足够多年龄稍大、能照顾新生儿的少年狨猴的情况下，理想的单偶制婚姻才能得以实现。此时，父亲有足够

图 21　绒顶柽柳猴（左图）的鬣毛酷似著名钢琴家李斯特的发型。皇柽柳猴胡子的形状与德皇威廉二世胡子的形状相似。不过，威廉二世的胡子向上翘起。动物标本制作者在制作皇柽柳猴标本时故意错将其胡子的朝向变得与威廉二世的一样，和博物馆中那些给动物命名的学者开了个玩笑

的时间抵御外来"追求者"，保护母亲免受陌生异性的骚扰；母亲则会使父亲免受流浪异性的诱惑。这种让人眼红的夫妻彼此守护模式是一切形式的单偶制婚姻的基石。

不过，当一对年轻的、尚未生子的狨猴夫妇第一次有了孩子时，雌狨猴通常会再找一名异性当"保姆"。于是，它就过上了一妻多夫的生活。两个"男宠"不会争风吃醋，反而会在为彼此梳理毛发时成为好朋友。新来的雄狨猴得忍受雌狨猴与"原配"交配，但它却不得与之交配。对它而言，如果雌狨猴最爱的"原配"先它死去，而它能替代其位置成为雌狨猴的新伴侣，便已心满意足。两只雄狨猴共同承担照顾幼崽的义务，能减轻自己的工作量是它们能容忍彼此的真正原因。

曾有人做过对比实验：在动物园里，所有照顾幼崽的任务都由人类来承担，动物们饭来张口，也不存在天敌的威胁。简而言之，在这种情况下，雄性的任务并不多，于是，它们之间便爆发了冲突。

动物的结对行为受本能而非情感控制，更确切地说，它具有三种不同的意义：强化、削弱和毁灭婚姻。根据动物的天性，它们中不存在百分之百的单偶制婚姻。当我们试图从动物身上获得有益的启示时，必须清楚地认识到这一点。

在由猴经猿的上升式演化顺序中，人类乐于从中推断出一条动物结对的原始形式的上升曲线，最终推断出更高级的婚姻变体。然而，事实却与此大相径庭。

猴子自行决定婚姻形式
日本猕猴的婚配传统

现在，让我们在祖先肖像画廊中来一次大跳跃，从南美洲的狨猴亚科动物跳到非洲草原狒狒，那么，正如本书开篇所述那样，我们将会看到：草原狒狒拥有一套杰出的母系管理体系，群体内部关系融洽。但是，在它们的单偶制婚姻倾向上却存在着巨大的问题。

继续将目光转向日本，我们发现：日本猕猴处在一个较为原始的阶段，它们会自行决定群体生活形式。

在日本列岛上茂密的丛林中，有许多日本猕猴群。有的猕猴群和草原狒狒群一样盛行自由恋爱；有的实行严格的父系统治体系，雌性受雄性奴役；而在有的猕猴群中，雌猴们团结一致，建立起强大的母系管理体系，剥夺了雄性的统治地位。每一个猕猴群都形成了所谓的行为传统，这一传统对两性结对形式以及社会生活形式具有决定性作用。行为传统不再是与生俱来的，而是每只幼猴偷偷观察长者的行为学会的，并以这种方式代代相传。迄今为止，还未有人观察到实行终身单偶制婚姻的日本猕猴。

用战舞来阻止婚姻战争
守护伴侣的长臂猿与合趾猿

让我们把目光再次转向东南亚的长臂猿与合趾猿。在这些猿身上，我们再次发现了单偶制婚姻的迹象。而且，它们遵循着极为严苛的单偶制婚配形式，动物世界中的其他动物都无出其右。

我要讲的这个故事发生在苏门答腊岛茂密的丛林中。合趾猿一家在一棵位于其丛林领地中央的无花果树上过夜：父亲和母亲在中心紧紧依偎，并将3周大的幼崽夹在彼此之间，为其取暖；另外3只年龄分别为2岁、4岁和6岁的孩子与它们20岁的"爷爷"一起将夫妇俩紧紧围在中间。还有一只8岁大的年轻雌合趾猿抱着自己的第一个孩子坐在不远处。

一旦太阳露出笑脸，阳光透过晨雾洒向大地，林中便响起了一阵人类鲜少听闻的吟唱声，简直就像置身于歌剧大舞台。雌合趾猿先发出一系列低沉的、音似钟声的吟唱声，这些声音透过藤本植物丛，很快变成了断断续续的大笑声。在雌合趾猿吟唱时，担任男高音的雄合趾猿则坐在一旁，似乎并没有加入的意思，也没有注意伴侣的"声带放松练习"。然后，雄合趾猿富有节奏感地将自己的嘴唇一张一合，依然没有发出任何声音。它似乎正在尝试着寻找开口吟唱的最佳时机。

最终，雌合趾猿的独唱确乎将雄合趾猿拉下了"座椅"，让它加入了吟唱。当雌合趾猿的顿音越来越快时，雄合趾猿先发出带有长音的叫声，紧接着再发出一阵欢呼声。就在同一时间，二者突然中止了歌声。第一段二重奏结束。雌合趾猿在枝头用双手来回地摇摆树枝，并按照同样的节拍发出"咯咯"的笑声以开始第二段吟唱。现在，当雌合趾猿唱到第二节或第三节时，雄合趾猿便突然跃起，发出一阵短暂的吼叫和带有长音的假声，来回蹦跳着，试着超过伴侣的节拍速度。有时，雄合趾猿或雌合趾猿会如战斗中发出呐喊的印第安人一样，用手有节奏地轻击张开的嘴巴，发出"哦哦哦"的声音。

正如于尔格·兰普雷希特（Jürg Lamprecht）在野外听到的那样，这场长达 20 分钟的听觉盛宴的开头部分存在不足之处。当伴侣没有和自己一起吟唱或没有正确地合唱时，雌合趾猿便会提前停止这段吟唱，就好像它之前的努力都没有意义似的。雌合趾猿偶尔也会在吟唱第二段歌曲时发出断断续续的声音。紧接着，雄合趾猿就会跳过这一段二重奏，并顺着伴侣的节奏在后面某个"音符"处重新加入吟唱。

以动物为镜子：动物们的自然生活之道

图 22　灵长目中的合趾猿践行严格的单偶制婚姻，终身不让配偶离开自己的视线

　　像青蛙一样，合趾猿将自己的喉囊鼓成和头一般大小的气球状，变成一个扩音器。悠扬的歌声响彻丛林，可以传到几千米之外。

　　进行二重奏的主要目的是维系合趾猿夫妻双方在非繁殖季期间的友谊与情感。当人类一起歌唱时，集体归属感便油然而生。"歌声所在之处，便是你安然的归处……"只要你也一起吟唱。在动物园里，身处同一兽苑的合趾猿总被强制配对，即使雌雄双方无法和谐共处。这种情况下，它们虽然也会交配并生育后代，但双方却不会按照音乐规则进行二重奏。根据合趾猿回应配偶时所发出的叫声类型，专家能准确地判断它们的婚姻状况。这一案例也表明，基于性欲的结合显然不同于基于社会关系的结对！

在苏门答腊岛的山地雨林中，当一个合趾猿群遇到自己的邻居时，两个家庭之间便会唱出一曲圣歌，举行一场音乐竞赛：它们以唱歌的方式划分领地界限，宣示自己的主权。合趾猿伴着歌声跳起的狂野舞蹈成为其展现自身力量的手段，成为一种战舞。但表演秀结束后，两个合趾猿群便一言不发地分道扬镳。

与合趾猿行为相似的还有它们的近亲长臂猿。它们分布于越南热带雨林、加里曼丹岛（婆罗洲）、爪哇岛西部、缅甸与孟加拉国边境地区及苏门答腊岛西海岸个别岛屿上。这些长臂猿组成了牢不可破的婚姻共同体，它们通过每日多次吟唱歌曲并针对"万恶"的邻居进行示威活动，强化婚姻基础与纽带。群体的核心即长臂猿夫妇实行单偶制，它们的信条是：若非死别，绝不生离。单是察觉到远处有异性同类，它们就会表现得极具攻击性。雄长臂猿会怒火中烧，与外来雄长臂猿厮打在一起；雌长臂猿对不请自来的雌长臂猿也表现得同样疯狂。雄长臂猿总是时刻守着配偶，形影不离；雌长臂猿也同样毫不逊色，时刻守着自己的丈夫。彼此都时刻处于对方的严密"监控"之下。

由于群体特殊的社会结构，合趾猿夫妇只得对彼此保持忠诚。如果将它们的情况隐射到人类身上，则意味着：丈夫时刻守护在妻子身边，禁止其接触除自己外的其他任何异性，即使是邻居、商人、公交车司机、手工业者、理发师也不行。同样，在街上、工作场所、体育社团、剧院以及其他任何地方，妻子也决不允许丈夫与别的异性之间的距离小于 30 米。

我们可以设想这样一个场景：只有在自己的陪同下，丈夫才允许妻子上街，并强制妻子要远远地绕道避开遇到的每一位异性；妻子则要求丈夫与所有遇到的异性保持足够远的距离。如果丈夫想进一家烟草店买烟，妻子会先入店以确认店员的性别。如果店员是男性，她才会让丈夫进店；或者，在丈夫入店前，将女店员从店里扔出来！

在这种情况下，超越紧密家庭纽带的更高级的共同生活简直是天方夜谭。我们将这种极端的嫉妒表现形式视为一种病态心理。人类的单偶制婚姻并没有如合趾猿的婚姻那样严酷、僵硬、死板，这还是有好处的。如果真如合趾猿那样，那么，人类每天最需要考虑的便是距离问题，仇恨将横亘在每个家庭之间。

幼崽之死导致婚姻破裂
高壮猿的婚姻生活

在海拔 4 507 米的卡里辛比火山上，两只怒发冲冠的"丛林巨人"在云雾缭绕、布满露水的峭壁处对峙。卡里辛比火山位于卢旺达和刚果民主共和国边境，属于维龙加山脉。著名的美国动物学家、死于偷猎者屠刀之下的戴安·福西曾在这里的卡里索凯地区建立起高壮猿保护与研究中心。

其中的一只"庞然大物"名为马克斯，白色的背毛展现了它高大伟岸的雄性形象，它就是所谓的"银背首领"：一个由 8 名成员组成的高壮猿群的首领。研究人员福西将另一只与马克斯对峙的高壮猿称为乔，它是一只独行的年轻雄高壮猿。尽管两只高壮猿的腿都很短，但它们的双臂平伸可达 2.3 米。它们发出令人战栗的吼叫声，"咚咚"地击打着自己胸围总长达 1.75 米的胸脯，朝着对方露出犬齿，那犬齿的锋利程度丝毫不逊色于老虎的。

突然，马克斯向对手发起了进攻。它像一头暴怒的公牛，如风般穿过丛林，一路上横冲直撞，用它那275千克重的庞大身躯，撞断挡路的树枝和小树。它能在几秒钟内将人类最强壮的金牌摔跤手撕成两半。它以雷霆万钧之势，在距乔身边不到半米处呼啸而过。毫无疑问，乔此行的目的是抢夺马克斯所在群体中的雌性。"掠夺萨宾妇女"是高壮猿群中的常见行为。

乔立刻明白，这只是一次佯攻，但也是马克斯对一场腥风血雨的战斗所发出的最后通牒。这些"超级人猿泰山"之间很少会发生流血冲突，可一旦矛盾激化，双方将竭尽全力、不死不休。最终的结局往往是重伤，甚至死亡。

图23 两只雄山地高壮猿在为争夺交配权决斗。没有尽到"幼崽守护"职责的一方会失去所有雌高壮猿的青睐

以动物为镜子：动物们的自然生活之道

但乔是一名足智多谋的战略家，它懂得如何最大限度地平衡机遇与风险。对动物们而言，"留得青山在，不怕没柴烧"也是真理。于是，在马克斯尖锐的叫声中，乔微微露出反抗的表情，缓缓地撤回到浓密的灌木丛。虽然在马克斯那里受到了一点小挫折，但既定目标已完成，对这一点，乔已心知肚明。

　　它的目标是阿斯塔，马克斯刚成年的女儿。父亲和乔爆发冲突时，阿斯塔正巧在场。阿斯塔利用这一千载难逢的机会，在没有猿注意的情况下，溜进树丛，离开了自己的群体，在乔撤退的必经之路上等它。阿斯塔根本不在意自己的"情郎"是否在冲突中胜出，因为年轻力壮的乔能轻易地杀死马克斯。在乔身上，阿斯塔看见的是一个敢于用生命做赌注、不做无意义之事、足智多谋的战略家，这使阿斯塔心满意足。而乔在过去几场类似的小型冲突中也已向阿斯塔证明了这一点。

　　但是，和掠夺萨宾妇女的罗马人不同，雄高壮猿绝不会用武力强迫异性一起离开。雌高壮猿必须出于自愿，而雌高壮猿自愿离开的原因则是，在自己的原生群体中无法得到充分的尊重，生理需求无法得到满足。为了避免近亲繁殖，作为群体首领的父亲会避免与女儿发生亲密关系，而群体中又没有其他异性追求者。因此，阿斯塔一直在等待外来的年轻雄性挑战父亲地位的时刻。

　　之后，雌高壮猿若对伴侣感到厌烦，也可以选择离开。尽管雄高壮猿身强力壮，但它对此也无能为力。在茂密的丛林中，只需走几步便能永远消失在树叶形成的帷幕后。

　　和其他拥有这一传统的灵长目动物不同，在高壮猿的世界里，唯有雌性才会离开"娘家"。戴安·福西的同事 A.H. 哈考特（A.H. Harcourt）曾对人类中的 470 个未开化民族进行了研究。他认为：雌高壮猿阿斯塔和几乎所有这些民族都遵守着类似的原则。唯一的不同在于：高壮猿以一夫多妻制而非单偶制的形式生活。一只只有一位伴侣的雄高壮猿只要有机会，就会扩大自己"后宫"的规模。

雌高壮猿能在多大程度上对其伴侣保持忠诚呢？它们起初非常矛盾，"离婚"更是家常便饭。甚至可以这样形容这种动物："年少婚配常后悔！"已有配偶的年轻雌高壮猿仍会在"婚后"几年内四处留意，以找到更好的伴侣。

哈考特认为：幼崽的夭折是导致高壮猿婚姻破裂的尤为重要的原因。高壮猿夫妇的幼崽有一半会在成年前——约 7 岁左右——夭折。雌高壮猿始终将孩子的夭折归咎于雄高壮猿，于是会即刻离开无能的伴侣，返回到父母所在的群体，为的是再次获得被外来雄壮猿"掳走"的机会。因此，高壮猿的择偶行为也由非性欲因素决定。

加入一个陌生的群体，对抛弃了配偶的雌高壮猿而言存在巨大的风险，甚至有可能丢掉性命，因为只有"性感火辣"的外来雌高壮猿才能得到陌生高壮猿群中的银背首领的宠幸。在这种情况下，性欲作为"磁铁"将银背首领和这个外来雌性吸引到一起。它们的关系能维持多久完全取决于其他因素：正如上文所述，这主要取决于现实因素，即雄性照顾幼崽的能力。

在一些不那么严重的情况下，比如，年轻的雄高壮猿"只不过"是对伴侣过于严厉了，这时，心灰意冷的雌高壮猿也会在之后选择一个合适的时机，加入另一个高壮猿群。平均算来，每只雌高壮猿在找到理想的伴侣前，都会更换 3~4 名伴侣。直到找到如意郎君，才会与其共同生活多年。

最后一种情况是，雌高壮猿也可能和自己同父异母的兄弟一起

以动物为镜子：动物们的自然生活之道

离开生养自己的群体，与其一起建立新的群体。只是为避免近亲繁殖，这对兄妹不得交配；可这样做的另一个条件是，与异母姐妹一起出走的雄高壮猿不能是原群体的"王储"。

因为这个雄高壮猿是新群体抵御来犯异种之敌的主力。对抗前来掳掠雌性的雄高壮猿是群体首领的任务，而"王储"的职责则是抵御猎豹、犬与偷猎者，并确保群体安全撤退。戴安·福西曾观察到年轻的"王储"甚至用自杀式行动履行自己的使命，为此付出生命。它为什么甘愿为群体牺牲自己？如果"王储"在当下没有很好地履行职责，它就再也不会有机会继承"父王"之位，成为群体未来的首领。对"王位"的憧憬也使得它无法与年轻的雌高壮猿一起离开群体。它宁可连续几年（野生大猩猩的寿命长达40年）抑制住自己的生理需求，也不愿放弃成为首领的机会。

我们详细论述了高壮猿的群体结构，其中包含着人类社会的影子：无论父亲从事何种工作，农夫、手工业者、公司领导或是国王，其事业通常都会由长子来继承；所有的女儿都要出嫁；其他儿子则必须认真思考自己的去处。当然，这种情况只有在一夫多妻而非一夫一妻的情况下才会发生。

对那些年轻的雄高壮猿而言，"另寻出路"是一件困难重重的事情。当一个11岁的年轻雄高壮猿发育成熟时，即使父亲没有将其赶出群体，为了避免近亲繁殖，它也会被禁止交配。就这样，它渐渐受到孤立；在经过一番思考后，它会决定孤身去丛林闯荡。

它开始了一段充满危险的征程：没有同伴的保护，还得面对掠食者与饥饿。这一阶段将持续2~5年的时间，如果这个年轻的雄高壮猿能够顺利挺过来的话，它将拥有丰富的丛林生存经验与强大的力量，从而有机会被雌性看中。

不过，显然，在这段"流浪期"里，年轻的雄高壮猿将经历难以承受的心理挑战。它们早已发育成熟，生理需求却无法得到满足；它们自认为身强力壮，却没有同类将它们放在眼里；它们渴望成为统治者，却不知道该去统治谁。在动物行为学研究中，年轻高壮猿的这种状态被称为"雄性问题"。这种状态在人类心理学体系中类似于青春期第二阶段的心理综合征。

卡萨诺瓦综合征
已婚者的魅力

1972年，戴安·福西观察到了当时12岁的乔离开自己原生群体的过程，每个年轻雄高壮猿的生活大致都是如此。它在丛林里独自游荡了整整两年。偶尔也会有年轻的异性对它表现出兴趣，但短暂接触过后很快就会分道扬镳。1974年，乔终于成功了。它与阿斯塔确立了关系，同年，它又拥有了第二位伴侣。它没有厚此薄彼。1977年，乔又添了两位伴侣。

这就是卡萨诺瓦综合征：当一个男人具备了"情圣"的潜质后，其他女人便会着魔般蜂拥而至。只不过，雄高壮猿不会因为时间先后而对配偶们厚此薄彼，而是一视同仁。

很快，雄性所能拥有的伴侣数达到了上限。上限的意义在于不至于使雄性的"后宫之树"长成参天大树。一只雄高壮猿最多可拥有4位伴侣。如果银背首领身边出现第5位雌性，那一定是它待在群体里的女儿。

能照顾、保护后代的银背首领即使已拥有4位伴侣，对外来雌性而言仍具有极大魅力。不过，这个位于权位顶峰的群体建立者很快就失去了对异性的吸引力。原因在于，新加入群体的雌高壮猿在所有雌性成员中地位最低，与那些备受首领荣宠的雌性相比，新加入的雌性一年中只有少数几天能与首领交配。之后，它又从"童话里的公主"变回"灰姑娘"。在提高自己在群体中的低微的地位之前，它必须在几年时间里努力从底层向上爬，或找机会脱离群体。因此，它更愿意待在规模较小的群体中，以便在短时间内获得更高的社会地位。

在择偶问题上，雌高壮猿会在"雄性照顾与保护后代的能力"与"自己在其'后宫'中的地位"两个因素之间寻求平衡。

同时，高壮猿群体也通过这种方式在其生存空间内实现成员数量的合理化。"我们研究的关注点在于，猿类的婚配模式为什么会从合趾猿与长臂猿严格实行的单偶制'倒退'到高壮猿所奉行的多偶制呢？"现在，这一问题终于有了答案。

竹子是高壮猿们的主食。云雾缭绕的森林为竹子的生长提供了得天独厚的环境。一个拥有 9~11 名成员的高壮猿群（由银背首领与其 4 位妻妾、1 位副手、2 位年轻雌性以及 1~3 只幼崽组成）在进入下一片竹林觅食之前，能在一片竹林内进食多日。而当它们在下一片竹林中进食时，第一片竹林中的竹子很快又会重新长出来。

与高壮猿不同，合趾猿以某些树的叶子与果实为食，无花果是它们的最爱。这些果树零星地分布在雨林之中。其果实的成熟时间虽没有规律，但会持续整整一年。合趾猿也无须抢在红毛猿和犀鸟前享用果实。在这种地方，雌性成员数量众多的群体如高壮猿群就只能挨饿了。苏门答腊岛上的群落生境只能为一对合趾猿夫妇及其孩子提供食物，而无法容纳更多成员。这便是合趾猿一夫一妻制婚姻的物质基础。

高壮猿必须以群体的方式生活在一起，且保证群体规模相对较大。这样做是为了抵御猎豹的攻击，防止它们夜袭高壮猿幼崽。若高壮猿像合趾猿那样组成小型群体则很容易受到攻击，从而使成员数量减少，最终灭亡。合趾猿虽然也面临来自猎豹的攻击，但它们的应对策略并非用武力抵挡，而是派遣哨兵。哨兵一旦发出警报，它们就迅速逃离。

一言以蔽之：**群体规模与婚姻模式主要取决于两个因素，即食物的供应情况与来自天敌的压力。**

红毛猿的生活方式也同样令人印象深刻。红毛猿在雨林中过的日子要远比合趾猿们艰难得多。

红毛猿的"未婚"关系
隐士幼兽的微笑

清晨 6 点，当温暖的阳光透过加里曼丹岛茂密的枝叶投向大地时，一只雄红毛猿在自己位于树上的家中醒来。它伸了个懒腰，舒展自己总长达 2.5 米的双臂，从鼓起的喉囊中发出一阵越发响亮而喜悦的断断续续的声音，最后以拖长的欢呼声作为结尾，这是它每日的"清晨祷告"。距离雄红毛猿 3 千米远的地方，一只雌红毛猿和它的一双儿女（4 岁大的女儿和 4 个月大、紧紧依偎在母亲蓬乱毛发中的幼崽）正在倾听雄红毛猿的歌唱。

在红毛猿的世界里，雄性与雌性的生活区域相隔甚远。它们是处于"未婚"状态，还是过着"分居两地"的婚姻生活呢？最新的研究表明：除配偶外，雄红毛猿还同时与另外一只或两只生活在丛林另一方位、离自己很远的雌红毛猿保持着松散的联系。因此，雄红毛猿过着一种"水手式"的爱情生活：每个港口都站着一位望夫归来的妻子。

图24 一只雄红毛猿鼓起喉囊，正在进行每日例行的"清晨祷告"。除了偶尔去看望配偶外，它和雌性分居，居住地相隔几千米

但是，双方的联系绝不局限于性爱。夫妻中的一方偶尔会去看望配偶。当雌红毛猿听完配偶的"清晨祷告"后，便与它的两个孩子一起出发了。这次旅行将持续一整天。红毛猿并不会像高壮猿与青潘猿那样在路上行走，也不会像人猿泰山那样利用藤本植物从树丛一头荡到另一头，也无法像长臂猿、合趾猿那样在树丛间远距离跳跃。它们只能双手抓住树枝，交替着向前移动。

有一次，一只较为年长的女儿跟在母亲身后，但它因为手臂太短，无法够到对面大树的树枝。这时，红毛猿母亲便回到女儿身边，用自己的身体做桥梁，架在树梢间，以便让它顺利通过。

当一家三口快要抵达目的地并用呼声告知父亲时，雄红毛猿便兴高采烈地迎接它们。看到父亲后，年纪稍长的女儿立刻扑入父亲的怀中，任由父亲将自己抛向空中，并发出惊喜的尖叫声。然后，它爬上父亲的肩头，将雄红毛猿的头发揉得一团糟。

不过新生幼崽看起来对这位"陌生"的"庞然大物"有点畏惧，如人类6~9个月大的孩子般露出了怯生生的表情。于是，这位红毛猿父亲弯下腰去，对孩子咧开嘴，露出红毛猿所能露出的最迷人的微笑。孩子也很快有了笑容，开心地笑起来，并激动地上下挥动着自己的小手。看到这种情景，难道还有人认为动物不会微笑、无法欢笑吗？原始森林中的雌红毛猿和雄红毛猿每隔几个星期就会相见一次。这表明，雄红毛猿和它的妻儿之间在非交配季仍存在感情联系，虽然这一联系十分微弱。

周围的环境使红毛猿不得不采取"雌雄分居"的做法。原始森林中的无花果树很少。红毛猿唯有凭借犀鸟、长臂猿与合趾猿发出的叫声才能察觉到某棵无花果树的果实成熟了。无花果是自然的恩赐，很快就会被哄抢一空，唯有身手敏捷的红毛猿才能有幸分得一杯羹。然后，红毛猿又得继续"大海捞针"，寻找特定树木的叶子和鸟蛋。当红毛猿饿得前胸贴后背时，它们也会啃咬树皮充饥。丛林里食物难寻，生存艰难，红毛猿夫妇被迫分开生活，同时又与其他异性保持松散的联系，过着多配偶制生活。

让我们来做一个粗略的计算：4~5只合趾猿（一对单偶制合趾猿夫妇与其父母、后代）的重量加在一起相当于一只雌红毛猿的体重，合趾猿捍卫的领地面积和一只雌红毛猿拥有的领地面积一样大。丛林中的生存空间十分有限，因此，雄红毛猿只能作为独行侠维持生活。关于食物短缺对红毛猿的婚姻形式的影响，我们已经讲了很多了。

来自天敌的压力也以同样的方式影响着红毛猿的婚姻形式。红毛猿的天敌主要是苏门答腊岛的老虎、猎豹和豺狗，以及婆罗洲云豹。与用武力抗击来犯之敌的高壮猿不同，这种红褐色的"丛林野人"在面对敌害时选择防守，躲到热带雨林树叶丛的高处。虽然云豹擅长爬树，但作为防守一方的红毛猿也有王牌在手：

1. 敏锐的警报系统：在夜晚，当红毛猿们在树梢的巢穴中酣睡时，东南亚特有的季风会"鞭笞"树干，发出"呼呼"声，然而，它们依然睡得香甜。可当云豹在寂静的夜晚敏捷且悄无声息地爬上树干时，睡梦中的红毛猿会感受到树枝细微而特殊的摇动，并立刻从梦中惊醒。

2. 远程武器防御系统：只要夜晚月光皎洁，能使红毛猿看清敌害，它们就会用身边所有可用的树枝、足球大小的树上果实或坚果作为炮弹，对来犯者进行轰炸，直至其招架不住，从树干上跳下，落荒而逃。

3. 精心制订的撤退计划：如果防御失败，红毛猿便会吹响撤退号角。幼崽在前，小群体的成员们抓住细小的树枝荡到旁边的树上。如上文所述，母亲会殿后，伸展自己的身体充当吊床，架在相邻两棵树的树枝间，为孩子搭桥。此时，云豹会企图从其中一根树枝上爬过来，并逐渐靠近红毛猿母亲。就在千钧一发之际，雌红毛猿会瞄准云豹，松开弯成弓状的树枝，树枝就会猛地一弹，击退扑过来的云豹。强大的力量往往会使云豹从树上坠落。

总体而言，红毛猿过着一种"两地分居的婚姻生活"，对待配偶谈不上有多么忠诚。

雨林中的放荡生活
青潘猿的聚合式与分离式婚姻

前文我已就青潘猿的特点费了诸多笔墨，在此只想就其两性关系做简单概述。在非洲，生活着人类近亲青潘猿，它们有 98.8% 的遗传基因与人类相同。青潘猿过着群居生活，每个群体有 30~50 名成员，其中约半数为雌性。

青潘猿的生活中既没有"一夫一妻制的婚姻"，也没有"妻妾成群"的概念。用人类的眼光来看，它们的两性关系一片混乱。在青潘猿们大约 15 平方千米的领地上，每只雌青潘猿与其幼崽都有自己的活动空间。和雌红毛猿一样，雌青潘猿会独自生活，或与"女伴们"结为小团体，一起生活。

但是，如果领地中某处的无花果树的果实大量成熟，发现这一情况的青潘猿便会发出间歇性停顿的类似汽笛的叫声，嘹亮的"汽笛"声响彻雨林。这是一种古老的信号，其作用是通知猿群同伴共赴"盛宴"。猿群中的其他成员瞬间蜂拥而至，聚集在那棵无花果树下享用果实，直至肚子撑饱为止。待所有无花果都成了腹中食后，青潘猿们才各自分散，返回自己的领地。

由此，乌干达基巴莱森林保护区的青潘猿考察者米夏埃尔·格利瑞（Michael P. Ghiglieri）将青潘猿的社会结构称为"分分合合"式。

青潘猿建立起了这样一种社会机制：当有大量食物突然出现时，它们便作为一个群体聚集在一起；而当食物短缺时，它们便再次分开，寻找能填饱一两只青潘猿肚子的食物源。丛林中的食物经常突然由充裕变为匮乏，对此，它们具备良好的适应能力。我们必须先强调这点，以便证明青潘猿的其他行为。

受到雄青潘猿偏爱与保护的雌青潘猿栖居在领地中心位置。年长的以及尚未做好交配准备的雌青潘猿则被排挤到了两个猿群的边界地带，它们提心吊胆，害怕遭遇邻群的袭击。和人类中的未开化群体一样，两个相邻的青潘猿群之间，除了偶尔出现的短暂的和平期外，其他时间都处于战争状态。敌方猿群每天在边界巡逻时都会闯入对方的地盘。只有无法交配的雌青潘猿才能躲过一劫；其他雌性若未能及时逃离或没有本群的庇护，都将面临死亡。

可是，这些栖居在两群边界地带的雌青潘猿在进入发情期时，更偏爱邻群的异性。研究人员将这一现象称为"陌生雄性效应"。在发情期，它们会被邻群的雄性掳走，带至邻群的领地，并获许在发情期过后继续生活在那里——这种行为是为了避免近亲繁殖。这些雌青潘猿有时也会返回原来的猿群。对于雌青潘猿在父母所在群体以外与陌生异性交配的现象，研究人员称之为"族外婚"。

生活在某群雄青潘猿领地上的所有雌青潘猿都"属于"该群体。每天，三四只雄青潘猿会组成小分队，在领地上巡逻。它们的行为出于以下几个目的：

1. 让外来者"从哪儿来，回哪儿去"，实实在在地用尽一切战斗手段来保卫自己的领地；

2. 保护本族雌性成员不受邻群骚扰与攻击；

3. 试着将栖居在敌对邻群边界地带发情的雌青潘猿掳掠到自己的地盘。

雌青潘猿发情的情况其实十分罕见，每隔5~6年才会出现一次。因为只要幼崽还待在身边，雌青潘猿便无心继续繁衍后代。

因此，我们可以推测：这使得雄青潘猿失意受挫。一个青潘猿群体中的 20 只雌性每隔 5 年半才能进入历时 2~3 周的发情期。这意味着：在每年只有 3 次、每次仅持续几天的时间内，才会"发生些什么"。

珍·古道尔形象生动地描述了雌青潘猿发情期里发生的事。一开始，通常只有一只雄青潘猿发现某只雌青潘猿处于发情期。它立刻试着将其诱骗到僻静处，以避免其他雄性察觉该雌性的发情状态。这种行为所表现的是纯粹的占有欲，还是单偶制婚姻的某种蛛丝马迹呢？

雌青潘猿大多数时候表现得很冷漠。雄青潘猿用食物诱惑它，抓着它的手，而雌青潘猿则用双手紧紧抱着树干。于是，雄性开始威胁雌性：把长着叶子的细树枝摇得哗哗作响，然后，折断树枝，做出要棒打雌性的模样。就这样，它们慢吞吞地走向僻静处，不想被同伴发现，但几乎没有成功过。

珍·古道尔写道：如果其他雄性闻风而来，"狂欢"便开始了。雄青潘猿排起长队，整个场面简直像是置身青楼。

古道尔最后得出的结论令人震惊：除青潘猿以外，大部分其他哺乳动物发展出了一种繁衍策略，即保护自己所发现的食物源免受其他雄性染指，并使其他雄性远离发情中的雌性。而如米夏埃尔·格利瑞所言："野生青潘猿正好相反，雄性们在进食与交配时都展现出了通力合作的现象。"

如果我们将使青潘猿草率解决生活问题的环境因素纳入考虑范围，这一结论便显得很有意义。但如果将青潘猿的这些行为视为人类的原始基因，那么，这些特性在我们的文明条件下都会转化为人类社会颓废堕落的陋习。人类所有的堕落与颓废几乎都能在青潘猿身上找到前兆。

第七节　强抢女性、后宫式婚姻与舞伎

——自然状态与文化状态中的婚姻

人类是否具有适合过二人生活的特质？
文化变异的深层根基

从青潘猿的性爱公社、红毛猿的"走访婚"、高壮猿的一夫多妻制、合趾猿与长臂猿的"守护式单偶婚"、草原狒狒的乱交、金狮面狨的有限制的单偶婚，以及其他猴与猿的各种婚配形式中，我们能否得出这样的结论：大自然并未赋予人类任何适合和异性过二人生活的特质？

我们不应妄下结论。至少，灵长目动物形形色色的婚姻形式向我们展现了：两性间的社会关系在历史长河中变化很快，动物对环境也有着很强的适应能力。

首先要明确一点：人类身上与异性的结对本能肯定没有之前提到过的灰雁或爱情鸟那样强烈。如果没有稳固的婚姻关系，那么，等待着这些动物的唯有一个结局：灭绝。人类的情况与此有所不同，人类确实拥有与异性结对并共同生活的特质。不过，人类身上的这一特质太微弱，以至于人类难以察觉到这种特质的存在，许多社会学家甚至完全将其忽略。在特定的环境条件下，这种特质也会被共同存在的其他形式所代替，但夫妻中至少有一方会受到它的影响。以下，我将简要概括人类丰富多样的婚姻生活形式，以说明这一点。

"后宫佳丽三千"是一夫多妻制的一种特定形式，它似乎是男人的梦想天堂："后宫"体现男子气概，是寻欢作乐之所。女性对此则持不同看法。而且在实践过程中，一夫多妻制会出现诸多意想不到的困难。尤其在东方民俗中，无论是过去还是现在，"妻妾成群"的

现象都以格外雄厚的经济实力为基础：

1. 当权者与贫民、富人与穷人之间存在着巨大的差异。"帕夏"和"苏丹"必须拥有雄厚的经济实力才能娶到多位妻子。相反，家境贫寒的女性如果想过上锦衣玉食的生活，那么在面对"几女共侍一夫"的局面时，则必须压制住内心自然流露的反感。

2. 女性虽不完全具备适合单偶制的特质，但在这方面却要强于男性。没有女子会夸自己为"卡萨诺瓦"，因为这样的女人通常会被人们辱骂为"荡妇"。

3. 在生产力水平低下、社会经济欠发达的情况下，"妻妾成群"便成了普遍的婚姻形式，比如早期的农民和食物采集者。在这种情况下，对男人而言，女人的首要作用是提供劳动力，而不仅仅是"性爱玩伴"。身边的女奴隶越多，男人的自我感觉就越良好。从事畜牧业的民族将男人所拥有的妻妾数量和所拥有的牲口数量一起视为身份的象征。因此，这些人会用牲口数量来衡量未来妻子的价值。我们将这称为"买卖式婚姻"。

以捕猎为生的族群对待妇女和婚姻的态度与此截然相反。在他们看来，捕猎完全是男人的事。妇女只是"一无是处的蹭饭者"，她们只会减少食物储量。因此，这些族群几乎都只奉行单偶制婚姻。

尤其是男丁稀少、女性众多的好斗的族群，他们发展出了一种特殊的"一夫多妻制"婚姻形式：

1. 前文已提及的夫兄弟婚。依据规定，每个男人，即便已婚，都必须娶无子嗣的亡兄或亡弟的遗孀为妻，以使其产下后代。而这个孩子将被视为亡兄或亡弟的孩子和继承人。

2. 所谓的妻姊妹婚有两种形式。一是"接替式"，即妻子去世后，丈夫有义务和妻子诸多姐妹中的一位结为连理。二是"同时式"，即在迎娶意中人时，必须将这位姑娘的所有姐妹一起娶走。这两种婚姻都是女性死亡率奇高的原始族群的习俗。这些原始人在婚前已经考虑到了妻子"劳损"的情况，并迅速寻找"替代品"。这也是婚配问题上的一种男权"文化形式"！

极度贫穷和艰苦的生活条件是一妻多夫制婚姻产生的环境基础，例如：过去在青藏高原地区，有些艰苦工作的妇女在体内脂肪减少的同时亦失去了孕育后代的能力。于是，唯一的解决方法是，一名女子与两到三位男子共同生活。印度西南部及太平洋上的马克萨斯群岛也被发现有类似的情况。

从娃娃亲到男妓
单偶制婚姻的"文化形式"缺陷

在"出轨反应"中，单偶制婚姻"文化形式"的缺陷或多或少会导致多偶制婚姻的合法化。

单偶制婚姻的缺陷主要体现在以下情况中：

1. 近亲结婚。例如，古埃及法老出于宗教原因与近亲结婚。法老被视为神，只能与拥有神之血脉的人结合。神的恩典、成为万能主宰的崇高理想甚至完全凌驾于自然的"乱伦禁忌"之上。

2. 王朝联姻。这类婚姻形式是为了扩大帝国版图或缔结盟友。今天，有些人会为了加强彼此间的商业关系而缔结婚约，或是男方为了升职而入赘女方家庭。类似的婚姻仍然存在，十分可笑。

3. 娃娃亲。这是婚姻形式的一种极端性变体，被强加了太多其他的目的与利益。

4. 前文已提到的"买卖式婚姻"。将女人当作货物与他人交换牲口、金钱或其他实物。

5. 其他所有仅以名誉或利益为目的，既不出于性欲也不出于爱意的婚姻形式。

在生理需求无法满足、夫妻生活不尽如人意（"妻子与我合不来"）的情况下，"出轨反应"会有以下多种表现：

非婚同居。罗马时代，法律包容"激进的婚姻"。当今社会，有两种非法的"婚姻"形式，即"野婚"与"叔叔式婚姻"[*]。帝王世家经常用"贵贱通婚"这一词语来显示自己地位的"尊贵"。欧洲中世纪的"初夜权"是一个极端，它体现了管理权的滥用以及成文法和人权间的矛盾与冲突。中世纪时期，（欧洲的）地主对农户家即将结婚的女子拥有初夜权。但是，至今没有案例证明曾有人真的行使过该权。

"买卖式婚姻"中的妇女地位相对较高。在古希腊，她们被称为宠妃（地位高于一般已婚妇女）；在意大利文艺复兴时期，她们是诸侯们的情妇；在法国，她们是路易十四的情妇；在印度，她们被称为舞伎；在日本，她们被称为歌伎。这些女子俗称妓女、破鞋，以

奸淫为其所长。其原因在于贫穷和某些女子所具有的色情狂倾向。

同时，也存在男性出卖肉身的现象，比如欧洲中世纪晚期的朝臣即意大利的西斯贝尔、妓女的情夫、男宠，以及某种情况下有异装癖的男子。

所有这些"出轨反应"都可以被视作对基督教婚姻所包含的古板道德要求的反抗。古日耳曼人已对当时社会默认的"买卖式婚姻"进行了反抗：只有在女性愿意的情况下，外来者才能将其掳走。

此外，在人类的婚姻中，产生了多种形式的不忠、外遇和背叛，而法官赞美它们，诗人作诗歌颂它们，且大多以"作为文化成果的人类婚姻"为题。

甚至，在单偶制婚姻中也仍然存在荒谬的组合形式：除了终身制婚姻，许多民族（包括什叶派信徒）还将"时限性婚姻"付诸实践。此外，一些伊斯兰国家还实行"驱逐法"。作为家中的"一言堂主"，男人可在特定情况下对女性说三声"你滚吧"，将妻子逐出家门，使其在社会中颠沛流离。这再一次体现了婚姻关系中的男性"文化"强权！

与以性爱和物质利益为基础的婚姻相反，另一种极端的婚姻形式是以纯粹的精神归属感为基础的"约瑟式婚姻"。这种婚姻得名于《圣经》故事中马利亚与约瑟的无性关系。在歌德的长篇小说《亲和力》中曾出现没有夫妻生活、没有后代的婚姻。然而，当今社会中的"丁克"家庭更多是为了积累物质财富。

文化哲学家和社会学家们推测：在人类历史的初始阶段，原始族群中并没有婚姻的概念。1861年，当时研究婚姻法历史的著名学者约翰·巴霍芬（Johann J. Bachofen）提出一种观点：史前时期，原始人类族群混乱的两性关系由动物的"乱交"演化而来，并逐渐经历一夫多妻制婚姻、母权制婚姻、近亲婚姻等几个阶段，最终演化为今天带有文化烙印的改善后的主流婚姻形式——一夫一妻制。这一理论，可以说完全错误。尽管如此，这一带有主观臆断色彩的进步理念仍然是"文明"世界的精神财富。

1949 年，人类学家玛格丽特·米德（Margaret Mead）还认为：在（太平洋南部）萨摩亚群岛的居民身上还能看到人类混乱的两性关系。学界接受了这一观点。但是，德里克·弗里曼（Derek Freeman）于 1983 年对萨摩亚群岛的居民进行了深入透彻的调查，证明玛格丽特受到了偏见的严重误导。此事不了了之，再也没有听人说起。

在这以后，学术界对原始人类族群进行了大量研究，结果发现：没有一个原始族群生活在没有婚姻的状态中，这种状态很可能从未存在过。这一状态和那些想要描绘"史前时代风土人情"的电影（这些电影里，两性关系一片混乱，原始人和那些早在人类祖先出现前 600 万年便已灭绝的恐龙战斗），都仅仅是幻想的产物。

"没有婚姻的状态"即性爱公社指的是：一个由若干年轻男女组成的共同体，其中成员不停地交换性伴侣，无论是与伴侣还是与孩子都没有固定的亲密关系。1884 年，弗里德里希·恩格斯（Friedrich Engels）这样写道："历史终将证明，妇女解放是所有女性能再次从事公共事务的前提，而这会要求每个家庭摆脱作为社会经济单位所具有的特征。"恩格斯所表达的真的是将妇女从流水线、打字机旁或从超市收银台后解放出来吗？

如今，这种曾被设想过的社会形式由于其自身限制以及与人类最基本的利益相悖的特点而未曾实现。但是，反对组建家庭这种"进步思想"却仍存在于诸多自由人士的脑海中。它们还会继续存在多久呢？

狮子与人类的公社
成年个体集体照顾后代

20 世纪 70 年代，人们将长期生活在一起的一群人称为生活集体或公社。这一"面向未来的群体生活形式"在人类世界中已不复存在。今天，被学生们称为"生活集体"的合租式生活形式与群体性爱毫无关联。

但是，人们不禁要问：动物界是否也存在类似的公社呢？当我们将目光移至狮子群体中，便会发现这种社会体系在这里有着杰出的成效。这种社会机制与人类本性相对立，对人类而言只能是空想。实行"公社制"的关键是怎样对待那些在公社中诞生的后代。在一个狮群中，所有的母狮会照顾每一只幼崽，甚至给它们喂奶，无论其是否亲生。威风凛凛的雄狮甚至也会露出柔情的一面，与幼狮一起嬉戏。理论上，人类的公社也应该出现与狮子公社一样的画面。然而，实际情况是，大家互相推诿责任。在人类身上，集体责任感总是难以实现。由此，在集体中，孩子的身心会受到消极影响。在自私心理面前，即使是最美好的社会理想也会破碎。

那些被当作未来生活形式宣传的内容，只不过是一种自由的婚前性爱共同体，是后青春期无节制生活的凭证。在迄今为止的所有案例中，无一例外，一旦社群成员真正成熟并对这种"集体生活感到厌恶"时，便会再次各奔东西。包括原始族群在内，世上没有哪个族群会长久地选择公社作为共同生活的形式。

在文化的创造过程中，人类精神以自身的缺陷、经济和社会束缚以及"出轨反应"从常规的婚配现象中发展出了诸多婚姻形式变体。从整体来看，人们对这些婚姻形式的认知是多么荒唐可笑。

只要我们从数量而非性质角度来看待婚姻形式，我们关于婚姻的整体认知就会发生改变。P. M. 默多克（P. M. Murdock）对生活在世界各地的族群做了尽可能全面的调查：

在他调查过的 849 个族群中，有 708 个（83.4%）过着一夫多妻制生活，4 个（0.5%）为一妻多夫制，仅有 137 个族群（16.1%）的婚姻是一夫一妻制。

可是，即使那些以法律的形式确定一夫多妻制为合法婚姻形式的民族，也仅有 31% 的男性拥有众多妻妾。其他男性可能的确想拥有多个伴侣，但"现实很骨感"：51% 的男性偶尔会有第二任妻子，18% 的男性由于经济原因只有一个伴侣。即使是那些生活在卡拉哈里沙漠（卡拉哈迪沙漠的旧称）、以一夫多妻制著称的布须曼人，也仅有 5% 的男性拥有不止一名配偶。

此外，那些法律规定实行一夫一妻制的国家的人口总数远超过实行其他婚姻制度的国家的总人口，主要包括欧洲国家、远东国家、北美国家、南美国家、澳大利亚以及新西兰。

粗略估计，全世界 80% 的人的婚姻形式为单偶制。这并非偶然。这一婚配形式清楚地表明：一男一女结为夫妇的婚姻形式已延续数千年，人类内心深处存在与异性结合的本能，尽管这并不强烈。

与灰雁相反，人类的这一本能表现并不明显，其背后有着生物学上的原因。这主要是因为，在人类演化过程早期，生存环境十分恶劣，每个族群只有使自己的婚姻形式与环境相适应才有可能生存下来。极端恶劣的生存条件要求实行一妻多夫制，食物采集者和农民采取一夫多妻制，猎人则采取单偶制。艾布尔－艾贝斯费尔特认为：人类选择一个伴侣并终身忠于对方，是因为哺育后代是一个漫长的过长，作为孩子父亲的男性在其中也扮演着重要的角色。

最后，自建立婚姻关系、组建家庭的本能和构建社会文化体系的能力结合后，人类便产生了自然界独一无二的婚配模式：与合趾猿和长臂猿的单配偶制不同的是，这种婚配模式既适用于小群体，也适用于人口众多、高度结构化的国家。这是人类宝贵的财富，我们要在婚姻生活中无愧于人类之名。

世上真的存在以男女双方情感为基石的结对本能。单是对这一事实的认知便已经能帮助我们克服诸多困难。

人类的婚姻在开始时多么脆弱，在相互陪伴的过程中，夫妻间的爱情变得比金属还坚固。当一对夫妇不仅有生理联系，而且成为真正的命运共同体时；当面对困境和危险，一方对另一方不离不弃时；当爱情的结晶诞生后，亲子关系这一新生的本能力量将夫妻紧密相连时；当夫妻一方帮助另一方走出精神困境时，双方已然成为一个整体，它的力量超出单身人士和社会理论家们的想象。

与此截然相反的是，我们现在正身处于婚姻的"废墟"中。在本书成书时的德国，有1/3的夫妻婚后不久便走向离婚。1986年，德国372 112对夫妻中有12 243对离婚。截至本书撰写时，有200万男性和120万女性保持单身，140万对夫妇过着"没有戒指的短期婚姻生活"，同性恋者更是不计其数。在所有夫妻中仅有15%的夫妇认为自己"婚姻幸福"。主流报纸杂志则称：婚姻已经过时。

这一情况反复出现。伴随着对家庭的恐惧渐渐长大的年轻一代开始寻找共同生活的新形式，并称婚姻为一种"不合适的社会机制"。无论教师、社会学家、作家还是电视节目编辑，都将婚姻称为"洪水猛兽"，认为婚姻是争吵与辱骂的竞技场，是奴役他人的工具，甚至认为婚姻会导致暴力、谋杀与死亡。

糟糕的是，这些人皆出于自己痛苦的婚姻经历才出此言。他们确实有发言权，但都犯了一个致命错误：那些他们想要批判废除的、给他们带来巨大精神创伤的婚姻形式，是二战后的经济奇迹时期德国因物质追求而完全退化的一种婚姻形式，它绝不是婚姻的"自然"形式。

在时代变迁的过程中，人类的精神世界在婚姻问题上所犯的错误已糟糕透顶。这些错误包括：压迫妇女的父权式社会体系、以保障军队兵源为目的的民间育儿联合会、为增加信徒而设立的机构等。

但是，所有这些弊端不应成为废除一夫一妻制婚姻的理由。它是独一无二的。如果废除了这种婚姻形式，那么，我们也就摧毁了深藏其中的内在价值：对那些日夜与生存做斗争的人而言，它是能使内心平静的避风港，是孩童对世界产生信任感的源泉，在由这种婚姻形式构成的家庭中，孩子们能得到来自父母的物质和精神供养，从而健康快乐地成长。

对婚姻，人类需要有自我革新的强大力量。我们绝不能将纯粹的性爱与爱情、亲和感相混淆。婚姻并非由性爱表演者所组成的团体，而是在精神、文化、伦理以及本书所概述的自然因素的共同作用下产生"相吸之力"的结果。我们必须使夫妻长相厮守的各项精神因素保持和谐，这与我们的命运息息相关。

父母与孩子关系不和与他们在婚姻与集体中不具备与他人共同生活的能力有着紧密联系。这将是我们接下来要讨论的内容。

以动物为镜子：动物们的自然生活之道

第三章

雌性动物皆为好母亲

亲子行为

第一节　从自私自利到甘于奉献
——母爱的产生

珍妮是一只体形如牛的达尔马提亚母狗，体重达 22 千克。它是一个被误解的"反权威教育"的典型：它极度自私、不达目的誓不罢休，比最粗暴的猎獾犬还要桀骜不驯。它在市郊的住宅区里自在地到处游荡，从不自己回家。珍妮的主人是一位瘦小温柔的女士，她住的地方就和我们隔了三幢房子。她不愿意等珍妮饿了自己回家，认为这是一种不利于性格培养、应被禁止的行为。因此，她每天都会出门两次，寻找珍妮，然后将这个大块头扛在自己瘦削的肩膀上，一路背回狗盆前。珍妮非常喜欢这样，这已经成为她每天的惯例。

没过多久，珍妮的风流韵事使它怀上了孩子。4 只幼崽以半小时的间隔时间相继出世。这件事使这只原本自私的母狗一下子变成一位无私奉献的母亲，它只为自己的孩子而活：不断舔着自己的孩子，给它们取暖，让它们吸奶，把它们的窝清理干净，并且从没想过离开它们。

是什么使得这位麻木不仁、自私自利的利己主义者变成了一位愿为孩子们无私奉献的利他主义者呢？

为了寻找这个问题的答案，动物行为学专家、育犬专家埃伯哈德·特鲁姆勒（Eberhard Trumler）对他的几只澳洲野犬展开了研究。对这种狗来说，分娩就是 7 秒钟的事情。紧接着，刚刚产崽的母狗便会像老练的接生婆一样对待自己的孩子。它将除去胎膜，咬断脐带，快速吞下胎盘，并将之前仔细清理过的新窝地上的羊水和血迹舔干净。随后，母狗会舔舐自己的宝宝，让它保持干燥。其实，狗宝宝根本不喜欢这样的清洁程序，它会任性放肆地蹬着小腿，目的只有一个：喝奶。

　　在孩子第一次吮吸母乳之前，身为母亲的狗的行为还完全出于生理上的条件反射，是自发的、公事公办式的。此时的母狗还是一个纯粹受本能支配的机器。你现在还可以把它的孩子从它身边抱走，它不会为了保护孩子而咬你。即便在失去孩子之后，它也不会表现出失落或悲伤，就好像孩子从未出现过。3 小时后，你把它的孩子交还给它，它根本认不出孩子，反而会用自己的鼻尖顶它，甚至想杀死它，以至于研究人员不得不出手施救。

　　但从幼崽第一次吮吸母乳这一刻开始，这位母亲便判若两人。幼崽不但没有灭顶之灾，反而被母亲悉心呵护。犹如中了魔法，刹那间，母爱被唤醒了，母亲与孩子之间有了一种密不可分的联系。通过喂奶，母狗才真正成为一名母亲。

　　为了更进一步探究动物身上的母爱，我们将场景转换到坦桑尼亚的塔兰吉雷国家公园。

　　在穿越长满荆棘的大草原时，一头母象发出如吹变形长号般刺耳的叫声。它即将分娩，象群中的所有雌象似乎都知道这一叫声意味着什么。它们高高地扬起象鼻，用进气管一般的鼻子嗅着四周。突然，它们察觉到 2 000 米远处有一群狮子，这对即将进行的分娩来

　　　　　　　　　　　　　　以动物为镜子：动物们的自然生活之道

说太危险了。虽然狮子对成年象来说并无攻击力，但却是新生象宝宝的巨大威胁。因此，领头的雌象发出信号，要求大家以最快的速度行进，远离狮群。那头即将产子的母象也立即加快步伐。和许多潜在的有袋目动物一样，母象能将临产期推迟几个小时。这种特殊的能力已经挽救了无数幼小的生命。

终于，它们看起来到达了一个更安全的地方。象群所有的成员都蹑手蹑脚地走近待产的母象，环绕着它，形成一堵活动的环形围墙。对这种群体里由团结而产生的力量，之后我们还会做详细介绍。对象群而言，即便是还未出生的小象也是它们要全力保护的成员。

很快，这位临产的母亲准备好了"摇篮"。它清除了地上的石子，腾出了一块铺满细沙的柔软空地，并用小树枝垫在上面。这是因为母象是站着分娩的。由于不断有狮子、猎豹以及鬣狗群侵犯，卧着对它来说太危险。生产时，小象会从 1.6 米高的空中扑通一声掉下来，因而，不能与太硬的地面撞击。

有时，这些灰色的庞然大物还需要同伴助产。助产的通常是两头年长无子的雌象，即所谓的"婶婶"。它们会把待产的母象夹在中间，倚靠着它，在它分娩时帮助它使劲。在少有的情况下，还会有第三位"婶婶"用自己的一对长牙接住顺利产出的小象宝宝，然后深情而温柔地将它放下。

接下来，用象鼻除去胎膜就是这位母亲自己的事了。这个重达 125 千克的小象宝宝身上还是湿润黏滑的。若是其他哺乳动物，它们此时应该会将新生儿舔舐干净，但母象不会，它只是用鼻子吸入大量的土和沙覆盖在宝宝身上。这层外壳干得很快，之后不久，母象就可以把它的孩子吹干净了。

在刚刚出生 5 分钟后，小象就开始尝试站立。它的样子笨拙愚钝，很快就一个跟跄跌倒在地。不过，大约 15 分钟后，它就已经能够站稳。1 小时后，它已经开始尝试迈出第一步。就这样，象宝宝很快就学会了走路。

不久，幼象就会感到饥饿。本能告诉它：得在头顶昏暗的隐蔽处寻找母亲的乳房。这种先天的机制被称为信号刺激，主要是帮助新生宝宝在没有事先学习的情况下找到生存必需品。一开始，小象经常找错腿，但它一旦找到正确的位置，就不会再犯错了。在这种由关键刺激引发的行为中，小象很快就学会了通过实际操作来满足自己的需要。

然而，若是在以前，这时发生的事肯定会令人诧异。动物园的观察员注意到：母象总是一再摆脱它的孩子，让它饿上几个小时。它难道是一位糟糕的母亲吗？

如果你熟悉自然栖息地中动物的行为方式，就会明白这种行为的意义：吮吸母乳会让小象宝宝感到疲惫。如果它刚出生没多久就在妈妈的乳头上喝奶，那它就会像人类的宝宝一样陷入沉睡。但为了提防肉食性动物，母象决不会允许这种情况发生。只有在数小时后，当象群确认当前处境百分之百安全后，小象才能吮吸母乳。

由此，对母象与孩子之间纽带的建立，可得出一个重要的结论。假使如前文关于母狗的叙述那样，母爱伴随着孩子初次吮吸母乳而产生，那么，在孩子出生后几个小时的时间里，母象是无法感受到它与这个新生命之间的紧密联系的。这样的话，新生的小象很容易在行进中走失。

为了避免这种情况发生，大自然对唤醒母象的母爱的方式做了调整：当母象第一次用鼻子嗅孩子时，这种情感便被唤醒了。**光是孩子的气味就足够了。仿佛在一种神奇的力量下，母亲与孩子之间**

就产生了一种密不可分的联系。

这种微弱的、几乎无法察觉的气味，却能带来巨大效应，保障新生儿的安全。因为，如果无法唤醒哺乳动物对自己孩子的爱，那么，新生的宝宝肯定会在几个小时内不幸丧命。

大象是这样，无数其他哺乳动物亦然。无论是牝马、奶牛、山羊，还是臭鼬、羚羊、狮子、海豹，又或是鼠、鲸，能否成为一名优秀母亲的关键时刻就在分娩后。虽然这令人难以置信，但新生儿身上的一丝气味就足够让母亲强烈地感受到自己与孩子之间的紧密联系，让它在那一刻再也不愿与其分离。我们基本上可以认为，如果没有母性，那么，世界上就不可能存在高级动物。

关于母亲如何建立自己与孩子之间纽带的话题，就讲到这里。那么，孩子又是如何建立自己与母亲的感情联系的呢?

牛羚宝宝误把汽车当妈妈
孩子对母亲感情的建立

富有戏剧性的事即将发生:清晨，当我在塞伦盖蒂大草原南部开着我的路虎汽车，驶入拥有数以千计成员的牛羚群时，母牛羚们正在集体分娩，那场面非常壮观。

所有的母牛羚都站着分娩。人类无法察觉弥漫在空气中的狮子的气息，牛羚却可以。当周围没有危险时，牛羚也会卧着分娩。但哪怕一丝疑似危险的气息都会使它们保持站立，做好随时逃跑的准备。掠食动物几乎都会扑向牛羚宝宝。虽然它们的肉不多，但要抓住它们不费吹灰之力。掠食动物也会攻击正在分娩的母牛羚，因为此时的母牛羚无力反抗，且无法逃跑。

分娩时，幼牛羚的头先从母体中露出来。然后，母牛羚便摇身变为"旋转木马",在原地快速转圈。由此产生的离心力使幼崽脱离母体,迅速坠落在地。

才出生3分钟,小牛羚便开始学习站立和行走。7分钟后,它就能跑了。在所有有蹄类动物中,牛羚属于最早熟的一类,这是有原因的。4天后,小牛羚就已经能从鬣狗的爪下逃脱,这也是必需的,因为它们珍爱生命。

与大象一样,在分娩后的几秒钟内,牛羚母子通过鼻对鼻的相互嗅闻,彼此之间便建立起一种无形的、密不可分的联系。

仿佛有一种魔力唤醒了动物的母爱。即使像牛羚这样自私自利的生物,也会因分娩后给孩子的一吻而瞬间转变为一位无私的、愿意奉献自我的母亲,不过,仅仅是对它自己的、刚嗅过的孩子,对周围的其他小牛羚,它的态度依然冷漠。同样,在自己接下来的生命旅途中,身处拥有数以千计成员的牛羚群中的小牛羚也只听妈妈的话。我们称这种现象为"后代特征"。

那么,如果混淆牛羚间的母子关系,会发生什么呢?如果在雌牛羚一产下幼崽后,就立即用游客的汽车分散它的注意力,并同时让另一只还未产子的雌牛羚嗅一嗅这只小牛羚,会发生什么呢?如此一来,刚出生的小牛羚会将这只雌牛羚视为母亲,且至死都不会改变这一执念。而对任何一只当下未分娩的雌牛羚而言,新生儿的气味毫无意义。因此,它也不会给这只陌生的小牛羚喂奶。它会用角粗暴地顶开这只可怜无助、绝望地靠近自己的小牛羚,而接下来,就是秃鹫的事了。

不过,就在我观察牛羚分娩的过程中,一个狮群突袭了牛羚群,然后发生了一件荒诞且令人震惊的事。慌乱中,一只正在分娩的母牛羚直接在我们汽车的排气管后产下了幼崽,然后疯狂地奔逃,没有回头望一眼。这只无助的小可怜闻到了车子排出的废气……此后，这辆越野车就变成它的"妈妈"，车开到哪儿，它便跟到哪儿。

这种情况近乎无解！幸运的是，我的黑人司机埃弗里斯特（Everest）收养了这只小牛羚，并把它带到阿鲁沙附近的家中，由他的妻子将其饲养长大。

动物保卫自身的本能有着无限的力量，但当遭遇突发事件时，有些本能行为却与造物主的本意有所出入！在正常情况下，对动物而言，听从内心的本能呼声就是最安全的保障，但倘若人的介入导致出现非常状况，悲剧便会发生。

尽管许多动物完全没有习得相关知识，但在大多数时候，它们能为自己或是孩子的生存做出正确的选择，这一点总是让我感到惊奇，似乎它们受制于一种维持生命的更高的力量。

狨猴爱胞衣
分娩时刻的谜团

然而，在动物园饲养的非自然条件下，会有不寻常的事情发生。在圣地亚哥动物园里，一只来自南美洲热带雨林、体形娇小的白耳狨猴斯特拉即将生产。和其他动物一样，它正在经受着分娩时剧烈的阵痛，但没有叫出声。有些动物会无声地忍受着这种疼痛，如若不然，掠食者便会闻风而至。

当30克重的孩子出生时，母猴斯特拉仍精神恍惚，随后，胞衣被排出体外。这时，令人难以置信的一幕出现了：斯特拉无比温柔地抱起了胞衣，久久打量着它，然后小心翼翼地将其紧贴在胸前；而对自己诞下的幼崽，它却置之不理，任其躺在水泥地上。由于从未与群体中的成员共同经历过分娩，那些被关在笼中独自长大的小母猴也会误将产下的孩子和排出的胞衣当作双胞胎，一并抱在胸前。

母猴这种错误行为的原因可能是，如我们所观察到的，白耳狨猴是由雄狨猴来承担照顾幼猴的任务的。但是，在这个案例中，那个狨猴父亲并不在动物园的笼子里。

分娩是怎么回事？孩子该是什么模样？斯特拉从何处知晓这些问题的答案呢？没有谁为它示范。它只能感觉到一个让自己异常疼痛的东西被排出体外。如果它要报复这个刚离开它身体、让它备受折磨的家伙，谁又能责怪它呢？不过，这样的事从未发生过。相反，一股神奇的力量正在这只刚升级为母亲的动物体内觉醒，促使"她"爱上手中这个不可思议的东西，即便它只是胞衣。

这就是动物身上似乎令人费解的伟大母性。它能让万物超越思想的界限，由彻头彻尾的利己主义者变得对自己的孩子宠爱有加。没有哪个成为母亲的动物能抑制自己对孩子无私忘我的本能。

为了不让孩子忍饥挨饿，它已做好挨饿的准备。为了给孩子一个温暖干燥的环境，它忍受着严寒和雨水。为了孩子的生命得以延续，它带着自我牺牲的觉悟迎向来犯的掠食者。动物妈妈们已做好直面食物匮乏、无尽劳累、为哺育后代而不知疲倦地觅食以及冒生命危险的准备，绝不后退。

为什么要这么做？其动力是什么？因为**动物母亲会感受到一种无法描述的极其强烈的幸福感，这种感觉是本能行为的伴生现象，这种幸福感消除了动物母亲所有的怨言和痛楚。**

一些女权主义者并不热衷于这些事情。对她们而言，个人利益要比孩子的幸福更重要，因此，她们称这一现象为"母亲的陷阱"：一个看似无足轻重的自然的过程在妇女或雌性动物身上发生了作用，使其落入陷阱。无论她愿意与否，她都被塑造成了一名优秀的母亲。

这种情感联系以同样或类似的方式存在于其他哺乳动物母子之间。这里仅对动物行为学研究的相关丰硕成果做一个简短介绍：

雌长颈鹿为了保护孩子，甚至会对狮子发起攻击，用蹄子将其踢出 5 米远；在同样的危机下，雌鼠会赌上性命尖叫着扑向一只牧羊犬；雌海豚为了从鲨鱼口中救下孩子，会长时间地撞击鲨鱼的侧翼和两鳃，直到鲨鱼沉入海底死去；矮小的雌凤头麦鸡会疯狂地鸣叫，不停地拍打翅膀，以赶走草地上即将从它的巢穴上踩踏而过的羊群；雌野兔可以跳到 1.5 米高，并用一双后腿猛力踢向攻击它孩子的秃鹫；帝企鹅们每年有 252 天在严寒、暴风雪以及昏暗的南极夜晚中度过，它们可以一连数周不进食，为后代抵御刺骨的寒风，避免小企鹅夭折；雌僧海豹则会为了给孩子喂奶、给予它们悉心照料，而导致几周内体重骤减近 200 磅，变得瘦骨嶙峋……是的，这样的例子还可以写上上百页。在一种更高级的、以生存为目的的力量驱动下，自然界所有原本自私自利的动物的上述行为都是母爱本能的表现。

然而，鸟类展现母爱的自然过程却略有不同。

来自鸟蛋里的交谈

鸟类的母爱如何觉醒？

对鸟类而言，孵蛋可要比简单地蹲在蛋上、尽可能偷懒并等待解脱复杂多了。雏鸟破壳而出的前两天尤为关键。还未孵化的鸟很容易头朝下躺在蛋中，这样的姿势会给它带来痛苦。然后，它会粘在蛋壳上，无法破壳而死于蛋中。蛋里温度过高或过低也会使未孵化的鸟夭折。

为了避免这类危险发生，在雏鸟破壳的前两天，便会发生一些神奇的事情。雏鸟会发出"抗议声"。随即，雌鸟便用嘴翻动鸟蛋予以回应。可是，雌鸟无法看到蛋内的情况，它是如何知道雏鸟的位置是否正确的呢？很简单：它会不断翻动蛋，直到蛋里的雏鸟不再发出抗议的吱吱声，而是发出"现在舒服啦"的呼声。

玛格丽特·文斯（Margaret Vince）通过研究发现，在破壳前，这些娇小的、还未发育完全的蛋里的住户就已经能同自己的父母以及同样还在蛋里的兄弟姐妹们"聊天"了，它们甚至有好几类聊天话题。

话题一就是刚刚提到的抗议声。在此基础上，雏鸟会在破壳后发出"哭泣声"，也就是所谓"孤独者的呐喊"，那是一种寻求结交的呼喊声。这种呼喊声类似于人类婴儿要求与母亲接触时发出的哭声。

话题二是由雌鸟发起的。从它的第一枚蛋开始"说话"的那一刻起，它那为人熟知的咯咯叫声也第一次响起，这意味着它成为一名母亲了。这种咯咯声的大意是："别害怕，我在你身边，会照顾好你，让你舒适的。"听到这种咯咯声，那些未出生的雏鸟就会立刻安静下来。

话题三是与母亲发出同样安慰声的物体。雏鸟在蛋里就已经学着通过声音来辨别母亲。在破壳后，所有鸡形目和雁形目以及其他所有早成鸟的幼鸟只会接近那些发出自己在蛋里就已熟悉的声音的活动物体。它们认为只有这类物体才值得信任。此外，也有妇科医生猜测，人类新生儿也同样是凭借声音找到母亲的。

话题四是蛋与蛋之间的"谈话"。兄弟姐妹们商定破壳时间。因为对所有的早成鸟来说，一窝的雏鸟必须几乎同时来到这个世界。蛋壳开裂发出的"咔嚓"声就是破壳的信号，这种声音不会与其他的通告声或是偶然出现的嘶嘶声相混淆。

破壳日前两天，当胚胎开始使用肺呼吸（空气先是来自蛋内部的气室，外界空气通过后来壳上被啄出的小洞进入蛋中），最年长的几只雏鸟便发出响亮的、如鼓乐礼炮般的咔嚓声，开始为它们来到这个世界倒计时。

这场由那些已充分发育的蛋演奏出的"咔嚓"音乐会，能明显加快其他蛋中雏鸟的心跳、呼吸与新陈代谢，加快它们的发育速度。而且，共同破壳的信号声能让它们精力充沛。反之，那些发育较慢的蛋也会通过较慢的咔嚓声来延缓它们哥哥姐姐的成熟进程。听起来就好像在说："你们再等一下，等我们跟上来！"然后，当蛋发出的咔嚓声节奏相同后，所有雏鸟几乎在同一时间从狭小的壳中钻出来。

话题五是孩子对母亲发出的信号："我们就要出来了。请你做好准备，等会儿你就不用再孵化我们了，而是给我们喂食，带领我们！"

为适应这种工作上的转变，雌鸟需要在身体机能和行为上做出巨大调整。如果没有调整成功，就会同马克斯·普朗克研究所的研究员埃里克·博伊默所做的实验那样，发生可怕的事情。

他从一只母鸡身下拿走了几枚距破壳日只剩3天的鸡蛋，并放进孵化箱孵化。然后，他在这只母鸡身下放入同样数量未受精的鸡蛋。母鸡继续孵蛋，好像什么也没发生。当孵化箱中的雏鸡破壳而出后，博伊默将它们塞在那只蹲伏在没有动静的蛋上的母鸡的翅膀下。第二天一早，他吃惊地发现，一夜间，母鸡啄死了所有的雏鸡。而它仍若无其事地继续孵着那几枚未受精的蛋……对自己身下冰冷的雏鸡尸体视而不见。

因此可以说，鸟类的母性本能和其孵蛋的本能完全不同。唯有蛋里的"小居民"发出的细微声响才能唤醒鸟类的母性本能。这就是说：雌鸟需要通过声音信号才能成为母亲。

另一方面，来自雏鸡的动力，无论多么微不足道或乍看起来多么无关紧要，都能使母鸡的性情发生巨大转变。一只带领雏鸡的母鸡，平日里会在公鸡的威严下顺从地伏在粪堆上，而现在，它却能在危急情况下暴怒起来，向粗暴对待雏鸡、比自己强壮的公鸡发起攻击。

第二节　母爱之源
——母子关系建立过程中伴生的生物化学反应

母性本能的促成物
养育行为的发动器

在前文中，我们了解到：动物的结对本能是随着一种名为催产素的垂体后叶激素在血液中循环时起作用的。动物母子间出于本能建立感情的过程中是否也有激素产生呢？

1972 年以前，尽管研究人员进行了大量研究，希望通过注射激素，人工激发动物的母性行为，但一直未能成功。就在 1972 年，美国罗格斯大学新不伦瑞克分校的约瑟夫·特克尔（Joseph Terkel）教授和杰伊·罗森布拉特（Jay S. Rosenblatt）教授成功取得了一些前所未闻的成果。

他们将 5 只新生的幼鼠放到一只陌生的、从未交配过的雌鼠的柔软的窝里。然后抽取另一只母鼠的血液并注入那只未交配过的雌鼠体内。这一步关键的细节是：抽血必须在母鼠刚刚结束分娩并开始履行母亲的职责时进行，时间不能太晚。

　　输血后发生了什么呢？一开始什么也没发生。这只未交配过的雌鼠蜷伏在 5 只小老鼠旁边，好像它们都是石头。但 14 个小时后，雌鼠开始表现得像位母亲了。它突然开始舔舐幼崽，把它们安置到安全的地方，还让它们吮吸自己的乳头，虽然没有生育后代的它还无法分泌乳汁。

　　使雌鼠萌生母性的关键在于，抽取血液既不能早于产崽前 24 小时，也不能晚于产崽后 24 小时。说来奇怪，从一只已经充分履行母亲职责数天的母鼠身上抽取的血液无法唤起未交配雌鼠的母性情感冲动。在此之前，这一看似不重要的条件未得到重视，因此，在 1972 年以前进行的所有类似实验都以失败告终。

　　这再一次证明了：重要的事情就发生在母亲全心全意投入分娩的时刻，在待产母亲体内的血液里显然存在着"母性本能的促成物"。而在分娩结束的一天后，这些激素又会消失。不过没关系，这些激素只是为了激起雌鼠的母性，促使它们照料孩子。

　　一旦这个"发动器"被启动，即使没有（外在的）"马达"，它也会继续运转。对哺育孩子的雌性动物而言，它们身上的母性本能一旦发动便不会停止。在它们身上，母性表现得淋漓尽致：它们无微不至地照料、关怀自己的孩子，如果自己的孩子成为掠食者的口中餐或夭折了，它们便会将其他母鼠的幼崽视为自己孩子的替代品。

　　这种"母性本能的促成物"是什么呢？美国杜克大学的动物学家 P. H. 克洛普弗（P. H. Klopfer）对此进行了深入研究，得出如下结论。在分娩过程中，更确切地说，是在宫颈扩张期间，神经垂体会释放催产素进入血液循环。它的作用体现在以下几点：

1.刺激子宫肌收缩，引起阵痛，开始将孩子排出母体；

2.促进乳腺分泌乳汁，刺激乳腺小叶末端腺泡收缩，这一过程称作"乳汁发射"；

3.突然激活潜伏在下丘脑区被"预先设定"的母性行为模式，大自然将借此实现预先设定的母性行为，建立起母子间的情感纽带。

胎儿通过宫颈5分钟后，母体内便停止释放催产素。进入血液循环中的那部分催产素将逐渐减少，并于一天后完全消失。在激素对母亲的养育行为具有促发作用得到证明的同时，这也证明了母子情感联系的建立是一种自然的冲动行为。

这难道不正是母爱的神秘之处吗？某种化学物质突然在血液中循环，而且还是令人难以想象的十万分之一克的小剂量？这些微乎其微的物质拥有控制万物情感世界和驾驭一切行为态度的原始力量，使得所有具有育幼行为的雌性动物，无论其性情如何，都会在瞬间成为一名养育孩子的母亲。

催产素是母子之间情感关系的纽带。此外，有人预测：这种激素对父子之间以及动物群体之间的情感联系也有作用。显而易见，催产素是一种在多个层面起效用的物质，将两个或多个个体相联结。至于是对谁起作用，是对配偶、父母与孩子组成的共同体，还是对一个群体起作用，显然取决于时间、外部影响以及体内生理器官是否做好了准备。

此外，另一个现象也与结对本能有明显相似之处。在交配过程中，确切地说，当雌性达到高潮时，阴道深处的子宫剧烈收缩。与分娩类似，此时也会有催产素被释放并进入血液循环。艾雷尼厄斯·艾布尔－艾贝斯费尔特补充道："这些都与以下事实相符，首先，在母子之间得到发展的自然情感机制也普遍存在于成人的交配过程中，从而强化雌性对雄性的个体间情感联系。"克劳斯·伊梅尔曼将所有在母子建立感情联系阶段发生的事统称为亲情形成过程，将激素影响特别强烈的阶段称作"敏感期"。

相应地，受激素刺激影响的感情联系也有强弱之分。激素对灰雁的结对天性有较强作用，对人类则较弱。在动物界，亲子间的感情联系在自然力量的作用下牢不可破；而在人类身上，依据分娩时或分娩后的情形，这种情感或强或弱。

我们人类母子之间的行为也是由刚刚描述过的自然法则决定的吗？还是说，人类的母爱是与此完全不同的？

残忍对待自己的孩子
人类母爱的两个层面

人类的母爱分为两个层面：一个是精神、伦理、道德层面的母爱，另一个则是源于自然本性的母爱。许多儿童教育家、社会学家、母婴手册的作家以及专门为年轻父母提供意见的杂志编辑，都忽略甚至盲目地反对天性或本能层面的母爱。

这些轻视自然本性的人对其观点的解释理由单一：他们认为博爱的精神力量就已经能保障宝宝身心的健康。对那些充分拥有这种精神力量的父母，我只得认同这种观点。深受道德因素影响的母亲也许会因必须剖宫产而无法体验自然分娩；或因早产而不得不将孩子放在恒温箱里，从而失去与孩子在触觉和嗅觉上的交流；或者，她会领养一个孩子。所有这一切使得自然赋予的母爱机制在初期无法得到发展，但这些并不意味着孩子的精神幸福会受到负面影响。

不同于动物的是，我们人类能够通过精神上的伟大成就充分弥补本能冲动的缺失。

但如果母亲没有这种精神力量，那么，那可怜的孩子就会在情感上有所缺失了。

相对于母爱这种自然界本能的情感力量，人类独有 * 的同情、博爱、乐于助人、责任感等精神财富则具有更高的道德含义。然而，在动物以及缺乏道德情感的人那里，这些财富在促使父母保护孩子的作用上则令人生疑。他们缺少这些情感，因此，难以承受照料孩子所带来的持续的沉重负荷。

不具备强烈道德情感的父母多得惊人。尤其是当孩子的降生对父母而言是个意外时，孩子的处境会更糟糕。在这种情况下，母亲没有给予孩子所必需的爱，她与做"母亲"的要求相去甚远，只做一些最基本的事情，往往忽视了孩子的精神需求。

如果孩子在成长过程中缺少了最基本的信任，那么，他就会变得冷酷无情，会在疯狂的攻击性与极其严重的焦虑感之间被来回撕扯。在后来的生活中，他很可能会通过毒品、失去理智的暴力与犯罪来寻求安慰。人们经常从这一角度来看待新纳粹青年的暴力行为。

年轻一代的心灵危机肇始于父母关爱的缺失。由此，年轻人厌恶自己的家庭这一祸患之源，并想要废除婚姻制度，也就不足为奇了。

但我要特别谴责那些在有孩子之前婚姻就已名存实亡的父母，因为他们认为地位与名声比对孩子的爱更重要。他们过分强调性，却对真正令夫妻双方生活在一起的力量一无所知。我还要特别谴责

---

*　关于下述特性是否为人类所独有，学术界是有争议的。读者不可盲信作者此处所说的观点。——主编注

那些宣扬要将女性从育儿中解放出来的人，因为他们忽视了亲子间感情纽带的力量，对他们而言，孩子的心灵健康似乎无关紧要。

这里展现了那些父母在精神层面上对待自己孩子的态度是多么残酷。现在，事态有所变化，但可惜是朝着错误的方向。因为那些解散家庭的人会让下一代陷入更惨重的灾难。那些没有得到母爱的人会使邪恶的种子演变成冷酷无情的现实灾难，而且，这种灾难会比我们当下所经历的更加悲惨。

在家庭以外，任何社会机构都无法保障孩子心灵的健康成长。由于（在面对非亲属成员时）个体通常都会表现出自私性，社区育儿模式已惨遭失败。在早期的孤儿院中，那些缺乏父母关爱的弃儿会由于心理问题而大量死去。

根据威廉·兰格（William L. Langer）的一项历史研究，在1840年前后，在威尼斯，被送进孤儿院的 2 000 名婴儿中只有 5 名能够活过第一年；1858 年，在布拉格，被送进孤儿院的 2 831 名婴儿无一存活；同一年，在伦敦，在被送进孤儿院的 13 229 名弃婴中，每 18 人中仅有一人能够活过第一年。罗马、巴黎、柏林的弃儿情况也好不了多少。这些国家与教会办的孤儿院实际上更像是"儿童死亡所"。

母乳这一"天然药物"的匮乏，加之缺乏安全感以及对被永久遗弃的担忧，使得这些可怜的小生命即使在面对伤害性最小的疾病时也会因感染而死亡。

一个对待孩子冷漠无情的家庭给孩子的成长带来的后果就没有这么明显了。现代药物可以阻止肉体因疾病而死亡，但是，心灵上的危机依然存在，并会对孩子的性情产生终生影响。1993 年 6 月，德国不来梅的儿科医生迪特尔·帕利奇（Dieter Palitzsch）就断言："越来越多的儿童在学龄前就遭受精神上的伤害，而医生却连应对

'常规'疾病的时间都没有。这种趋势是灾难性的。因为这些现在备受精神困扰的孩子将来通常都会成为有暴力倾向的成年人。"

请不要再对我们的孩子犯下罪孽！解决问题的方案恐怕只有一个：重组那些支离破碎的家庭。除此之外，别无他法。可是，究竟有哪些家长已经意识到这个问题了呢？

激素注射能改变糟糕的父母吗？
关键在于催产素还是父母对问题的认识？

有人提出：通过给缺乏母爱的人注射激素，可人为地唤醒或加强她们身上的母爱，将原本对孩子极度冷漠的女性变为尽心尽职的母亲。催产素这种激发母性的激素可人工合成。文森特·迪维尼奥（Vincent du Vigneaud）因此于 1955 年获得诺贝尔奖。

今天，这种神经激素多应用于妇科。但在我看来，用激素唤醒人性中沉睡的母爱的想法完全是那些远离自然、在大城市中居无定所的知识分子的异想天开，他们总是轻率地通过人为手段来干预自然，而这样做只会使弊端进一步恶化。

我们已对激发母爱的自然条件有所了解，在此基础上，我们只需将其运用于实际即可。相关的具体情形，我们将通过以下实例加以说明。

美国一位妇科领域的教授（在此隐去其名）于 1974 年进行了一项具有启发意义的实验。一名临产的年轻女士向他明确表明：分娩后坚决不要自己的孩子。在这种情况下，婴儿出生后没多久就从产妇身边被抱走，产妇既无法见到也无法抚摸自己的孩子。很快，养父母就会带走孩子，亲生母亲对孩子之后的下落一无所知。

然而，这一次，这位妇科医生采用了不同的处理方法。婴儿出生后，他声称还未找到符合产妇要求的养父母。因此，生母要让自己的孩子在身边待上几天。在这种情况下，母亲在妇产科医院见到自己宝宝的时间和当时的普遍情况一样，每天6次，每隔20分钟喂一次奶，且她每天和孩子待在一起的时间共计5小时。在温暖的灯光下，婴儿一丝不挂地躺在床上，躺在妈妈的身边，母亲轻柔地抚摸着他。倘若他碰巧没睡，母亲会深情地凝望着他。

4天后，那位教授满面春风地走进产房，说："恭喜，我们终于为您的孩子找到了一对特别友善的养父母。能否请您把孩子交给我？"

接着，令外行人意想不到的事情发生了。4天前，这位女士还明确表明：她讨厌这个未出生的孩子就像讨厌瘟疫一般，假使不把他送给养父母，她可能会掐死他。现在，这名女士再次因激动而满脸通红，叫嚷着："教授先生，您敢试试碰一下我的孩子！这是我的儿子，世上没有任何人可以把他从我身边夺走！"

后来，这位研究者得意扬扬地跟同事们说："这个实验充分证实了我的假设。分娩后的几天里，与孩子密切的接触彻底改变了这位女士的情感世界，她的态度由拒绝、厌恶转变为对孩子无限的爱。"

在之后的6年里，那位教授常在这位母亲和孩子散步时观察她。他采访了她的亲戚，并向家庭医生打听了情况。所有人都表示，即使以今天的眼光来衡量，这位女士也是一位不多见的好妈妈，从始至终都对她的孩子充满柔情和爱意。

相比冗长的理论阐释，这件事包含的道理更多。它证明：大自然赋予的母子亲情本能在人类身上同样有效。

防止危险的情感缺失
顺产、母婴同室、婴儿按摩

综前所述，我们可以得出如下结论：

1. 在人类身上，母子间的感情联系有两种形式：心灵的、伦理的、道德的形式与自然赋予的本能形式。这两种形式并不对立，也不相互排斥。相反，这两种形式共同服务于母亲与孩子。自然力量能够弥补精神力量的不足或缺失，起到重要的助力作用。如果自然力量的运转机制出现故障，精神力量反过来也能充分弥补这一缺陷。

2. 为了强化母性的力量以及成为母亲的幸福感，临盆的产妇应当尽量选择采用"自然分娩"方式的妇产科医院。

3. 此外，妈妈们还可在产后选择"母婴同室"以进一步强化母性。在母婴室里，宝宝和妈妈待在一起。有时（不仅仅是在哺乳时），在温暖的灯光下，宝宝全身赤裸地与妈妈一起躺在床上，使得母亲能与孩子保持身体上与嗅觉上的亲密接触。这就胜过了一切。

尽管如此，在过去的40年中，这些方法还是被推迟了很久才在妇产科医院得到应用。自1955年以来，数百万名德国年轻人因缺乏与父母之间的亲密关系而遭受着不同程度的情感缺失。这些关于心灵缺失的可怕案例越来越多，成为当时关乎社会命运的首要问题。埃尔温·劳施（Erwin Lausch）将此称为一桩丑闻。

另外，在当时的临床实践中，对待新生儿的方式之残暴令人难以置信。新生儿和另外几个襁褓中的婴儿一起躺在所谓的"哭闹室"

里，压根没人注意到这些孩子陷于怎样的困境中。没有人会设身处地地想一想：这些境况对孩子来说意味着什么。根据胡戈·拉格克兰斯（Hugo Lagercrantz）的研究：对婴儿而言，来到这个世界即离开母亲子宫的庇护就已经是一场冲击。

接着是剪断脐带以及拍打宝宝的屁股，以刺激他们啼哭和进行自主呼吸。在自然栖息地中，没有一只青潘猿或红毛猿母亲会忍心如此粗暴地对待自己的孩子，它们会通过嘴对嘴的呼吸来达到相同的目的。

接下来是 T. B. 布雷泽尔顿（T. B. Brazelton）所描述的那种最糟糕的情况：孩子天生就是母亲捧着、抱着的小宝贝，他渴望母亲，渴望母亲温柔的爱抚、渴望感受母亲的体温、倾听她那能安抚自己的心跳声。然而，他离开了母亲，离开了上帝，离开了整个世界，孤零零地躺在小床上，耳边充斥的全是"难兄难弟"们惊恐不安的嘈杂喊叫声。他们对死亡的恐惧感染了新来的婴儿，于是，他也开始哭闹，直到筋疲力尽，陷入沉睡。在婴儿醒来后，这种被遗弃的惶恐再次笼罩了他的心灵。在妇产科医院，婴儿初到这个世界就会遭受这般苦难，有些还会一直承受这样的痛苦。

1982 年，我在《温暖的巢穴》这本书中痛斥了这一骇人听闻的弊病。对此，一家被认为严肃且具有公民自由主义特点的报纸的女评论员愤怒地将此书批评得体无完肤。她恼羞成怒，认为我颠覆了进步女性的形象。这位蔑视自然的女士其实一无所知。书中所述观点无关女权主义意义上的女性形象，而是关乎如何减少给婴儿带来精神上的痛苦。我当时就此话题做了一场报告。一家天主教妇产科医院的女护士长对我进行了严厉抨击。之后，我与她私下里诚恳地就此进行了彻夜长谈。在结束谈话时，她说："您说服了我。明天起，我们科室将做出一些改变！"1992 年，她写信告诉我，医院已经采用了"自然分娩"和"母婴同室"的方法，她为那些因此受益的母亲与孩子感到开心。

此后，许多妇产科医院的医疗条件有了较大的改善。并且，多数是出于准妈妈们的提议，而不是基于医生的倡议。事实证明，母亲们本能的直觉比科学更利于孩子的成长。在当前人口出生率较低的背景下，准妈妈们可选择自己想去的医院，因此，在如何对待她们的新生宝宝的问题上，医生们不得不妥协。遗憾的是，直到 1993 年，这一改革仍未得到普及。不过，我们已经在朝着未来孩子心灵健康发展的方向前进了。

恐怖的"妈宝"
母爱泛滥也危险

无论母子间的亲密关系多么美好，我必须特别强调，过度的母爱也是危险的，它给孩子心灵发展造成的毁灭性危害并不亚于缺乏母爱的情况。

小家猫通常会在母猫没有奶水后离开。从这一刻起，孩子作为独立的个体，必须学会在这个世界上生存。这个时间点主要取决于同一胎幼崽的数量。如果母猫一胎生了五六只小猫，那么，它们受妈妈庇护的幼年时期在出生 6 个月后就结束了。但如果母猫只有两三个孩子，那么，小猫们在出生 8 个月后才会与母亲分开。

小猫不断长长的牙齿，使母猫在哺乳时遭受的疼痛与日俱增。因此，随着孩子年龄的增长，母猫会更加坚决地拒绝给孩子喂奶。孩子数量越少，它的哺乳期就越长。倘若只有一个孩子，由于负担较轻，它几乎可以无止境地忍受。它是如此眷恋这个孩子，即使自己 10 个月后已经完全无法产奶，也不会拒绝幼崽喝奶的请求。这只小猫把妈妈的乳头当作安抚奶嘴吮吸着。哺乳的意义从喂养幼崽转变为安抚幼崽。直到母猫生了一窝新的小猫后，这只小猫天堂般的生活才会结束。

在大城市里，家猫的主人常常会禁止他们的猫再次交配，如此便出现一个怪诞的局面：母猫唯一的孩子早已长大，无论是身形还是体重都与母亲一模一样。尽管如此，母猫依然把它视为没有长大的幼崽。当小猫试着独自跑进隔壁的房间时，母猫会立刻跳到其身后，想把它当成没有断奶的幼崽一样叼回窝里，即使因为负重而体力不支，差点倒下。这样的母爱完全变成了占有欲和控制欲。

东非贡贝河自然保护区的工作人员珍·古道尔讲述了另一个荒谬的例子，那是一个关于一只名为弗林特的青潘猿幼崽的真实故事。青潘猿幼崽在 3 岁左右时断奶。此时，青潘猿母亲会越来越频繁地拒绝哺乳，不让孩子紧贴着自己，也不允许孩子跟自己栖身在一起，而是让孩子每晚都在雨林中的其他树上搭建自己的窝。它必须逐渐独立。

但在弗林特身上，事情发生了异常。它的母亲弗洛已达 38 岁高龄了，并已显露出衰老的迹象，对一直以来顽皮的孩子已经力不从心，也不够严厉。尽管如此，弗林特仍想尽办法凑到母亲胸前。每当被母亲小心翼翼地推到一边时，它就会暴跳如雷。它倒在地上，挥舞着双臂，或是四处飞奔，发出响亮的尖叫声。弗洛不放心，立刻心软，快速追上孩子，将它抱在怀中安抚……让它吮吸母乳。

母亲这种前后不一致与经常性的纵容使得儿子在依赖它的同时变得越来越霸道。一方面它成为典型的"妈宝"，另一方面，一旦妈妈不能顺从它的意愿，它便对其进行殴打与撕咬。儿子对母亲的这种暴行持续了两年。

弗林特没有像其他小青潘猿一样，学着与小伙伴玩耍，获得同类的认同，融入群体。古道尔这样写道："它和其他小青潘猿一起玩耍的时间越来越少，它越来越频繁地独自捉虱子，而不和其他同伴待在一起。显然，它变得越发冷漠与麻木。"

由此，我们得出一个重要结论：过度的母爱也是危险的。它所造成的后果与父母冷漠所造成的后果惊人地相似。

在美国 20 世纪 90 年代提倡的抗挫败运动的背景下，我们人类的孩子接受的是激进的反权威教育。那些享有过多母爱或只是缺少参与的孩子以及那些典型的"妈宝男""妈宝女"，都表现出了一些共同的特征：不受约束的攻击性，过度胆小，以及在集体生活中难以与他人相处。现在，提倡避免过度的母爱已迫在眉睫。

第三节　父亲们究竟好在哪儿?
——存在本能的父爱吗?

天鹅父亲优于人类父亲吗?
父亲可能变成残害孩子的暴徒吗?

在美国，一位父亲平均每天照料孩子的时间有多长? 1 小时? 或许只有半小时，甚至可能只有 15 分钟? 都错了，总共只有 38 秒! 这一结论是由社会学家埃米莉·戴尔（Emily Dale）于 1977 年得出的，当时，她正受吉米·卡特（Jimmy Carter）总统的委托研究家庭问题。其中，父亲与孩子在餐桌上共同用餐的时间并未计算在内，因为他们没有花费时间照顾孩子，只是在吃饭间隙说说话而已。

德斯蒙德·莫利斯甚至认为：对"裸猿"*来说，在完成生物学上的任务后，父亲在孩子生命中扮演的角色与狒狒群中的"帕夏"们一样，都毫无意义。在对孩子成长极端不利的战后时期，这一显然大错特错的观点却得到了太多人的认同，这些人主要是男人。

在第一章中，我已经写过：无论与小狒狒是否有血缘关系，成年雄草原狒狒都必须与孩子保持紧密的友谊关系，以便在遭受残暴动物的攻击时能作为缓冲器保护小狒狒。这里所说的友谊是指雄狒狒必须充当小狒狒们的游乐场：攀缘架、碰撞缓冲器、滑梯、蹦床、保姆以及保镖。"一位成熟稳重的先生"可以是 1 只、2 只甚至 3 只雌狒狒幼崽的玩伴。反之，1 只小狒狒可能会和好几位"叔叔"做朋友。

伊夫林·肖（Evelyn Shaw）和琼·达林（Joan Darling）写道：1974 年，在东非热带稀树草原上的一个小湖边，发生了这样一件事情，由 35 只狒狒组成的狒狒群小心翼翼地走近岸边喝水，突然，响起了一阵刺耳的尖叫声，一只冒失的小狒狒坠落湖中，它尖叫着、四肢挥舞着，溅起了水花，却无法凭借自己的力量爬上岸。与此同时，它的母亲紧张地在岸边来回奔跑，边跑边挥舞手臂，发出噪叫声，却不敢跳入湖中救自己的孩子。

这时，这对母子的"家庭之友"镇定地从自己喝水的地方起身，毫不犹豫地蹚入水中，来到小狒狒身边，抓起这个大喊大叫的小东西，把它塞到那位吓糊涂了的母亲怀中，然后顺手狠狠扇了它一记耳光。显然，这是雄狒狒做父亲时所要履行的职责。

---

* 　莫利斯在《裸猿》一书中将人类称为"裸猿"。——译者注。准确一点说，人类并非全身完全无毛，只是相比于其他猿毛发稀疏得多而已；因而，若以猿来称呼人类，准确的称呼应该是"稀毛猿"。——主编注

无论在野外还是在动物园里，在未成年者面前，成年雄红毛猿和高壮猿都是温柔的、随时有玩耍兴致的父亲或父亲角色的扮演者。青潘猿就不同了。在贡贝河自然保护区，雌青潘猿会一直保护着孩子，不让孩子接触成年雄青潘猿。

　　在印度，雌长尾叶猴会在集体活动中将小叶猴的父亲从它身边赶走，直到孩子断奶后，父亲才可以和孩子们玩耍。

　　"美男子"往往是完全当不了父亲的，例如：外表绚丽的雄极乐鸟、雄松鸡、雄琴鸡、雄孔雀、雄家鸡、雄琴鸟和公鸭等。此外，所有"帕夏"们对孩子也都很冷漠。

　　当孩子待在洞穴期间，北极熊、麝鼠、仓鼠和袋獾的母亲会把它们的父亲挡在洞穴外。这样做是正确的，因为"杀死幼崽"这一残暴的念头一直萦绕在这些父亲的心头。

　　还有更多雄性动物既可能残忍地杀死幼崽，也可能全心全意照顾幼崽，比如狗、狼、家猫、狮子、老虎……这里只提及这几种。直到1980年，学者们才得到关于这类动物的明确结论：这些动物中的雄性对亲生幼崽总是乐于奉献，并仍然保持着与雌性的关系。反之，面对陌生的幼崽，它们便会露出獠牙。

　　不过，在当了父亲之后，它们就必须清楚地知道：它们与自己的孩子在什么情况下是相关的。让我们来看一下疣鼻天鹅这个有趣的例子。

　　汉堡天鹅观察台台长哈拉尔德·尼斯（Harald Niess）曾报告过这么一件事。几年前，一只雌疣鼻天鹅在茂密的芦苇丛中孵出了4只雏鹅。当母亲第一次带着它们外出戏水时，那只之前一直守卫在远处且从未见过巢中雏鹅的雄天鹅便立刻迎上来，对雌天鹅情意绵绵。这位以往随和的父亲却对它的孩子们视若无睹。

突然萌发的爱意甚至逐渐战胜了雌天鹅的母性。在呼喊声越发急切的幼鹅与发情的雄天鹅之间，雌天鹅的心越来越偏向自己的伴侣，它开始任由孩子自生自灭。5 天后，4 只小天鹅全部夭折。对此现象的一种解释是：围绕在巢穴四周茂盛的芦苇丛阻挡了 10 米外正在站岗的雄天鹅的视线，使其无法对自己的孩子产生父爱。

不幸的是，类似的情况在人类中也存在着，尽管不会造成如此严重的后果。如果人类中的父亲错过了与新生儿建立亲密联系的机会，那么，他对宝宝就会漠不关心。他的生理需求会让孩子的母亲越来越感到困扰，因此会拒绝他。随后，夫妻之间就会争吵不休，婚姻就会面临破裂的危险。

孩子既可以破坏婚姻，也可以成为婚姻得以延续的保障，因为如果父子之间建立了亲密关系，父亲全心全意爱孩子，那么，孩子会成为婚姻的黏合剂。

雄疣鼻天鹅对家庭承担的职责通常局限于站岗放哨。在湖面上出行的时候，它作为护卫，围绕着家人，而雌天鹅则在湖底觅食以喂养孩子，当孩子疲惫时，母亲让它们在自己的背上休息。但是，当母天鹅由于某种原因突然死亡，观察者之前完全不相信雄天鹅能够完成的事情，它也能够完全掌握。一瞬间，它已经完全进入母亲的角色，完美地抚平了孩子们失去母亲的伤痛。

在紧急情况下，雄非洲灰猎犬成为一名全心奉献的"母亲"。雨果·范拉维克（Hugo van Lawick）描述道："在恩戈罗恩戈罗火山口野生动物园里的一群灰猎犬中，唯一的母狗在 9 只幼崽 5 周大的时候死了。在这期间，公狗担负起了照料孩子的任务，每天回到狗窝，给孩子们喂食，直到小狗们长大到能与狗群一起捕猎。"

同样，在雌鸟被猫吃了的情况下，雄椋鸟也会无微不至地照顾孩子。但是，无论它多么拼命，还是无法将 5 只雏鸟全部带大。

身兼数职的父亲
当母亲将重任交予父亲时

照顾孩子的另一种极端体现在海马、狨猴、红颈瓣蹼鹬和灰瓣蹼鹬的身上。这类动物的母亲在孵蛋或产蛋后就会离开，将所有照料后代的任务甩给父亲。

鸵鸟父母会轮流孵蛋。但是，一旦雏鸟破壳而出，雄鸵鸟就会把雌鸟赶走，独自承担起照顾孩子的任务。只有当它和自己的至爱关系特别融洽时，才会让雌鸟留下。然后，它甚至摇身一变，成为抢夺孩子的强盗。当它和孩子们遇到另一只带着孩子的雄鸵鸟时，两位鸵鸟父亲便会扭打在一起。一方会掠夺另一方所有的孩子，因而出现一场令人愤慨的集体绑架。如果胜利的鸵鸟父亲遇到第三家、第四家，那么，它还会再掠夺对方的孩子。有一次，研究人员对此进行了统计，2 只联合在一起的雄鸵鸟从另外 10 只鸵鸟父亲身边掠夺的孩子不少于 217 只。

鸵鸟雏鸟并不需要喂食，它们能自行寻找谷粒或昆虫，因此，父亲只需履行领导和保护的职责。它能够胜任这些工作。此外，由于胜利的往往是最年长、最强壮、经验最为丰富的鸵鸟，孩子们在它这儿也能得到最好的庇护。

另一件怪事发生在虾虎鱼身上。这是一种生活在海底、实行一夫一妻制的鱼。雌鱼会把雄鱼关在产卵的洞穴里，强迫它照顾孩子。雄鱼摆动尾巴，给鱼卵输送新鲜的水。它时不时将鱼卵含在嘴里，以免其受真菌感染。此外，它还要击退入侵者。而雌鱼则无忧无虑地游来游去，大快朵颐，调理休养。

6天后，雌鱼才会把雄鱼放出来，然后，又把它关入下一个产下鱼卵的洞穴。

雄海狸在孩子出生时便要开始履行父亲的职责。它会将胎盘的一部分清除掉，以完成助产工作。当配偶外出觅食时，它就会当起保姆来，为孩子们保暖、清理、喂食。它就像一名保育员，站着走路，用"双臂"将孩子抱在身上。当孩子稍大一些时，它会教它们伐木和垒坝，这一过程长达数月。这种教育工作只有海狸父亲能够胜任。基于自身的经验，父母双方在孩子的人生道路上扮演的角色也稍有不同。

对斑胸草雀及许多其他鸣禽来说，往往只有父亲才能担任歌唱导师。

在许多动物中，父母双方共同分担着孩子的教育、喂养与保护工作。这一点，我们每个人在自家花园或公园里都可观察到。例如，当家猫蹑手蹑脚地到处寻找刚刚跳出巢但还羽翼未丰的乌鸫雏鸟时，大乌鸫就会发出警报。母亲则会轻声地嘟嘟叫着，把孩子们引入灌木丛中，从而远离敌人。而这时，乌鸫父亲则开始了一场引人注目的表演：它引吭高歌，并不断振动翅膀以引诱敌人，转移猫的注意力。如果不是它冒着危险诱敌，就会有更多的雏鸟惨遭猛兽的毒手而夭折。

在斑啄木鸟中，甚至在孩子已离巢后，父母仍遵照规则分担工作。母亲只带女儿，而父亲只带儿子！

雏鸟的"魔笛"
父爱天性的萌生

父亲对自己孩子的爱是如何产生的呢？鸟类的情况比较简单：

与雌鸟一样，仍在蛋中的雏鸟的吱吱叫声以及它们的破壳而出会激发雄鸟的父爱天性。对鸟类而言，这种声音成了一种精巧的机制，能引起强烈的情感，唤醒爱和关怀，并以这种方式激发出父亲与母亲对孩子的本能的爱。

普通拟八哥就是一个有趣的例子，这是一种拟黄鹂科的鸟。我曾在佛罗里达大沼泽地国家公园观察到：这类鸟常在长达 6 米、喜欢以鸟为食的短吻鳄身上飞来飞去，啄食虫子。

拟八哥的孵化任务通常由雌鸟单独完成。对雄鸟来说，这是个很好的机会，它可以趁机溜走，背地里勾搭其他单身雌鸟。

但是，一旦雏鸟破壳而出，鸟妈妈就必须寻求丈夫的帮助。因为单凭它一己之力已无法同时兼顾供暖、护卫以及寻找大量食物等任务。

因此，它无论如何都得设法赢回自己那不忠诚的"万人迷"丈夫。通过一种小伎俩，雌鸟在多数情况下都能获得成功：在孵化期末尾，雌鸟会做出一些妩媚的挑逗举动，修筑已凌乱不堪的爱巢。对许多鸟类来说，几乎没有什么比筑巢更能吸引异性的了，那就相当于一本所谓的"色情杂志"。似乎爱巢可以让雄鸟回忆起曾经共度的时光，从而立即赶回雌鸟身边。

这时，巢中幼鸟们可爱的外貌及它们悦耳的吱吱叫声唤起了这位"花花公子"的父爱，使得它从此以后对妻儿都很忠诚。1973 年，莉莉·柯尼希（Lilli Koenig）以红角鸮为例，在鸟类身上发现了这种父爱的唤醒机制。

哺乳动物父母双方与孩子之间的感情关系的建立则与此不同。其中，母爱由前文所述分娩过程中的激素刺激产生，但父亲并不拥有这种自然赋予的机制。不过，和鸟类一样，那些可爱的小家伙会唤醒雄性的父爱天性。

但这有一个必不可少的条件，即雄性动物与其伴侣之间已建立了情感联系。一旦它亲历了自己的伴侣是如何爱抚孩子们的，它就会与妻子一样爱护这些小家伙。如果不存在这种情感联系，如果是一只陌生的雄性动物接近幼崽，那么，就会上演截然相反的一幕：在很多情况下，陌生的雄性会变成杀戮孩子的暴徒。这种雄性杀婴的现象在狮子、家猫、长尾叶猴及许多其他动物身上都有体现。

如果人类中的父亲能在妻子分娩时陪伴在她身旁，或是在孩子出生后与孩子亲密共处，那么，他们也会将这种新奇的事情视为一种振奋人心的、给他的精神生活带来深刻影响的经历。这种感觉足以促成父子间建立起情感联系。

父爱一旦觉醒，夫妻关系也会随之加强。否则，男人就不会时常陪伴在妻儿身边。

第四节　失误意味着孩子的伤亡
——母亲职责的范围

冻死在母亲眼前
如果动物没有拯救孩子的天性

除黑顶林莺自己产下的 5 颗蛋外，假如我们在这种小鸣禽的巢中再放上一颗布谷鸟蛋，就会发生许多奇特的事情。特别早熟的布谷鸟最先破壳而出。这只小雏鸟在出生还不到 10 小时的情况下，便在本能的驱使下将它身边的所有东西，无论是蛋、雏鸟，还是鸟类专家特意放在巢中的橡皮擦或榛子，都扔出鸟巢。卡斯滕·格特纳（Carsten Gärtner）的新研究表明，布谷鸟杀害养父母孩子的行为不仅发生在正处于孵蛋期间的雌鸟不在场的情况下，在大多数时候，小布谷鸟会当着雌鸟的面施行这一暴行。小布谷鸟在雌鸟的胸脯下翻弄着巢穴，并发出嘈杂的声音。这时，雌鸟会感到局促不安，竖起羽毛来回走动。如果布谷鸟蛋孵化得太早，比如在其他雏鸟破壳的前两天破壳而出，那么，雌鸟会将它丢出鸟巢。但是，如果小布谷鸟稍晚一点破壳而出，那么，雌鸟就会对自己的孩子遭遇的生命危险不闻不问。这个身材娇小的外来者就像推土机一样，把雌鸟和巢壁之间的鸟蛋或雏鸟一个接着一个地往上挤。

康拉德·洛伦茨认为，这些小家伙临死前并没有掉出鸟巢，而是趴在鸟巢的边沿上，就在母亲的眼前扑腾，它们的脖子几乎要脱臼了，叽叽喳喳地叫着，以求上帝怜悯。接着发生的事简直不可思议：什么都没发生。虽然母亲只需要动动嘴就可以把这些可怜的小家伙重新拉入巢中，但它却坐视不管，放任孩子们横卧在鸟巢边沿饥寒交迫而死。

虽然雌黑顶林莺体内的母爱已被完全激发，但这一母爱只限于给后代供暖和喂食。大自然并没有在母性本能中预先设定"将孩子从鸟巢边救下"这一行为。由于这种情况极少发生，自然选择机制并未产生效果，只能将此事归因于这种小鸣禽太愚笨。

这就是纯粹本能性母爱的缺陷：如果发生的事情不在自然遇险设定的计划范围内，那么，动物就会做出一些荒谬的行为，甚至是对孩子有害的行为。这对人类而言是个启示，要实现亲子间情感关系的和谐状态，就必须将本能与理性行为相结合。

而所有那些在地面上孵蛋的鸟类，它们的鸟蛋或雏鸟会更频繁地掉出鸟巢。但它们都能很好地帮助迷路的蛋或雏鸟重返家园。

灰天鹅会在地上筑巢，比如在湖边的芦苇丛中或是在茂密的草丛中。它的蛋很容易"跑"出鸟巢。一旦正在孵蛋的雌天鹅察觉到这一情况，便会采取一个对动物行为学研究意义重大的行为：著名的"滚蛋运动"。1938年，康拉德·洛伦茨和尼古拉斯·廷伯根对此进行了研究。

鸟妈妈将脖子自鸟巢这一端朝着鸟蛋的方向伸展，如有必要，还会走向鸟蛋，用喙的前端轻抚它，将喙的下半部分置于鸟蛋上，然后通过向后方摆动喙，并保持蛋两边平衡，使其朝自己滚动，直到它重新回到巢中。

在这一过程中，灰天鹅的行为会表现出一些奇异的特征：假如在灰天鹅开始滚动鸟蛋后，有人故意将蛋拿走，那么，它会继续不知疲倦地把早已不存在的"东西"往巢中滚。只有蛋两边的调整动作会停止。就像自动装置一样，一旦开启，程序会自动运转。在动物行为学中，这种现象被视为本能行为与定向行为的结合。它展现了大自然如何使智力未高度发达的动物基于本能而完成复杂的救子行为。

在地面孵蛋的鸟也会将雏鸟带回巢。如果有一只年幼的苍鹭从大树上的鸟巢中爬至巢穴的边缘，那么，它的父母只会无动于衷，

图25　在地面孵蛋的鸟类（如灰雁）已发展出一种本能行为，以将巢外的鸟蛋救回巢中，这就是"滚蛋运动"

并不会对孩子出手相救。把孩子从半空中运回鸟巢超出了它们的能力范围。

但是，那些能够滚动鸟蛋、在地面上孵蛋的鸟类却可以将走丢的孩子带回巢中。奥托·冯·弗里希（Otto V. Frisch）首先以乌灰鹞为对象对相关现象进行了观察。乌灰鹞是一种生活在法国南部碎石平原上的猛禽。雌灰鹞可以温柔地用喙叼起雏鹰，将其举高，带回巢中。

从鸟类的这种行为到哺乳动物（主要是啮齿动物与食肉动物）将幼崽叼回窝或是更换住处只是很小的一步。但是，就是在这一问题上，母兽的举止可能会与我们熟悉的行为有出入。家猫的例子就证明了这一点。

四声啼哭过后才伸出援手
家猫营救本能的分步唤起

事情一切如常。家猫伊西斯生了 4 只小猫。第二天，4 只还没长毛、眼睛尚未张开的小猫在母猫身边吃着奶。其中一只叫克莱奥帕特拉的小猫特别容易饿：当它的兄弟姐妹吃饱喝足时，它仍然努力咬着乳头不放。即便如此，伊西斯还是起身离开猫窝，向前走了几步。克莱奥帕特拉依然紧紧咬住乳头，于是，它被连带着拽离了猫窝。在离窝 3 米远处，它掉在了地上，孤零零地躺在那儿。

一开始，这个被丢弃的小家伙还试图凭借一己之力找到回家的路。它用一条腿在地上划动，转着圈向前挪动。在多数情况下，小猫能用这种方式回到家中。可是，克莱奥帕特拉撞到了一块石头，因此走错了方向，最终无助地、筋疲力尽地躺在地上，一动不动。而它的妈妈早已回到家中，用体温给其他小猫取暖。

我们试着以人类的标准来评价这件事，并期待母猫看见眼前的孩子处境可怜，心生怜悯，并将它带回窝。事实上，这样的事并未发生。母猫漠不关心地躺在窝中，对丢在外面的孩子无动于衷。

然后，根据德国猫科动物研究专家保罗·莱豪森（Paul Leyhausen）的研究报告，当时发生了特别的事情：那只孤独可怜的小猫咪短促地叫了一声，声音在母猫耳边一闪而过。但是，它仍然躺在窝中，没有动。

在小猫发出第二声呼唤时，母猫稍稍直起身，并保持那个姿势，像标本一般纹丝不动，仿佛它只是被人用一个无形的滑轮向上拉了一下。

在小猫第三次呼唤时，母猫似乎有点不情愿地将身体又向上耸了耸，却始终保持着四肢微微弯曲的姿势不变。

直到孩子第四次呼唤，它才终于站起身，缓慢地朝小猫走去，把孩子带回家中。

就家猫而言，只有孩子的求救声才能激发母亲的营救本能，确切地说，直到呼救"电话铃声"响起4次后，它才会做出反应——然后，猫母亲除了施以援手就别无其他行为，这就是本性。

这个分步步唤起家猫营救孩子的本能的事例令人印象深刻，它表明：有种超越所有理智的力量在控制着动物母亲的行为。驱使母亲做出营救孩子的行为的那种情感必须逐渐建立，直到足够强大时，它才会促使母亲采取行动。

是否应该放任孩子哭喊？
内含多种情感的母爱本能

通过对动物行为的相关研究，我们可得到关于人类的一个重要结论。

　　一个刚生第一胎宝宝的妈妈时常会受到各种情感和外界因素的影响，从而产生困惑。对同一件事，妈妈手册中的结论可能与另一本亲子杂志中的截然相反，塞尔玛阿姨说的又是另一个观点，女邻居还会将第四种观念强加于她。即使没有外界的怂恿与干扰，内心的各种情感便已自相矛盾。比如，我是否该放任孩子哭喊？还是应该抱起他？内心有一个声音在说："帮帮这可怜的小家伙吧！"而另一个声音却说："我终于可以安静一会儿了！"

　　当下最盛行的、同时对孩子贻害无穷的无稽之谈总体上分为三类：

　　　1. 经常哭喊能让孩子拥有强壮的肺，所以，任他哭喊吧。

　　　2. 夜里孩子啼哭，不能去抱他，否则，孩子会变得骄横放纵。

　　　3. 如果一个婴儿在白天毫无缘由地啼哭，可一旦有人走近，他便停止哭泣，那么，这个孩子只是想要人抱，其实根本没什么事儿。

　　如果母亲们不具备（设身处地、感同身受的）拟他性同心能力，而固执地遵守这三项原则，就会给孩子带来极大痛苦。我会简要解释其中的原因，更详细的相关内容请阅读伯恩哈德·哈森施泰因的相关著作。

　　如何在这个错综复杂的迷宫中找到出路呢？有一个解决问题的方法：当身为母亲的女性内心有一种强烈的感觉觉醒时，这种感觉会为她指点迷津，告诉她什么是对孩子有利的，而这种"潜意识的建议"一定是正确的，但这时，母亲应该克制自私的意图。

许多母亲在面对哭闹的孩子时总会疑惑：如果每次孩子啼哭时，我都去抱他，会不会把他培养成一个叛逆的人？或者，另一些人的观点才是正确的：如果一直放任孩子哭喊不管不顾，那他今后会成为一个叛逆的人？依据玛丽·安斯沃思（Mary D. S. Ainsworth）和布雷泽尔顿的观点，**那些啼哭时没人搭理的孩子会丧失对父母最基本的信任，以致在今后的生活中变得冷酷无情，与父母作对。一哭闹就得到父母拥抱抚慰的孩子，也同样会变成爱闹事的人。**

在通常情况下，事情会是这样的：**孩子长大后的性情取决于父母给予孩子的信任感。如果孩子时刻拥有安全感，那他就会成长为心理健康的人。相反，如果父母无情地任由孩子哭闹，使得孩子丧失与父母之间的信任，那么，孩子必然会从嗷嗷待哺的婴儿逐渐变成一个反叛分子。**

所有持单因素观点的教育理论家的错误在于：他们向人们传播的观点总是从一个极端走向另一个极端。然而，和谐生活的精髓是中庸之道。为了做到这一点，**身为母亲无须遵从任何理论，而应顺从自己对孩子的情感，倾听内心的声音。**

在孩子刚出生的几周内，事情还比较简单。在这一时期，新生儿还不具备利用父母善意的能力。他之所以哭喊，往往是因为他感到惶恐不安、饥饿或是疼痛。这种情况下，一定不能让他孤单一人陷于无助。

直到几个月后，孩子才开始具备利用父母疼爱的技巧。然而，母亲对自己的孩子非常了解，她知道如何区分孩子撕心裂肺的哭闹声和真正的求助声，并根据不同的声音采取相应的措施。前不久，人们试图解码孩子的"啼哭语言"，利用唱片为母亲们解释孩子发出的每种声音所表达的意思，可惜以失败告终。孩子的啼哭声存在巨大的个体差异，因而无法将他们的哭声及其含义类型化。

孩子心灵的健康成长要求父母兼具以下两点特征：面对孩子的情感变化有如"地震仪一般"的敏感，以及因为了解这些情况而产生的理性。

动物父母具备先天的本能认知，知晓哪些事物对孩子是至关重要的，同样，新生儿的一些利于自身生存的行为方式也是与生俱来的。动物幼崽必须迅速掌握这种能力，因为它们没有时间事先学习。我们将在下文中继续讨论这一话题。

第五节　无须学习的知识
——关键刺激的一场丑闻

新生儿的保护神
雏鸡最初的生活之需

4 小时前，这只雏鸡就已经在奋力挣脱蛋壳的束缚了。然后，它成功地迈出了生命中最为费力的第一步，来到这个世界上，浑身湿漉漉的、羽毛蓬乱，疲惫地站在一所旧式农舍的打谷场上。

刚刚破壳而出的雏鸡，最初感受到的并非饥饿而是口渴。可是，它从何得知作为解渴之物的水长什么样呢？谁也没给它展示过，甚至连它的母亲，即那只孵蛋的母鸡也没有这么做过。

因此，当每只雏鸡尚未孵化时，大自然便已赋予它们"与生俱来的知识"，使得它们本能地知道什么是能饮用的。每当它感到口渴时，这种本能就会促使它下意识地啄食闪亮的物体，通常是一个小水洼或是闪着亮光的露珠。

但是，当鸡圈里有玻璃薄片或闪着银光的铝片时，雏鸡为了解渴也会啄这些东西。初生第一天，它甚至会啄食其他雏鸡的眼睛，因为它会误将眼睛当成露珠。但其他雏鸡很快就躲闪开了，因此没有发生可怕的事情。于是，这个新手很快就明白：雏鸡的眼睛并非可以饮用的水珠，之后就不再会做出这样的行为。

在动物行为研究中，我们得出这样的结论：这个"发光的物体"对雏鸡而言是一种关键性刺激。就像一把钥匙能打开与其匹配的锁一样，关键刺激能打开一个生命的本能之"锁"，使其通向某种与其相匹配的、已经预设好的、与生俱来的行为（这种关键刺激与相应本能的匹配亦称作先天协调），并使其运转起来。动物为了生存会有一些无法事先习得的行为，所有这些行为得以启动的关键刺激及相应的先天协调都是自然赋予的。这种情况尤其适用于新生儿。

不过，雏鸡能借助关键刺激快速学会区分正确的与相似但错误的事物，例如区分闪着亮光的水珠和同伴的眼睛。

雏鸡寻找食物的例子能更有力地说明这点。寻找一颗谷粒要比识别一滴水珠困难得多。此时，关键刺激就会发出指示："所有在地上的、像谷粒一样大小的物体"都啄一下，看看是否能吃。"所有地上的长条形物体"都可能是一条虫子，不过，这同样需要检验。雏鸡们一开始会犯下明显的错误：在了解"脚爪是不能食用的"这一事实前，它们会将自己的、其次是兄弟姐妹的脚爪与虫子混为一谈。

不过，出于天性而将某个物体视为食物与用喙去触碰它完全是两码事。埃克哈德·赫斯（Eckhard H. Hess）对此进行了实验。他将一颗钉子打入木板，钉子顶端露出几毫米。某一天，一只仅有一天大的雏鸡不出意料地将钉子当作谷粒，不停地啄食：经过 23 次失败后，它才碰巧成功地啄到钉子。

在出生后最初的 3 天里，由于雏鸡啄食谷粒实在太笨拙，我们不得不担心它是否能够生存下来。事实上，如果大自然没有预先采取措施的话，它肯定会饿死。这只快乐的小毛球把丰富的营养储备从蛋中带出来了，那就是蛋黄。破壳前不久，雏鸡就把仍然完好无损的蛋黄吸入体内。然后，蛋黄就在雏鸡的胃里，在它初到世界的前 3 天里，帮助它渡过饥饿危机。

现在，当我们吃早餐剥开鸡蛋壳时，便知道蛋黄的作用是什么了。雏鸡在破壳而出后的第一天，虽然看似找到了上千颗谷粒，却没一颗能吃的，因为它几乎每次都找错食物。这种情况下，蛋黄能维持雏鸡的生命。从出生后的第 4 天起，通过勤奋练习，它在觅食时变得更有把握，只要食物充足，它从此便能自食其力。

这一现象的原理与识别饮用水相同：一个关键刺激促使雏鸡采取正确行动。然而，它需要经历艰难的学习过程来完善这个行动。一只鸡得将与生俱来的能力与习得的本领相结合才能获得成功。

从卵中获得的智慧
先天本能与后天习得

自从洛伦茨和廷伯根发现激发动物行为的关键刺激后，全世界有许多研究者对此展开研究。下文将对此做一个简短概述。

一只蝌蚪变成青蛙后第一次爬上岸时，无须花费很长时间重新学习。在此之前，这种两栖动物会用它的角状下颚，将木头与石头上的水藻刮下。现在，它必须通过舌头准确无误地捕食苍蝇和其他小虫子。结合昆虫模型进行的实验表明：青蛙会捕食所有活动的物体，即使是细线上的小叶片或小石子。这种行为的信号刺激是这样的：

1. "活动着且体积比我小的"是食物，激发捕食行为。

2. "活动着且体积比我大的"是敌人，赶快逃跑，即便对方只是一头走向池塘的奶牛。

3. "活动着或不动且与我大小一样的"是配偶（性功能成熟后），激发交配行为，即使它只是一只蟾蜍、一块青蛙大小的木块或石头。

青蛙很快就学会在捕食时如何分辨美味可口的食物和不可食用的物体。没过多久，它在捕食问题上便不再犯错，但在分辨敌人及寻找配偶方面的错误却根深蒂固。

在非洲与印度诸多湖泊与河流中生活着慈鲷鱼。这种鱼会将它大约80条刚孵出的小鱼放进嘴里，这样，它的嘴就可以像婴儿车一样保护小鱼们免受敌害攻击。当附近没有危险时，孩子们便离开父母的嘴，在它们附近游来游去。可是，成年慈鲷鱼是如何"告诉"它的孩子们"敌害来了，快点躲进我嘴里"这一信息的呢？它只需做出如下三步：张开嘴；身体倾斜，脑袋朝下；慢慢地向后游。

在接收到这个由几个动作组合而成的关键刺激后，这群小鱼就会如遭雷击，闪电般游进大鱼的嘴中。

没有人告诉蝴蝶它配偶的长相。雄蝶需要关键刺激的帮助来寻找配偶，它会被所有具有以下特征的物体所吸引，并产生追求的兴趣：与自身大小一样，深色，离它很近并且以飞舞的姿态运动。

但是，这样的物体也可能是一只发出嗡嗡声的蝗虫或蜻蜓，一只小鸟，甚至是一片飞落的树叶。它始终没有学会吃一堑长一智，但在追逐"至爱"的过程中，它会用几种不同的方法检验对方是否就是自己的另一半。尼古拉斯·廷伯根对此进行了研究。

其一，检验被追求的物体的反应。在被追逐时，雌蝴蝶会通过突然转向来回应雄蝴蝶的接近。然后，它会与雄蝴蝶进行一些飞行游戏，再着陆。倘若不是这样，那一定是雄蝴蝶找错对象了，它会停止飞行，继续等待。

其二，检验气味。雌雄蝴蝶头靠着头，扇动着翅膀，用触须围成一个圈。然后，雄蝶用一双翅膀夹住雌蝶的触须，用翅膀上类似眼睛的图案擦拭，最后，在它面前行屈膝礼并由此结束表演。与此同时，如下第三项测试也完成了。

其三，蝴蝶翅膀上类似眼睛的图案会散发出一种烟草味的求爱香气。这种气味能够令雌蝶兴奋，唤起它的交配兴趣。如果确实如此，那它一定是一只雌蝶。

另一个例子很常见，德国每户人家的花园里大都有鸣禽，比如乌鸫。它们在花园里筑巢。一旦雏鸟破壳而出，需要父母喂食，它们就必须在父母到来时快速张开嘴——假如它们想吃到食物的话。是什么信号让它们知道带着食物的父母快回来了呢？它们的双眼还未睁开，因此看不见外界事物。但是，当父母飞向鸟巢掠过树叶时，会发出窸窣声。对它们来说，这就是一种声音形式的关键刺激。假如我们用手拂过树叶，相似的声音也会让它们把我们的手误认为是它们的父母。

出生数日后，一旦它们的双目能够视物，情况就改变了。这时，面对人的手，它们会蜷缩身子，深深地躲进巢中，一动不动。因为视觉信息告诉它们，靠近它们的可能是一只猫或一只黄鼬！从现在起，它们只有在凭借身形认出来者是自己的父母后，才会张开嘴。

我还能列举出许多类似的例子。无论对哪种动物，我们都能观察到关键刺激激发出幼崽进食行为的现象。此外，逃跑、战斗、捕食以及求偶行为也同样是由"**钥匙性**"刺激触发的。

相比鸟类，关键刺激对哺乳动物以及我们人的作用微不足道。然而，每一位母亲仍然能在新生儿身上观察到关键刺激：婴儿寻找母乳的自发机制。当新生儿被母亲搂在胸前时，他的小脑袋会有节奏地来回晃动，双唇做着吮吸的动作，一旦嘴巴碰到母亲的乳头，接收到这种触觉上的关键刺激，他便会立即停止寻找母乳的动作。

对我们人类而言，其他触觉与视觉上的关键刺激主要在性行为方面起作用。

世界观与研究背道而驰
海鸥雏鸟如何乞食

关于动物行为学领域中的重要现象——关键刺激，曾经发生过一桩"学术丑闻"，那是生物学史上最大的"丑闻"之一。这桩发生于 1992 年至 1993 年间的"丑闻"甚至被列入德国中小学的教学内容，因为这件事使得所有以先天性行为为基础的动物行为学研究出于世界观的原因而"名誉扫地"。

首先介绍一下这个事件的背景：受抨击的首要目标是廷伯根关于银鸥幼雏乞食行为的关键刺激的学术文章。

根据德国黑尔戈兰岛鸟类研究所研究员弗里德里希·歌德（Friedrich Goethe）的报告，从雏鸟用卵齿啄开第一条裂缝起，它奋力破壳而出的过程要持续大约 50 小时。之后，雏鸟便在母亲的翅膀下蜷缩着，时而爬来爬去，直至湿漉漉的羽毛变干，这一过程大约持续 6 小时。有时候，雌鸟会站立片刻，并保持喙垂直朝下的姿势。一旦全身羽毛变干，这只快乐的小绒球便会开始向守护它的父母乞求食物。

鸟爸鸟妈只在孩子乞讨食物时才会交出食物，没有"拜托，拜托"的请求是什么也得不到的。银鸥幼雏的乞食行为遵循如下规则：雏鸟啄食爸爸或妈妈的下喙，更确切地说，雏鸟会敲击父母下喙上的一颗红斑，这颗红斑就像是画在黄色鸟喙上的一样。这颗红斑对银鸥幼雏来说就是一种关键刺激，促使它去敲击那里。反之，幼雏啄喙的行为对父母而言也是一种信号，使其弯下身，将前胃中的食物反刍给乞食的孩子。通过这种方式，雏鸟得以吞食它出生以来的第一顿美味佳肴。

1992 年，廷伯根对银鸥幼雏乞食行为关键刺激的这种理解遭到强烈抨击和质疑，并被说成错误的实验技术导致的"没有价值的学术观点"。

攻击来自波恩莱茵弗里德里希·威廉大学动物学研究所的教授汉娜－玛丽亚·齐佩利乌斯（Hanna-Maria Zippelius）。她进行批判的理论基础并不是自己的研究，而是她的学生乌尔苏拉·艾帕士（Ursula Eypasch）的博士论文。由于这场争论对本章的主题至关重要，我将在下文对廷伯根与艾帕士二人的文章进行比较。

1. 研究细致程度上的差异：尼古拉斯·廷伯根与他的同事 A. G. 派德科（A. G. Perdeck）为了查明银鸥幼雏乞食行为关键刺激的准确特征，进行了 1 600 次试验。艾帕士女士仅做了 200 次试验。而她的核心论点"红色斑点不是关键刺激"仅立足于 7 次单独实验成果。

2. 研究对象年龄上的差异：廷伯根的实验只针对刚出生的银鸥，而且，除了在第一次乞食前将它们短暂地拿出鸟巢外，它们一直都待在父母身边。艾帕士的实验对象则是出生两天后

图 26　对银鸥幼雏来说，父母黄色鸟喙上的红斑是一种"钥匙性"刺激，使其啄击红斑乞食。如果用仿真模型替代鸟喙并呈现更鲜明的红黄色差（超常信号刺激），那么，相比于鸟喙，雏鸟更倾向于啄击模型

的银鸥幼雏，且没有父母陪伴。它们被单独关在黑暗的鸟笼中，可怜地吱吱叫着，等待实验员用手向它们投喂食物。

3. 研究方法上的差异：在实验中，廷伯根将不同的鸟喙模型先后置于银鸥幼雏前，模仿第一次喂食时的情景。艾帕士则将两个不同的鸟喙模型同时置于离幼雏 55 厘米以外的地方，观察幼雏的爬行方向。但这不符合银鸥的自然行为，因为银鸥夫妇从不同时投喂雏鸟。此外，由于距离较远，红斑看起来较小，因此无法作为刺激信号激发幼雏的乞食行为。毫无疑问，这种情况下，雏鸟爬向带有红斑的鸟喙模型与爬向另一种鸟喙模型的概率是均等的。

德国汉堡的动物学教授迪克·弗兰克和德国波鸿的动物学家克劳迪亚·维特（Klaudia Witte）还指出，艾帕士女士的研究存在基本错误，并称这种错误对自然科学工作方法来说是一种罪过。

艾帕士博士的研究不够深入细致，实施过程中出现了很多不符合物种自然规律的错误，观点存在明显错误。她的论文至今仍未在任何科学专业期刊上发表，原因可想而知。引用这样的所谓研究"成果"来全盘否定诺贝尔奖获得者廷伯根的著作的价值和意义，简直荒谬。

但她的老师齐佩利乌斯仍然反对廷伯根的研究成果。德国汉诺威高级中学的副校长、德国生物学家协会（成员主要是生物学教师）第一任主席伊丽莎白·冯·法尔肯豪森（Elisabeth von Falkenhausen）的做法则更为荒谬。她在德国生物学家协会的官方刊物、曾是著名期刊《自然科学周刊》（*Naturwissenschaftliche Rundschau*）的增刊《当代生物学》（*Biologie heute*）上写道："当下，艾帕士的批判性研究动摇了动物先天性行为理论的支柱。"而后，她谈论了"经典动物行为学的衰败"，并得出结论："在教学中，我们必须停止教授其他迄今受欢迎的动物行为学内容，因为当我们仔细分析后，就会发现，动物行为学中的诸多结论看起来都存在着疑点。"在这句话之后，是她的总结性评论："问题是，整个动物行为学的理论体系有多牢固呢？包括关键刺激概念在内的其他所有动物行为学理论根基都应当遭到质疑。"紧接着，她呼吁："应该禁止在生物学课上传授任何过时的观点！"对此，我只能不断呼吁："拯救生物学，以免生物学被这些教师摧毁！"

很快，媒体上赞声一片："动物先天性行为学遭到反驳！"电视中的文化节目，例如《题目、论点、性情》，很快将洛伦茨与整个

当集体求偶仪式达到高潮时，雄加勒比海火烈鸟会伸长脖子，发出小号般的鸣叫声。若无集体仪式所激发出的激情，它们则无法交配。动物园中加勒比海火烈鸟的数量稀少，为了扩大种群数量，饲养员通常会在其周围竖立镜子，以产生集体求偶的效果

祖潘猿正在炫耀自己堪比人类的
惊人语言能力

草原狒狒群体由雌性掌管。"大男
子主义"者都得"臣服"于雌性

青长尾猴给天敌命名，以发出准确的警报

交配中的狮子。狮群中的若干雄首领之间通常并不会彼此"吃醋"

这是一只生活在印度季风雨林中的原鸡，是家鸡的野生祖先。家鸡表现出的许多令人无法理解的行为方式其实都源于其祖先的特性。这些特性对原鸡在自然环境中的生存至关重要

一只生活在马达加斯加的冕狐猴在享用早餐时，好奇地打量并观察着我们。人类已开始研究这些不具有充分社会行为的原始灵长目动物

雌黑冠长臂猿终身保持一夫一妻制，与它的丈夫紧紧相连

生活在马达加斯加南部沿河森林带中的环尾狐猴以雌性为尊

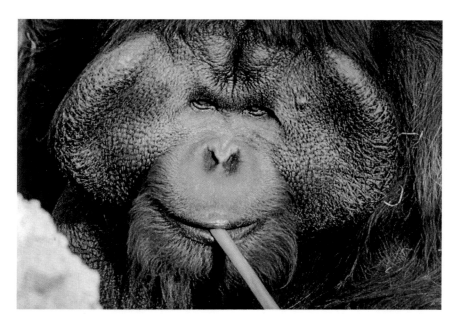

这是一只脸颊鼓起的雄婆罗洲红毛猿，它与配偶分居两地，彼此相隔几千米

这是一个生活在平原地区的高壮猿家庭。没尽到父亲义务的族群首领会遭到所有伴侣的抛弃

灰雁夫妻是彼此忠诚的配偶，但当繁殖领地内的灰雁数量过多时，也会出现外遇、
卖淫嫖娼、争执和离婚现象

非洲雌象群中的一切都以小象为核心运转。象群首领由最年长的雌象担任，所有成
员都能从它丰富的生活经验中受益

为了捕食苍蝇，一只船尾拟八哥飞到了猎食鸟类的美国短吻鳄群中。雌船尾拟八哥能从其他雌性手中重新赢回背叛自己的伴侣

一只刚刚在鸟巢中孵出的乌鸫幼雏丝毫不畏惧摄影师。它必须先了解谁是它应该畏惧的敌人

照片摄于德国朗格奥格。图片中间是一只站在孵化地里鸟巢洼地边的银鸥。第二只雏鸟即将破壳而出。在众多的雏鸟中，银鸥父母会通过雏鸟脑袋上的斑点来辨认它们的第一只雏鸟

虽然长大的袋鼠幼崽因体积过大无法再回到母亲的育儿袋中，但它仍然对育儿袋心向往之

河马幼崽还没有体会到洗澡的乐趣。为了不被掠食者发现，小河马们必须藏在水下

两只雄南非剑羚正在用角决斗。这场决斗以不流血的力量较量和双角对抗赛拉开帷幕，但也可能逐步升级为生死决斗

一只雄阿拉伯狒狒正为它所在的族群站岗放哨，尽管它早就把领导权交给了更年轻的狒狒

转角牛羚是非洲大草原上奔跑速度最快、耐力最强的动物之一

美洲短吻鳄母亲会将它的孩子藏在芦苇丛里，保护它们长达3年

晚上，我们遇到了一头非洲水牛。它是一个年迈的勇士，但在第二天早上，它却已被狮群撕碎

我们称这种白犀牛为"狡猾的家伙"。它允许作为行人的我靠近它，直至彼此相距 20
米也不会攻击我。但是，它却不允许我们的吉普车开过

动物行为学一并埋葬了。严肃报刊所谓的科学记者也随声附和，好像他们从未听说过动物行为学似的。这帮蔑视自然的可恶之人！

这场"神圣的"科学之争的主题是什么？争论的主题无异于：大多数受行为主义影响的教育学家不愿承认先天性行为方式的事实。他们认为，在这个世界上生存的生物，它们所有的能力都基于学习过程。事实上，刚出生的动物幼崽若想生存，必须刚一出生就做出正确反应，因此，它们既没时间也没机会去学习。可这些人就是不愿意面对这个事实。

这件事情背后更重要的原因是那些蔑视自然、无拘无束地在空中自由游荡的人类灵魂的傲慢与自负。先天性行为的理论被他们看成一种束缚，因为它使得人们在构想和美化世界蓝图时必须尊重既定事实。

毋庸置疑，解决动物与人类行为问题的唯一途径是将事实与可能性一并考虑：一方面是既定的自然事实，另一方面则是以此为基础、在现实框架下形成人类思想的可能性。如果不重视既定的自然基础，那么，那种想当然地认为一切想法皆可行的社会理论都注定失败。

生物学的另一种致命罪行
纳粹的种族主义

那些旨在动摇经典行为学研究根基的企图，实际并不是关于自然科学事实的争论。更糟糕的是，这是一场反对由精密科学研究所得出的事实的世界观信仰之战。

不幸的是，这并不是个案。尽管动机不同，生物学早在纳粹党当政年代便已受到打压。在所谓的"国家政治教育课"中，德国的生物老师一开始上课就讲授细胞分裂和减数分裂，以便描述染色体遗传物质的分裂机制；紧接着，便开始讲种族理论。为了使这门课披上科学的外衣，教师先讲解细胞生理学知识，随后便会介绍雅利安种族的"优越性"假说，阐释打击"劣等种族"如犹太人的必要性。

依据教学计划，当时德国所有学校都是这么上课的。由于那一时期的生物学教学参与并支持了那场导致大屠杀的暴行，这成了德国生物学教学史上最黑暗的一章。

我想以自己的名义补充一句：在目前正在进行的这场反对经典行为学研究的信仰战争中，诽谤自然必不可少。1992 年夏天，一家大型电视杂志为 5 名教授留出了两页版面，让他们撰文将我的《动物生存的世界》一书批评得体无完肤。他们中的每个人第一句话都是：德浩谢尔写的内容"全是瞎扯""一派胡言""全是错误的"。

然而，这 5 位教授其实并非动物行为学研究者，他们分别是一名兽医、一位解剖学家、两位教育家与一位分类学专家。兽医确实能很好地给兽类治病。但是，在行为学方面，他仅仅了解与自己专业领域相关的一点内容。那他怎么可能了解另一个科学领域的前沿性研究内容呢？

无论在什么情况下，我都能轻松地通过科学原始资料证明对的是我，而不是那 5 位"德高望重"的教授。在提交事实材料后，那本杂志又用了两页版面发表了一篇内容更正，而我已经通过动物行为学专业期刊的原始资料证实了我在书中所叙述的所有科学事实，且证据确凿、无懈可击。这些"德高望重"的教授能煽动起这样恶劣的行为，真是可怕啊！

第六节　母亲能被替代吗？
——孩子的心灵灾难

母爱被剥夺
幼猴常常发呆且眼神空洞

美国电器行业的一家公司一直热衷于将最新的科学知识应用于实际生活并获取经济效益。该公司于 1993 年夏天为"全自动婴儿床"刊登了广告：只要躺在床上的婴儿发出哭声，录音设备就会自动开启，发出抚慰人心的母亲的心跳声和安慰声。同时，电动马达能使婴儿床如秋千般来回晃动。一个装有温度适宜的牛奶的奶瓶会每天转动 5 次，转到婴儿的嘴前喂奶。这个设备就只差一个由电脑控制的尿布更换装置了。

当前，许多人在为实现机器人取代人类母亲职责的目标而奋斗。对此，动物行为研究者就相关内容进行了研究，他们对此作何评价呢？

为了探究这一问题，哈里·哈洛（Harry F. Harlow）与他的夫人玛格丽特·屈恩·哈洛（Margaret Kuenne Harlow）以幼年猕猴为实验对象，进行了历时 16 年的研究。我已报道过相关内容。但是，他们那令人震惊且意义重大的研究成果却早已被公众遗忘，因此，我不得不再次对其实验过程做简短介绍。

另外，一些科学家在美国威斯康星大学灵长目动物实验室中提出要求，希望能得到行为反应绝对一致的猕猴，以便更好地进行动物行为实验。这一教育领域的空想家梦寐以求的平等原则将在动物身上得以实现。而在实验中，使动物行为产生差异的主要因素，即培育孩子的母亲，则不被看作孩子行为的一个影响因素。

幼猴一出生便立即被饲养员从母亲身边抱走。每只小猕猴都被单独关在一个狭小、阴沉沉、无菌的笼子里，从此再也见不到它们的生母，由饲养员用奶瓶抚养长大。

　　不久前，我向一群十二三岁的初中生简单介绍了这项实验。这几个少年的反应很特别。哈洛这位行为主义者幻想着通过这一实验带领人类走向更加幸福的未来，但与他不同的是，那些学生则对人类居然进行如此野蛮残忍的实验感到异常震惊。他们对偏执性教条主义的批判是人类自然情感的流露！我也绝不认同这类实验。但是，既然现在实验结果就在手中，我们没有理由不分析利用它。

　　在良好的卫生条件及兽医的看管下，这些出生后就被剥夺了母爱的猕猴幼崽比那些由母亲喂养的幼猴成长得更快。它们的体形更加庞大，身体更强壮、更健康。"我们成功了，"研究者们欢呼道，"让亲生母亲教育孩子对孩子是不利的，从现在起，这种做法就过时了。"

　　然而，在之后几个月的时间里，这些幼猴的神经性病变逐渐显露出来。哈洛做了如下记录："失去母亲之后，在实验室里生活的小猕猴坐在自己的笼子里，双目空洞无神。它们在笼子里机械地绕圈奔跑，用手和双臂环抱脑袋，一连数小时都在来回晃动。强迫行为逐渐成为习惯。比如，它们会每天数百次掐胸部的同一个地方，直到流血……类似的情感病理学症状也表现在那些生活在孤儿院里的被遗弃的孩子以及精神病院里那些自闭的青少年与成年人身上。"

　　即使小猕猴们没受到半点惊吓，它们还是蹲坐在角落里，害怕地蜷缩成一团，用四肢包裹着自己的身体，似乎像是在拥抱自己，并凝视着墙壁。它们可以连续几周保持这个姿势，而且一次也不敢碰笼子里的玩具。

　　　　　　　　　　　以动物为镜子：动物们的自然生活之道

接着，研究人员继续进行实验，以观察性行为是否能治愈它们的心理问题。当 56 只在没有母爱的情况下长大的猕猴性成熟时，哈洛将它们关在一起，意在让它们交配。可结果是：所有的猕猴都没有交配能力。它们不但没有温柔地爱抚彼此、进行交配，反而疯狂地相互撕咬。

爱抚比喂食更重要
母爱元素的分离

那时，心理学家们又开始思索：能否从包罗万象的"母爱"中分离或抽象出一些元素来作为母性的特征，以便有针对性地给予孩子所需要的东西。于是，著名的以幼年猕猴为实验对象的母性模型实验开始了。

供研究的母性元素主要体现在以下两款模型器具上：喂奶器（有奶嘴的"金属丝母亲"）或幼猴可紧紧抱住、"寻求庇护"并亲热的一块柔软的毛皮（"绒布母亲"）。结果显示：相比于可喂食的母猴模型，幼猴明显更喜欢那个可搂抱亲昵的模型。当实验人员将这两个器具紧挨着放在一起后，幼猴便紧紧地抱住"绒布母亲"，而将身体扭向另一个模型，使得嘴巴能够触到奶嘴。

研究人员由此推论：他们通过实验成功地超越了自然。"绒布母猴"看起来是更好的"母亲"。它一直在孩子身边，从不会失去耐心，在孩子面前从来不会有糟糕的心情，对孩子从不拒绝、不惩罚、不打、不咬，更不会逃离，并让孩子的天性不受影响地自由发展。简言之：它是一位既不严厉也不会束缚孩子的"理想母亲"。

哈洛夫妇再次误以为他们即将实现目标，甚至推测：人类母亲亲自照料孩子的行为已经能够由可搂抱亲昵的模型装置来替代了。

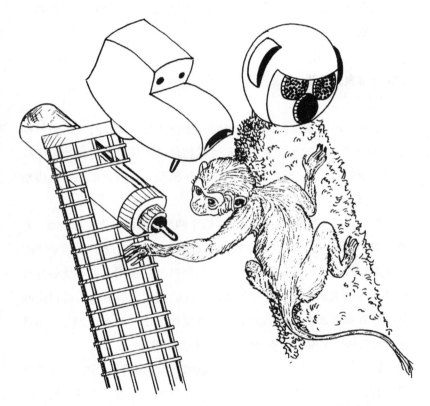

图 27　相较于喂奶，猕猴幼崽更倾向于获得亲昵爱抚。在配备奶嘴的金属丝母猴模型与不能喂奶但可供偎依的覆盖着毛皮的母猴模型之间，它们选择了后者

以动物为镜子：动物们的自然生活之道

但是，不久后，一个此前未被察觉到的问题逐渐显露出来，幼猴的情感世界一片荒芜。当它们被放在集体生活的猴笼子里时，这些可怜的小生命所表现出的孤僻、过度攻击性、过于胆小以及性功能变异，丝毫不亚于那些之前被单独隔离且没有绒布玩偶陪伴的同类。不过，它们表现出了一种对绒布玩偶而非对同类的好感！

　　某些特定意义上的个体平等的理想也在它们身上得以实现。所有在少年时期没有母亲陪伴的猕猴都同样地爱咬人，同样恶毒，同样古怪反常，甚至同样没有繁殖能力。没有真正的母亲所带来的家庭的温暖，孩子就会成长为一个完全被非理性的恐惧与攻击欲望支配的、反社会的、不幸的精神怪物。

　　在得出这一令人震惊的结果后，哈洛夫妇承认：实验结果完全推翻了他们的研究假设。我高度赞赏他们这种实事求是的态度。剥夺母爱以培育性格一致的标准化猕猴的所有尝试都立即被停止了。哈洛夫妇为事实所折服，并从那时起，成为"自然条件下的母子感情维系是孩子心灵发展的基本前提"这一观点的忠实捍卫者。

　　根据这一观点，所有从我们的孩子身边剥夺亲生母亲的关爱和温暖的意图都可被归为犯罪。然而，那些自称"家庭事务咨询专家"、反对家庭的教条主义者依然不顾这些事实，一如既往地断言：适用于猕猴的结论并不适用于人类。这又是那个关于人类独特性的命题。但对这种独特性的偏执其实是近乎犯罪的愚蠢。

　　有许多人类儿童非自愿参与实验的例子，比如在前文提及的18、19世纪的欧洲育婴堂里，几乎所有被送到育婴堂去的婴幼儿都在一年内死亡。而孩子们死亡的原因在于他们承受着精神上的极度痛苦，故而容易感染上各种疾病。

　　今天，卫生和医疗技术能够防止被遗弃的儿童因病去世。但是，他们的心灵困境、内心冷酷、无规律交织的恐惧感与攻击性及犯罪倾向在他们的一生中都如影随形，如蛆附骨。在这些孩子身上，我们观察到了最极端的后果：他们往往无欲无求，对任何事都没有兴趣，易吸毒成瘾，产生非理性的恐惧感和攻击性，以虚无主义的方式反抗一切，有犯罪和暴力倾向。对此，我们称为神经质堕落。律师们已习惯将这类人归为"棘手的青少年"，并会在处理案件时帮其减刑。

不过，在哪些情况下年轻人会因受父母所伤过重而导致精神痛苦、心灵伤口无法愈合呢？他们又能够在哪些情况下自愈、重新融入社会呢？至今，几乎还没有人思考过这个问题。

极端的仇恨与闻所未闻的恐惧
心灵困境的原因

还有一个最重要的问题亟待澄清：动物或人类的孩子在幼年成长时期缺乏母爱的情况下，到底是什么使其精神世界陷入混乱？通过一系列实验，哈洛夫妇回答了这个问题。

一些猕猴幼崽再一次被用作实验对象，它们一出生就被从母猴身边带走，但在 12 个月后，又被重新送回母亲身边。在与生母重聚后，这些幼猴表现出强烈的恐惧感，且长期无法摆脱这种感觉。它们没有接受母亲善意的接触，并且回避在正常条件下成长的同龄同类所有的玩耍邀请。在持续的惶惶不安中，它们自己选择了一种远离群体的生活方式，这一状态持续了整整 12 个月。

然后，长期的焦虑惶恐突然向截然相反的极端状态转变。在没有任何外因的情况下，原本胆怯畏缩的幼猴突然爆发出令人难以捉摸的可怕怒火，失去理智地对所有东西及每只猕猴发泄怒火，甚至狂怒到残杀同类。出人意料地，这些心灵扭曲的小猕猴不仅会袭击弱小的同龄幼猴，还会攻击自己的母亲或其他成年猕猴，甚至对体形庞大、身体上占优势的群体首领发起攻击。它们虐待弱小，试图通过突然袭击来杀死比自己强壮的同类。在攻击同伴的同时，它们的身体又总是因为极度恐惧而颤抖。

据研究人员所述，这些可怜的猕猴无法实现内心情感的和谐，也未能在恐惧和攻击性之间找到平衡，它们无助地徘徊在两个极端之间，整个精神世界也因此而分崩离析。

提及年轻人堕落后最可怕的表现，人们都会不由自主地想到在当今社会中，甚至有中学生携带武器，并肆意伤害甚至谋杀同胞。

母亲对孩子的爱、家庭的温暖以及孩子出生时所获得的安全感是能够令那些产生非理性恐惧和盲目攻击欲望的极端自然之力和谐统一的唯一力量，简言之：起作用的是孩子对母亲的基本信任。对此，哈洛称之为"情感发展三部曲之母爱、恐惧与攻击"。

儿童精神病医生们每天都会面对心理发育不全的孩子所表现出来的各种最糟糕的情况。对于将猕猴实验中得出的结论应用于人类这件事，他们表示完全认可。不出所料，他们认为：那些深受意识形态影响的社会学家的观点是错误的。在实践中，这些社会学家的亲社会意愿反而会导致孩子们出现心理反常及相应的不合群行为。对此，他们置之不理则是对孩子们的一种背弃。

如果读者想进一步了解人类精神分析学的新方法，请参阅约翰·鲍尔比（John A. Bowlby）的著作。

孩子也要经历父母曾经历过的苦难吗？
心理治疗问题

起初，人们担心，我们的孩子因在家中严重缺少关爱而导致雪崩式连锁反应。也就是说，当那些在成长过程中缺少关爱的人有了自己的孩子和孙子后，他们的后代在成长过程中得到的关爱可能比他们儿时所得到的关爱更少。幸运的是，这些最初的担忧大多数都未得到证实。猕猴实验预示了最糟糕的情况。

哈洛希望知道从小失去母亲的雌猕猴会如何对待自己的孩子。由于实验中的雌猕猴不具备交配能力，研究人员对其进行了人工授精。在孩子出生时，猕猴母亲却待孩子如待一堆废物那般。母猴任凭孩子躺在一边，不予理会，也没有表现出要给它哺乳的意思。当那个小家伙总算成功地抱住自己的生母时，那位母亲却愤怒地甩开了孩子，将它扔向角落，或将它当作抹布用来擦拭地板。

由于母猴自己在缺乏关爱的环境中长大，因此，它完全没有能力给予孩子以自己曾非常渴望的关爱。与自己幼时因缺失母爱而承受的痛苦相比，母猴给自己的孩子带来的心灵创伤更为严重。这样就形成了恶性循环，至少在猕猴身上，事态会持续恶化。

从我们人类身上发生的一些极端事例中，我们也能得出同样的结论，对此，儿童精神病医生深有体会。通常，必须对道德上堕落的孩子给予特别的关怀和照顾。粗鲁的父母会把自己的孩子打得遍体鳞伤。孩子们的哭喊声不但无法唤起同情与援助，反而会招来更猛烈的怒火。无缘无故的体罚激起了孩子与父母对抗的攻击性，直到他们萌生强烈的暴力犯罪冲动。

幸运的是，大部分在缺乏关爱的环境中成长的人在有了孩子后并没有对孩子给予更少的关爱。相反，他们觉得必须在自己孩子身上弥补很多自己的父母曾经疏忽的关心与呵护。

总的来说，我们可将人们对妇产科医院"自然分娩"与"母婴同室"的追求视为一个好兆头。裹在婴儿身上的柔软毯子能唤起婴儿对母亲的基本信任，这是一种不错的工具。此外，终于有越来越多的父母关掉了电视，将更多的时间用于陪伴孩子。

看来，孩子们心灵贫瘠问题逐渐恶化的趋势将会中断。随着二战后德国"经济奇迹"的兴起，出现了一种灾难性的发展趋势：原本因战争困境、饥饿和贫困而处于生存最低限度边缘的状态，突然转变成了对物质享受的贪婪及毫无底线的自私自利。孩子们削减了父母的物质享受。那时候还没有"避孕药"。人们让孩子感受到自己是累赘。在世界历史上，没有哪个地方的人对孩子的敌意与厌恶之情像在那时的德国那样强烈。

在整整 19 年后，正如克丽斯塔·梅韦斯（Christa Meves）说的那样，父母不得不因"垮掉的一代"的"六八运动"而自食其果。这场思想抗议运动的参与者希望对大人们实施报复，要废除维系传统亲子关系的家庭形式。然而，正是这种行为会导致后辈心灵荒芜问题越发严重，而不会为后代带来救赎和福祉。前文提及的导致亲子间关爱渐少、仇恨渐深的雪崩式连锁反应将持续决定人们的命运。

我在此重申：我们所要放弃的并非家庭，而是父母以及整个社会敌视与厌恶孩子的错误行为。对政治家们，我们也要提出同样的要求。德国政府没有为有孩子的家庭建造公租房，据说，也没有足够的资金开办幼儿园。每一项节省开支的决议都以减少子女补贴为先。家庭事务部女部长竟对此毫无疑义，坐视不管！

难道这意味着，女性应当像早些时候那样，再次扮演家庭主妇这一单一角色吗？绝对不能！每一位女性在工作与孩子之间都有自主选择的权利。如果她希望两者兼顾，问题便纷至沓来。不过，以这本书中的相关知识为行动指南，我们就能够理性地解决这些问题。关于祖父母、养父母、义父母、保姆如何照料孩子，关于在儿童教养所、托儿所、婴幼儿室、幼儿园里如何看管与照顾孩子，以及对在医院长期住院的孩子的看护等问题，更具体的内容可查阅伯恩哈德·哈森施泰因的相关著作。

第七节　动物父母独裁吗？
——动物父母如何教育孩子

必须体罚吗？
河马幼崽充满危险的生命开端

在东非恩戈罗恩戈罗火山口国家公园里的峡谷中，在离盐湖不远处，有一方较小的淡水池塘，它由火山口一处斜坡上的涓涓细流汇集而成，那里是几十只河马的小天堂。在这样一小片水域中竟然生活着几十只河马，这可真令人吃惊！

水塘如此浅，以至于当这些身强力壮的庞然大物的腹部触碰到泥地时，背部仍然会有一小块地方暴露在太阳底下，因而面临着被烈日灼伤的危险！这就意味着它们需要涂抹药膏！这是开玩笑吧？这不是玩笑，它们的皮肤腺体会分泌出一种自产的油状粉色液体——一种天然的防晒良药！

此外，为了避免皮肤被烈日灼伤，河马的尾巴会像螺旋桨一样摆动，将水准确无误地甩到暴露的部位。这些 3 吨重的大家伙有时还会背部朝下，躺在水中。这样一来，人们就可以从上方看到它们的腹部和正在挥舞着的柱子般的四肢。

若想观察到更有趣的现象，就要有耐心做长时间的等待。1992年8月，当我在芦苇丛中拍摄一群夜鹭时，正好就在那群一边戏水一边发出呼哧呼哧喘息声的"会行走的巨型褐色香肠"附近。这时，芦苇丛中突然出现了一只雌河马。它身边的小河马则紧紧地依偎着母亲。几秒钟后，那两只河马便消失在芦苇丛中。

那只小河马一定才生下来没几分钟。正如汉斯·克林格尔（Hans Klingel）所观察到的那样，雌河马会离开河马群，去隐蔽的地方分娩。就像香槟瓶口的木塞一样，河马幼崽快速脱离母体，落到地上，浑身上下包裹着血与羊水。高度保密对幼崽而言生死攸关。因为一旦狮子或斑鬣狗发现正在分娩的母河马，它们虽然不会立即发动攻击，但一定会在当晚采取行动。无论对狮子还是鬣狗来说，直接在白天发起攻击都是不利的，因为一只愤怒的河马能用巨嘴中的犬齿将这些食肉动物撕咬成泥。在其他地区，尼罗鳄也对小河马表现出了"强烈的兴趣"。因此，芦苇丛中的隐蔽处是河马最理想的分娩场所。

但是，即便过了好几周，这只河马幼崽仍然被母亲藏于水下。它总是紧贴着母亲，母亲只允许它短暂地钻出水面换气。如果它在水面逗留久了，母亲就会在它脑袋上敲一下，它就得马上潜回水中！

在夜里，母河马会变得更严厉。因为，这种"会行走的巨型褐色香肠"得到岸上吃草，它们全身的肌肉量惊人。夜晚是食肉动物的最佳捕猎时间，只要它们在白天发现幼崽，就可在夜色的掩护下发起攻击。

白天成群结队地在池塘中沐浴享受的河马会在夜晚单独吃草。每一只河马都拥有一个梨形的、几千平方米的"大花园"。当它们在花园里遭到狮子攻击时，母亲是孩子唯一的保护者。母河马们很少反击，通常，它们会用自己巨大的婴儿车般的嘴叼住幼崽，并将幼崽送到能使其脱离危险的水中。为了寻找水源，母河马有时得跑上1 000 米。

为了使母亲能随时将孩子藏进其"保险箱"式的嘴巴，河马幼崽必须始终在母亲身边"挨着脚"走。一旦它离开母亲的距离超过三步，母河马便会用自己的大脑袋撞击小河马，导致它连翻几个跟头。然后，这个小家伙便惴惴不安地蜷缩身子蹲下，听从命运安排。可是紧接着，河马母亲又会迈着轻巧的步伐再次回到孩子身边，用它那张大嘴舔舐、爱抚孩子。很快，孩子就明白了：只要它一远离母亲，就会受到惩罚；倘若紧紧跟着母亲，则会得到百般宠爱。

这是个典型的例子。因为这类动物不具备高超的语言能力，面对危险，它们无法用语言告诉孩子复杂的实情，也无法做出烦琐的解释，短暂的几秒钟便能决定幼崽的生死，所以它们不得不采取一种相对温和的"体罚"形式。

接着，同时也是至关重要的一步，河马母亲会将它所有的爱倾注在孩子身上。母子间紧密相连的感情纽带绝不会破裂，否则，就必然会导致孩子死亡。

此外，这个例子也戏剧化地表明，"河马妈妈教育孩子的方式是否过于独裁"这个问题是多么荒唐。无论在动物界还是人类社会，诸如"独裁"与"非独裁"这样的极端划分都是错误的。

从作为传授者的动物父母视角来看，教育孩子的关键是父母要关爱孩子；对作为学习者的孩子而言，最关键的则是它们对父母的基本信任。如果没有关爱和最基本的信任，在教育孩子的过程中，父母便永远无法获得成功。倘若二者兼备，父母则可尽管粗鲁地对待孩子，只要孩子知道父母始终爱着它们，便无伤大雅。

这与德国中学里延续至 1925 年左右才消失的残暴的体罚式教育有着明显的区别！当今学校里的所谓反权威教育，虽然从理论上看似乎很理想，但在实践中却是因为害怕审查与撤职不得已而为之，这与动物们的粗鲁教育有着天壤之别！为了学生的幸福，那些声称禁止将动物与人类相比较的教师尽可以以动物为榜样。

动物界的其他事例也将证明这个观点的正确性。

没有爱，学习就无法成功
野山羊、狮子与水獭的教育方法

当小山羊远离母亲、冒冒失失地靠自己的能力攀爬悬崖峭壁时，它们的攀爬课程就进入了一个关键期。不久，这个自满的捣蛋鬼在攀登过程中迷了路，进退两难，不知所措，坠崖而死的恐惧涌上心头，于是，它开始咩咩地哀嚎。

母羊立即赶了过来。来到小山羊身边后，它所做的一切具有重要的教育学启示意义：它没有惩罚这个擅自溜走的小家伙，没有责骂和抱怨，更没有流露出丝毫不满或怒火。相反，它先用自己的身体充满爱意地抚慰那已吓得浑身颤抖的孩子，以免它因精神恍惚而失足丧生。直到小山羊不再害怕时，才为它指明道路。母羊将前肢搭在孩子的肩膀上，这样便可以为孩子直观地展示每一步的位置，同时给予它支持和身体接触，以安抚它，直到它到达安全的地方。

狮子 1 岁半大时就已经发育成熟，能够参与狩猎大型野生动物的集体训练。两只或更多的母狮陪着狮群中的幼狮们一起寻找猎物。正如几个动物学家所共同探究到的那样，母狮拥有的完全自发的训练本能，使它们能正式教授幼崽潜行捕猎与杀戮的技巧。

一旦母狮开始匍匐前进，靠近猎物，年幼的狮子便试着努力模仿它的每一个动作。起初，幼狮们的姿态看起来极为笨拙。我常看见年幼的狮子在光秃秃的地面上压低身子，屈着腿匍匐潜行，即便四周并无可供藏身的草丛。是它们尚未理解伪装的意义吗？还是它们在为需要消耗大量体力的潜行进行基础训练呢？

"猎捕野生动物练习"中的匍匐前进可能需要幼狮们保持数小时高度紧张的状态。赞比亚卡富埃国家公园的前负责人诺曼·卡尔（Norman Carr）满怀钦佩地描述了当时发生的情况。当时，在狮群所有成员的不懈努力下，它们即将接近目标，却因一头幼狮粗心大意

图 28　阿尔卑斯山上的山羊幼崽的攀登课，母亲为其展示爬山训练中的每一步

　　　　　　　　　以动物为镜子：动物们的自然生活之道

的移动而导致所有的努力都前功尽弃。随后，在受惊并飞奔而逃的猎物身后，母狮们站起身，很快就摆脱了失望的情绪，没有惩罚犯错的幼狮。是的，它们甚至没有表现出一丝的不满，而是满怀宽容与耐心寻找新的目标。

这是一项卓越的教育成就：在追逐目标时，母狮只能用耐心及对狩猎的坚持而不是愤怒和惩罚来教育它的学生。幼狮亦不能失去对狩猎的兴趣，否则，它们今后就完了。

然而，只有在猎物丰富、狮群成员各个饱腹并且放松的情况下，母狮才会给幼狮们安排狩猎课。饥肠辘辘的母狮则会是最糟糕的教练。

在七八月份，母水獭会在一个不显眼的洞穴中产下幼崽。这个洞穴有时甚至远离水域。在2个月大时，小水獭会在母亲的带领下离开家，并排队跑向水中。起初，它们会在岸边等着母亲给它们捕鱼，并在干燥的地方观察。

它们主要的乐趣是玩耍。清晨，它们会腹部朝前，从长满青草的岸边斜坡上向下滑。但它们仍会注意不让自己滑入水中，因此当快接触到水面时，便敏捷地向上飞奔。幼水獭们将树枝放在鼻子上并使其保持平衡，捕捉翩翩起舞的蝴蝶，互相追逐，玩城堡防御游戏，甚至与母亲一起玩耍。水獭是世界上少数几种成年后依然喜欢游戏的动物之一。

水獭在3个月大时开始学习游泳。奇怪的是，成年水獭谙熟水性，其幼崽刚开始学习游泳时却非常怕水。母亲会抓住它们的尾巴或是耳朵，将这些吱吱尖叫着的小东西拖进溪水中。不过，母水獭还没来得及抓住另一只小水獭，前一只被拖进水中的小水獭就已经闪电般地蹿上岸。直到几天后，孩子们才体会到游泳所带来的乐趣。

即使是动物幼崽，有时也必须被迫做一件事从而体验到幸福。

攀爬高手的攀登课也是如此。许多种类的熊在幼年期对爬树还完全没有概念。这一点是我在印度与尼泊尔边境线上的季风雨林中观察到的。当时，我和妻子以及我们的廓尔喀向导一起在路上走了几小时，突然我们的向导发出一阵鸟鸣声，这是我们之间的信号，表示"站住不动"。在我们前方大约50米的灌木丛中，一只懒熊幼崽紧紧地跟在它母亲身后，坐立不安。它们的正侧方传出树枝断裂的咔嚓声和呼哧呼哧的呼吸声：一头独角犀牛！这种动物性格暴躁是出了名的，极易对其他动物动怒。懒熊母亲佩兹无论如何都不信这头犀牛不会对从旁经过的孩子发起攻击。它把孩子放在树干上，显然是要求它爬上去。但是，懒熊小泰迪还完全不了解险情，又立刻跳了下来。母亲毫不犹豫地在孩子屁股上温柔但明确地拍打着，以赶它上树。

"鬼怪"在青潘猿幼儿教育中所起的作用
动物幼崽被迫获得幸福？

即使是青潘猿幼崽，也不可能从小就会爬树。青潘猿母亲必须先给它们示范如何爬树。著名的青潘猿研究员斯特拉·布鲁尔将被偷运、扣押的青潘猿送回冈比亚热带雨林视为自己的毕生使命。对此，她深有体会。母青潘猿经常背着幼崽爬树，直到它们意识到爬树对它们来说是一项极其重要且美好的运动。同时，母青潘猿还会在高高的树冠上教它们如何将枝繁叶茂的树枝拉向自己，并将其编织成夜间睡觉的床铺。

于拉是一个之前被关养在欧洲一家动物园里的雌青潘猿幼崽。在被放归野外后，于拉不明白：为什么它必须在令它头晕目眩的高空休憩，而不是像在动物园里那样舒适地躺在平地上。为了让它懂得这一点，必须让它在夜里感到害怕。可是，该怎样做呢？斯特拉早就注意到，青潘猿在面对水牛头骨时会感到恐慌。起初，她用水牛头骨来保护越野车里的摄影器材，使其免遭青潘猿玩弄。只要将头骨置于一根棍子上，插在车上，就足以让它们畏惧。这根"图腾木桩"已成了一种"禁忌"。

傍晚时分，一位非洲同事将水牛头骨戴在自己头上，将手电筒放在眼窝的位置上，披上一条毯子，在于拉面前扮演"妖魔鬼怪"。于拉闪电般地奔向最近的大树。从此之后，它每晚都会在树上筑巢，而不再要求躺在地上。

这是一个低劣的笑话吗？并不是。更确切地说，这是一堂令青潘猿印象深刻的、关于夜间潜在危险的直观教学课。只有这样，它才能将知识长久牢记。

猎豹母亲的捕猎学校
不可思议的教育才能

清晨时分，在塞伦盖蒂大草原中心、离塞罗内拉野生动物旅馆不远处，我发现一只雌猎豹正站在一个蚁堆上，搜寻着猎物。远处，一小群汤氏瞪羚正吃着草，慢慢地向这边靠近。

我的非洲司机用手肘碰了碰我：在那个蚁堆边，有3只猎豹幼崽正在玩耍。它们大约6个月大。突然，母猎豹消失了，就像是被大草原吞没了。我并不打算寻找、跟踪它。高速捕猎的猎豹已经被观察得够多了。我等在3只猎豹幼崽身边，看看会发生什么。

突然，汤氏瞪羚周围扬起一片尘土。猎捕开始，这就意味着还需等待。终于，母猎豹出现了。一只小瞪羚在它的嘴里挣扎着。

面对这类情况，我的心中总有两种声音。一方面，我对弱小俊俏的瞪羚幼崽怀着极其强烈的同情之心。另一方面，猎豹母亲也必须喂养它的孩子。难道猎豹幼崽就应该饿死吗？每 3 只小猎豹里总有 1 只还未成年便会夭折：成为狮子或鬣狗的盘中餐、饿死或是因病死亡。

但现在，意想不到的事情发生了。那 3 只小豹子满怀希望地朝猎物奔来。就在这时，母猎豹放下了那只小瞪羚。现在看来，小瞪羚依然生龙活虎，它飞速地逃跑了。猎豹幼崽明白了：它们应该在追捕活的猎物的过程中学习捕猎和杀戮。

小瞪羚落荒而逃。3 只小猎豹在后面穷追不舍。突然，小瞪羚改变了方向。小猎豹们扑了个空，它们很可能追丢猎物。不过，母亲预见到了这一点，堵住了小瞪羚的去路，驱赶它，使其再次朝它的孩子们跑去。于是，它向孩子们展示了如何用前爪将猎物的后腿拍向一边来阻止其前进。孩子们不得不尝试这种方法，不过，谁都无法一开始就获得成功。

追逐猎物、跃起猛扑以及咬住猎物，这一切都是年幼的猎豹与生俱来的能力。只是需要一个熟能生巧的过程。最困难的环节是迅速咬住猎物喉部，使其断气而死。

根据伯恩哈德·格日梅克（Bernhard Grzimek）的观察，在之前的几个月里，猎豹幼崽已经在游戏中掌握了一些捕捉直翅目昆虫、甲壳虫、野鼠和家鼠的技巧。抓住母亲尾巴上的毛束以及对兄弟姐妹的突然袭击常常是它们喜爱的训练项目。即便是赛跑，它们也已经勤奋练习了多次。不过，赛跑时，母亲必须高度警惕，以免鬣狗、狮子或豹子突然扑向它的孩子。

从教育学的角度观察猎豹母亲的行为是件有趣的事：一方面，

以动物为镜子：动物们的自然生活之道

一旦它的孩子有能力猎杀非常年幼的汤氏瞪羚，猎豹母亲就会教它们追捕越来越难捕获的猎物；另一方面，猎豹母亲也不会让它们完成不可能完成的任务，或因追捕过于危险的猎物而陷入险境。

家猫母亲当老师
通过观察来学习

关于动物母亲传授孩子至关重要的事情时所采用的教学方法，保罗·莱豪森以家猫为例进行了详细研究。家猫母亲也会为孩子提供活的"直观教学材料"：蜥蜴、青蛙、老鼠或是家鼠。当母猫给孩子们的是死的或不会对幼崽造成生命威胁的猎物时，它便会发出"咪咪"的叫声，引导孩子上前。如果小老鼠还活着，母猫便会发出音调高一些的警告声。最危险的情况是母亲带来一只活的大鼠，而这只大鼠可能会紧咬住家猫幼崽的喉部不放。这种时候，母猫就会发出格外尖锐的警告声。家猫不仅清楚老鼠的危险性，还能够正确评估自己孩子的能力。这是一项伟大的教育成就。

动物之所以能成为出色的教育大师，是因为它们在智力上比我们的教育家更胜一筹吗？并不是！真正的原因是，动物幼崽的智力远不及人类的小孩。只有运用完美的教学方法，它们才能学会一些技能和知识。因此，大自然赋予了动物父母理想的教育方法及教育本能。

尽管如此，动物母亲们也会出现判断错误的情况。在农庄里，有专门捕捉大鼠的猫，技高一筹。我们是否可以推测出，这类动物能够非常出色地教授孩子捕鼠技巧呢？事实恰恰相反。这些母猫不会让大鼠接近自己的孩子。如果有一只幼猫发现了一只大鼠且其母亲察觉到了这一点，那么母猫便会迅速赶来，将猎物赶走。所以，作为捕鼠能手的幼猫从未表现出过出色的捕鼠技巧。

在向孩子教授捕猎技巧时，母猫高估了大鼠的危险性而低估了孩子的能力。其实，在我们人类身上也会有类似的情况发生。

第八节　将团结作为学习的目标
——动物的社会行为教育

社会行为学
跳鼠的社会学

有些动物生来就具有社会行为方面的天赋，而有些则是天生的独行者。人们可以一厢情愿地教一只大白鲨如何合作，但它将永远是残食弱小同类的残暴动物；人们也没什么办法能使浣熊快快不乐地独行；除了短暂的交配期外，所有金仓鼠彼此间都是不共戴天的敌人；雄安第斯秃鹫只爱它的雌性配偶；动物园里的北极熊只有在吃饱喝足的情况下才不那么有攻击性，饥饿必然会将它们变成暴君。

许多动物体内生来就有组建群体及与同伴合作的基因，但是，动物幼崽的行为方式就像游戏规则一样必须由群体内的成年动物悉心教授。这二者彼此矛盾吗？只有那些教条主义者才会认为这是一对矛盾，他们无法接受遗传性行为因素和习得性行为因素之间的和谐互动。对这些动物而言，"社会学"是一门至关重要的学科，父母必须向孩子传授相关知识。

例如，年幼的狼崽会表现得自私与不合群。它们的父亲、狼群的首领必须首先给狼崽们反复灌输合乎规则的知识，相关的内容我将在后面叙述。

我们人类中的教育家们感到难以完成的社会行为教育任务，一只生活在澳大利亚沙漠中的小跳鼠却成功地做到了。

在大洋洲，我们可观察到几种不同种类的跳鼠。几乎每个人都知道并且喜欢这种娇小可爱的小动物，因为它们像袋鼠一样，用两条腿跳跃着前进。尽管不同种类的跳鼠是近亲，并在外观上难以区分，但它们生活在各种不同的极端生存环境中，并根据群落的生境以截然不同的方式组织它们的生活。一类是易怒的独居动物，另一类则广结善缘，过着完满的群居生活。但是，对群居跳鼠的幼崽必须像哺乳一样不断地向它们灌输友善的行为。如果忽视了这一点，那么，那些跳鼠终身都将是难以相处的独行侠。

人类对这一社会化过程发展的细节的了解，要归功于澳大利亚动物学家梅雷迪思·哈波尔德（Meredith Happold）的研究。他对以下种类的跳鼠进行了研究：

图 29　北澳窜鼠生活在澳大利亚食物最贫瘠的地区。普遍存在的食物短缺问题使得它们不得不通过一套先进的社会体系来谋求生存

1. 沙漠跳鼠或北澳窜鼠。 只有当至少 3 只雄鼠和 4 只雌鼠与它们的幼崽密切合作时，这种跳鼠才能在极端贫瘠的地区生存下来。夜晚，它们从共同生活的、通风透气的地下巢穴中钻出来，各自分散，在沙漠表面形成 0.5 平方千米的区域。一旦谁发现了丰富的食物，就发出叫声，呼唤同伴前来。

在北澳窜鼠中，土方作业也是以串联式团队挖掘的方式进行的：第一只负责掘出一条地下通道，第二只负责将尾矿运走。区域内的防御与抗击敌人以及照顾幼崽是所有群体成员的共同责任。这是一个由密切的亲情关系凝聚而成的群体。

2. 半沙漠跳鼠或浅灰跳鼠。 它们的栖息地算不上十分贫瘠，但仍然需要共同合作，尤其是在寻找食物的过程中。与沙漠跳鼠相比，它们团队内部的联系稍稍松散一些。3~4 只雌跳鼠中的每一只都拥有自己的洞穴，而 3 只雄跳鼠则可任意进入所有洞穴。很少有怀有敌意的行为干扰它们群体内部的和睦。

3. 荒原跳鼠。 这种跳鼠聚居在澳大利亚南部和西南部长满千层树的地区。这片由矮丛林构成的生活环境更加舒适，生存竞争并没有那么激烈。在这里，合作的成员减少为 2 只跳鼠：单偶制状态下生活的一对伴侣。只有配偶之间能够和睦相处，雄跳鼠会与所有其他雄性争斗，雌性亦然。

4. 莎草跳鼠。 它们居住的草地虽然大多干燥且贫瘠，但与上述生存环境相比，算是极乐之地。跳鼠不必依赖于其他同伴的帮助，因此，在这类动物中，我们会发现非常多的独行侠。雄性和雌性只在交配期间短暂碰面，然后立即分开。其他时候，彼此间都始终是敌人。

以动物为镜子：动物们的自然生活之道

在物竞天择的压力下，四种不同的生存环境造就了四种截然不同的社会组织形式。动物父母们会做好它们分内的事，教孩子如何构建友谊与和平行为的情感基础：

第一阶段是新生儿阶段，这一阶段在幼崽出生后便立即开始。新生儿在巢穴中长久地依附在母亲的乳头上享受着持续的轻挠和舔舐。沙漠跳鼠和半沙漠跳鼠幼崽还会被父亲以及团队中的其他所有成年成员爱抚与舔舐，而在荒原跳鼠和莎草跳鼠中则只有母鼠才会跟孩子有这种的亲昵。前两种跳鼠的新生儿与成年跳鼠之间有大量身体上的接触，会扭动或蜷缩身子以感受彼此的亲密接触和体温。后两种跳鼠幼崽只会抽动一次，然后就一动不动地躺着。

第二阶段是过渡阶段，从第一次爬行开始。跳鼠幼崽与伙伴们在共同爬行中取得进步：相互依偎、碰撞、发出叫声、抓东西，以及上上下下地爬。它们在巢穴中练习挖掘、铲土，并将土扔出去。谁要是在外面无所事事地闲逛，谁就会被拉回巢中。除此之外，沙漠跳鼠、半沙漠跳鼠和莎草跳鼠的幼崽不会遭到其他的排斥。但荒原跳鼠父母在第 5 天就已经开始排斥它们的孩子了，这种粗暴行为自第 7 天起还会变得异常强烈。这个阶段随着幼崽眼睛睁开而告终。

第三阶段是社会化阶段。孩子们离开巢穴，探索周围环境，寻找第一份食物。这时，它们已经开始积极参与挖掘、筑穴、收集筑穴材料和清洁道路等工作。在这个阶段，沙漠跳鼠群体成员之间加强了身体接触，半沙漠跳鼠幼崽的父亲逐渐脱离照料孩子的工作，荒原跳鼠幼崽与兄弟姐妹在游戏中出现了恶意冲撞行为。莎草跳鼠的父亲早已离开它们，而母亲开始拒绝与孩子亲昵。这个阶段以母亲给孩子断奶而结束。

第四阶段是青年阶段，这一阶段紧接着上一阶段并持续到性成熟。在沙漠跳鼠和半沙漠跳鼠这些生活在沙漠和半沙漠地带的动物中，团体中的所有成员之间继续保持着友谊。幼崽像成年跳鼠一样，只对外来者怀有敌意。生活在富足环境中的莎草跳鼠的家庭则在争执中支离破碎：先是母亲对它的孩子开始粗暴起来，然后，孩子们反咬它们的母亲，并纷纷离家到未知的远方。在荒原跳鼠穴中，也会发生冲突：与母亲争吵后，这些爱闹事的跳鼠幼崽还会在离家出走前殴打父亲。

梅雷迪思·哈波尔德将不好相处的两种跳鼠的幼崽交与和睦家庭的跳鼠父母，让其照料，以检验教育手段的意义。这些幼崽在成长过程中对其他群体成员一直很友好。相反，沙漠跳鼠和半沙漠跳鼠的幼崽在不合群的家庭教育影响下，则会成长为好惹是生非的家伙。

从上述以及其他观察的情况中，研究者得出如下关于澳大利亚跳鼠的推断。

在沙漠跳鼠和半沙漠跳鼠身上体现出来的身体接触、拥抱、捉虱子、不拒绝对方与他者一起玩耍的行为习惯，对实现家庭及群体中的友善关系具有决定性意义。

就后两种跳鼠（荒原跳鼠和莎草跳鼠）而言，随着幼年早期社会交流的减少，它们独来独往的性格便开始成型。

出生不久的宝宝与年幼的孩子从父母身上真正享受到的身体接触和关注，对游戏、学习集体工作和习得社会行为的所有元素都有着非凡意义。特别值得一提的是，它养成了孩子通过观察、模仿和从成年人身上汲取经验而进行学习的能力。

群体无法容忍杀手
狼与狗对"害群之马"的筛选

筛选出顺从本能退化的那些幼崽是狼与澳洲野犬社会化进程的开端。

在出生 21 天后，澳洲野犬幼崽心中就燃起欲望，想要往前几步，离开狗窝，跟随母亲往外走。此前一直负责在窝前放哨、觅食并在洞穴口将食物递交给母狗的幼犬父亲这时才第一次见到自己的孩子。关于此时发生的非常具有戏剧性的一幕，著名犬类研究员埃伯哈德·特鲁姆勒是这样描述的：

"这只幼犬父亲满心欢喜地跳来跳去，试图和孩子们一起玩耍。然而，它的行为并不是那么体贴。它在幼犬周围用鼻子顶撞它们，用爪子弄倒那些仍然笨拙地奔跑着的孩子，甚至用牙齿揪住它们，并把它们丢出几米远的地方。第一次看到这个情景的人，会认为这只公狗正尽其所能地杀死那些幼犬。"

不过，这其实是考察孩子是否天生具有适合社会行为的一个测试，看它们今后是会成为群体里的好伙伴还是沦落成一只危害群体凝聚力的反社会的恶犬。

一只心理健全的幼犬在粗野的游戏中被父亲粗暴攻击时能做出正确的反应：大叫着并且四肢朝上躺下来。人们用手抱起幼犬时，能很好地观察那个姿势。对犬类而言，这一姿势生来意味着臣服，可使"胜利者"变成和平天使。如同交通信号灯中的红灯阻止车流前行那样，这种姿势会阻止犬类继续攻击。猛冲过来并准备再次发起攻击的幼犬父亲在它那后背朝地、四脚朝天的孩子面前停下了，并猛然转向其他幼犬，继续在它们身上进行相同的测试。

然而，如果被粗暴对待的幼犬没有做出背部朝下躺倒的动作，它便无法通过适合群体生活的测试，因而会被处以死刑。在这种情况下，粗鲁的幼犬父亲会与无助的小家伙无情地"玩耍"，直到幼犬筋疲力尽，躺倒在地，以死获得解脱。而孩子的母亲只是在一旁看着，不会出手相救。

这种方式听起来十分野蛮，但却有其存在的意义：对一只犬来说，如果它做出顺从与求和姿态的本能退化了，那么，当它长大并变得强大和危险时，它对攻击与撕咬母狗的自控能力以及对群体雄性成员的顺从天性也就不可信赖。它将成为一个难以捉摸的杀手，这是群体所不能容忍的。

如今这么多人被狗咬伤，其主要原因在于：饲养员并未对那些好咬人的犬类进行测试与筛选，而且把那些完全丧失了温顺天性的狗卖给了毫不知情的顾客。

在测试后的第 2 天，幼犬开始了第 4 周的生活，从而进入所谓的社会化阶段，这一阶段将持续到生命的第 7 周。通过对跳鼠的研究，我们已了解到这一阶段的重要意义。在这个阶段，幼犬必须经常与父亲和兄弟姐妹一起玩耍。如果不为它提供与同伴一起玩耍的机会，比如将其单独养在狗窝中，那么，依据特鲁姆勒的研究，这只小动物将"始终是一只顽固的、不友好的蠢狗，什么都学不了"。如果从第 8 周才开始和小狗玩耍，那么，即使连续几个月每天花上几小时与它玩耍，也仍然无济于事，就如同想把床上的毯子变成玩伴一样。这听起来有点荒诞，但事实如此。

只有在第 4 周到第 7 周的敏感期，狗和狼才能学会社会行为。

此外，这些动物的两性间的明确分工令我们深受启发。母亲更多地负责家务：为幼崽哺乳、清洁和取暖。与之相对，群体中的社会行为教育与狩猎方法传授则完全是父亲的事儿。

　　　　　　　　以动物为镜子：动物们的自然生活之道

轮流扮演赢家与输家的游戏便是一个例子。在这个游戏中，一只幼狼如虎般一跃而起，突袭了另一只幼狼。"受害者"反应快如闪电，试图让攻击者扑空，同时发起反击，将其背朝下掀翻在地。一旦分出胜负，赢家必须继续游戏，并让自己被输家击败。如果它不这样做，而是继续粗鲁地与弱小的兄弟扭打在一起，父亲便会暴跳如雷地跳到孩子中间，确保它们遵守游戏规则。

　　从教育学角度来看，这个现象很有意思。如我们看到的那样，面对群体中两个成年成员之间的纠纷，狼群首领所采取的调解方式不是撕咬，而是以游戏的方式来解决问题。但是，表现出反社会性的幼崽完全不懂何为乐趣，只会毫不留情地打破不成文的规则。因此，应当让幼狼在早期阶段明确感受并体会到：对它们而言，没有比违背群体的规则和利益更严重的错误了。

　　请以此比较一下在我们人类的中学操场上发生的事。强壮的孩子通常几个人一起，以最不公平的方式欺凌、伤害一个较弱小的孩子。这种时候，负责监管的老师经常不在场，或在场却对此视而不见，或自顾自说话。当受害者的父母批评时，他们会说一些"孩子个性自由发展"的话。而另一些父母——当然只是那些强壮孩子的父母——则认为：年轻人必须学会"承受生活的磨难"。对一些学生随身带小刀、指节铜环和棒球棒的现象，难道不该惊讶吗？正因如此，青少年的潜在犯罪率正在增加。

布须曼人的和平行为教育
社会控制下的攻击性

　　原始人类族群的成员享有另一种经常被曲解的智慧。按照埃里希·凯斯特纳（Erich Kästner）的观点，我们人类的祖先"蹲坐在树上，全身披毛，面容冷峻"。人类所有的进步都是精神和文化的成就。

另一方面，根据玛格丽特·米德笔下的原始族群的传说，原始族群生活在由纯粹的、纯洁和理想的和平构成的伊甸园般的原始状态中，只有技术和文明的灾难才会导致他们道德堕落，萌生恶意。

根据丹麦民族学家延斯·比耶勒（Jens Bjerre）和民俗学家艾雷尼厄斯·艾布尔–艾贝斯费尔特的研究，上述两种观点都不符合事实。例如，根据他们的研究，卡拉哈里沙漠中的布须曼人既不是"沙漠中的天使"，也不是用毒箭射击的凶恶的野蛮人。确切地说，这种矮小的原始人体内蕴含着相当大的攻击潜势。但他们能够完美地控制自己，不让自己对群内成员的攻击欲望爆发，以至于人们产生了这样的错误观点，以为他们生来就是和平天使。

在攻击性上，布须曼人与狼相似：极其强大的攻击潜力使二者都具备狩猎的能力，而他们对这种潜力都掌握得恰到好处，使他们自己的群体不会遭遇不利。当然，无论是布须曼人还是狼群，损害集体的个体都会被残酷驱逐。

因此，他们已将针对孩子的社会行为规则的教育方法发展成为成年人间的一种安抚方式。两者都能使他们与攻击性和平相处。

对卡拉哈里沙漠中的居民而言，最严重的罪行是挑起争端。在沙漠（从气象学角度准确地说是半沙漠）里难以想象的恶劣条件下，因争吵而变成一盘散沙的群体将无法生存。各群落间的战争恐怕也早已使得布须曼人灭亡。从这点来看，这些在今天看起来仍然带有石器时代深深烙印的人们的行为在本质上比所谓的文明族群的行为更理性。

因此，斗殴，甚至连过激的言语，都是绝对的禁忌。对一个引发大家斗殴的布须曼人，部落中最年长的人会发出警告；当其再次出现类似情况时，这个人就会被驱逐出群体。这相当于被判了死刑，因为独自一人在旷野中会迷失方向。

迷幻舞阻止杀戮
和平行为教育从哺乳开始

布须曼人对和平行为的教育从母亲哺乳时就已开始。当婴儿在吮吸母乳时，母亲会用另一侧乳房给另一个年龄稍长一些的孩子喂奶（布须曼人的哺乳期持续到孩子满 3 岁）。在生命的最初几天里，布须曼族的孩子们就要学习本族的至高美德：彼此分享食物。

接下来的教育措施如下：年长者树立和平榜样，对孩子进行友好指导，赞美鼓励，馈赠小礼物，将注意力从未能如愿的行为转移到另一场游戏；在劝告后，如果情况仍然没有改变，年长者才会责骂并直接以打一巴掌的方式进行干预——例如，当孩子拿起毒箭时。

在参与打架的孩子中，年长一些的会受到严厉惩罚。他们必须与成年人一起外出狩猎多日，那可是与孩子间的嬉戏有着天壤之别。爱拌嘴的女孩则正好相反，她们将被禁止与成年妇女一起去沙漠采集植物性食物，差不多是被软禁了。

当同一家族的男人间充斥着"凝重的气氛"并有可能爆发更严重、更致命的斗争时，女人们会通过有节奏地拍手，迫使男人开始跳舞，直到他们陷入恍惚。这一仪式将持续一整夜，并在拂晓时分，当所有人筋疲力尽，群落内部的和睦与集体感再度来临时方才结束。

布须曼人对通奸的惩罚是死刑。这种罪行几乎无法隐瞒。布须曼人能够通过沙土上的印记看出谁与谁在何时做了什么。尽管如此，在紧急情况下，这些人还是会寻找一切求得宽恕的可能，以尽量避免死刑的处罚。

布须曼人每天都会举行"庭审",即每晚围坐成一圈一起闲聊。这种闲聊与我们在背后嚼舌根的区别在于,如果有人因过于吝啬没有向别人交出充足的"赃物"而被人们议论,那么,那个"被告"总是可以当场为自己辩护。"控告"的方法是:嘲弄、逗趣、讥讽取笑。这些方法效果显著。

无论是通过"严格的纪律和秩序原则",还是通过绝对的反权威论调,布须曼人不会让自己受到任何排他性教义的干扰。他们天生就极具攻击性,但他们并不将此视为男性的美德,而是将其看作必须克服并应变害为利的一种缺陷。

依据布须曼人的观点,攻击性强的所谓文明国家崇尚的男性崇拜只能被视作一种病态的社会心理。世界上几乎没有任何群体能像布须曼人那样,在天生具有高度攻击性的情况下却能彼此和平相处。我们应当把他们的教育方式作为我们的和平行为教育的重要原则。

第九节 父母与孩子间的纷争
——动物中的代际冲突

冠海豹的母爱只有 4 天热度
母性为何快速消逝?

每当早春时节北冰洋冰盖融化时,成千上万头怀有身孕的雌冠海豹便会出现在斯匹次卑尔根岛附近浮冰区的冰块上,在那里生下幼崽。春天经常提前来临,导致作为产仔场所的浮冰过早融化。母海豹们不得不加快速度:它们蜂拥着跳到浮冰上。没几分钟,便到处都是它们尖厉的叫声。15~40 秒内,幼崽们便顺利从母体中滑出。

如此快速的分娩得益于它们流线型的身体。

　　冠海豹新生儿长约 1.4 米，重达 20 千克，就这么躺在光亮的冰面上。它们的童年因天敌和极端恶劣的天气而危机四伏。例如，1991 年，那里突然爆发了一场飓风。当时，冰块咔嚓裂开，发出鞭子击打般的噼啪声，一块块堆叠起来。母冠海豹们为了自救迅速躲入水中，但数以千计的海豹宝宝们却被冰块碾压而死或是滚入海中淹死了。为了减少这种危险，冠海豹幼崽"飞速"成长。

　　在孩子出生 2 小时后，冠海豹母亲开始分泌乳汁，提供脂肪含量非常高的"浓缩母乳"。这样一来，冠海豹幼崽的体重就能每天增加 5 千克，而母亲则必须在此期间忍饥挨饿，因而迅速消瘦下来。

　　如果敌人——比如一只北极熊或一个想要海豹蓝色毛皮的捕猎者——接近，母冠海豹就会发起完全自杀式的反击，这与在同一海域产崽的竖琴海豹截然相反。一有风吹草动，母竖琴海豹就会逃入水中，留自己的孩子独自面对致命危险。想要杀死冠海豹幼崽以获

图 30　雄冠海豹的特征不仅是鼻囊，它们还能从鼻孔中吹出一个红色的球

取其皮毛的猎人一定也会将母海豹杀死。冠海豹的照片如此之少的原因就是，母冠海豹能使每个摄影师望风而逃！

这是无惧死亡、随时乐意献出生命的情感即母爱的典型吗？是的。但是，冠海豹的母爱仅仅持续 4 天。然后，做好了交配准备的雄冠海豹大军就会出现在产崽的地方，从水中伸长脖子，越过浮冰边沿向雌冠海豹望去，并开始大声歌唱。400 千克重的雄冠海豹们会将它们的鼻囊吹成两个足球般大小。接着，它们从鼻子的横隔中吹出一种类似用泡泡糖吹出的泡泡，让这个鸵鸟蛋般大小、血红色的气球从鼻孔中膨胀出来，这对雌冠海豹有着难以抗拒的吸引力。

刚才还准备英勇保护孩子的冠海豹母亲转眼间便离弃孩子，不顾它们的安危，匆忙向那些"北冰洋的诗人"赶去。很快，到处可见它们求爱与交配的场景，而冰面上却充斥着被遗弃的幼崽们的呼喊声。它们再也见不到自己的母亲了。

根据 W. D. 鲍恩（W. D. Bowen）的研究，冠海豹从分娩到断奶的时间跨度是世界上所有哺乳动物中最短的。同样，冠海豹母亲对自己孩子的爱也是短暂的。不过，它们在这一短暂的时期里展现出的母爱也是非常热烈和真挚的。

冠海豹幼崽们孤零零地躺在冰面上，在最短的时间内茁壮成长，与身边同病相怜的同伴们团结一致，依靠消耗体脂生存。8 天后，它们都会下水了。这些大肚子的小家伙自己游起泳来，一开始，它们还经常撞到浮冰，因为它们得自学调控方向、滑行与潜水。不过，小冠海豹很快便能遵循内心的驱使，跟随父母们组成的舰队，向着北极水域前行。

袋鼠育儿袋里的天堂
母爱时长记录

大多数动物父母对孩子的感情不是永恒的。父母的爱意会随着孩子的成长而逐渐减少，同时，孩子对父母的依赖感也会逐渐减弱，亲子关系也在疏远，孩子甚至会抵抗和反叛父母。然而，这一自然现象却会依据动物种类的不同而不同。

这里应当简要指出的是，我们知道：人类也存在着类似的发展阶段，在这一阶段也即青春期，父母和孩子互相疏远。如果在这段只持续几年的时间里，双方发生过于强硬的对抗，并耿耿于怀，不能互相原谅，那么，彼此间就会产生不可挽回的裂痕。通过对行为关系的认识来防止这种情况发生，就是本节的意义所在。

西格蒙德·弗洛伊德曾将这一心理过程严重误解为"俄狄浦斯情结"（恋母情结）。为了从自然原因出发来理解青春期亲子冲突，我们需要先对自然界的相应情况做个简要概述。美洲豪猪形似刺猬，是南美豚鼠的近亲。雌美洲豪猪的母爱不像冠海豹母亲那样只有几天热度。但美洲豪猪不像刺猬那样能够轻轻地收起身上的刺，从而与母亲拥抱亲热。因此，拥抱的时候，小豪猪只会刺痛母亲。特别是，它们的刺有倒钩，容易折断，甚至会在身体剧烈摇晃时像箭一般飞掷出去。在出生 10 天后，美洲豪猪幼崽就会因吃奶而将母亲刺痛，导致母亲拒绝哺乳并驱赶它。

同样不具备良好家庭观念的还有金仓鼠母亲。它们最初生活在叙利亚沙漠中，雌金仓鼠在交配后几个小时便会驱逐它的配偶，在孩子刚 36 天大时就会送它们进沙漠。它们的栖息地太过贫瘠，使得它们也无法喂养后代。大多数幼崽在没有母亲陪伴的情况下很快就夭折了，但有些能幸存下来。显然，这些幸存者的数量足以保证这类物种的延续。

　　与之相反，母子之间感情维系时间极端长久的例子是澳大利亚红袋鼠。35 千克重的母袋鼠产下的幼崽体重不到 1 克，要用放大镜才能找到。幼崽 7 个月大时才第一次跳出育儿袋，因为那时母亲要清洗育儿袋。但在 30 秒后，它又重新回到袋中。幼红袋鼠将母亲作为活动婴儿车的时间大约要持续 9 个月，直到母亲将它放出来。然后，孩子仍然依偎在妈妈的"裙角"边，继续吮吸母乳，而它娇小可怜的弟弟或妹妹就在一旁吮吸着另一边的母乳。在遇到危险时，一只完全成年的红袋鼠，仍然会将头埋进母亲的育儿袋里，甚至当它自己的育儿袋里已经有了一只幼崽时，同样如此。

　　父母对孩子关心的持续时间与外部环境息息相关。例如，如果一只乌鸫母亲亲历了"幼鸟被喜鹊掳走"这一悲剧后，就会变得晕眩恍惚。可以说，这是因为它已悲痛欲绝。但 2 天后，它便神情冷漠，恢复了正常生活。

　　但是，如果孩子消失时未被母亲察觉，比如，在它不在的时候夺走它的孩子，雌鸟便会犯糊涂：它会到处寻找它们，连最不可能的地方都会寻找。此时，它的母性本能达到顶峰。母性驱使它寻求一个能满足自己强烈的照料欲望的替代品：一只成年的家养麻雀或一只蝴蝶，而这些动物几乎都是些令人绝望的东西。甚至有一次，我看到：一只在鱼塘附近筑巢的乌鸫母亲将食物喂入大张着嘴巴的鲤鱼口中。

　　类似的情况也会出现在母狍身上。它会寻找一只野兔作为"娃娃"，直到那只野兔惊愕不安地消失在地洞里。有时，山雀母亲也会帮助邻居啄木鸟喂养幼雏。不过，这些行为都会很快消失，最终回归常态。

对畸胎真挚的爱
残疾幼海鸥的命运

20世纪70年代初，在生活于欧洲北海海岛上的一些鸥群中，发生了诸多怪事。在物口*激增的过程中，"雌银鸥"数量激增，以至于环保人士都不得不承认"雌银鸥"数量过多这个事实，因为这种海鸥夺走了其他稀有鸟类的巢穴。因此，人们会从它们的沙丘巢里的三个蛋中拿走一个。但是，银鸥下蛋的速度比人们"掠夺"的速度更快。

于是，护鸟人士采取了另一种方法：他们在每个巢里选一颗蛋，并用针戳破以杀死胚胎。然后，海鸥的父母继续孵蛋，既没有继续往巢中添蛋，也没有对破碎的蛋做出反应。现在还无法凭借外表看出蛋中的幼雏有多大。在许多情况下，针刺并不会致命，而"只会"刺伤幼雏的翅膀或腿。这导致孵化出来的是可怕的畸形幼雏。

人们普遍认为，自然界"无价值的"生命会被淘汰。那么，银鸥父母会将它们的残疾孩子杀死吗？恰恰相反。雏海鸥畸形的程度越严重，父母在它们身上倾注的爱就越多。当海鸥群中所有健康的雏海鸥在45~62天后羽翼丰满并离开父母时，那些已长到与父母一般大小但无法飞行的残疾雏海鸥仍由父母喂养，靠父母取暖。于是，"在自然界，'无价值的'生命会被淘汰"这一论断被证明又是一个冷酷无情且不符合实际的伪生物学论点。

父母对孩子的爱是否会随着孩子的独立而终止呢？对许多独居

---

* 德文或英文中的"population"通常被汉译为"人口"，但这种译名若用于非人动物则会造成语义和逻辑混乱（如"旅鼠或蝗虫人口过剩"之类的说法）。为避免出现这一问题，书系主编赵芊里主张将用于非人动物的"population"译为"物口"（其中的"物"是"动物"或"物种"的简称）；在涉及具体动物时，则可以该动物名或其简称代换"物口"之"物"的办法来翻译该词，如"鸟口""鱼口""鼠口""蝗口"等。——主编注

动物来说，确实如此。但对那些基于个体间关系而组建更大群体的社会动物来说，却并非如此。对它们而言，无论什么性别的后代都能一直留在家庭这一基本群体中。

形成更大的、组织良好的社会群体的基本先决条件必然是：每一个群体成员都能做到不驱逐幼崽，让其融入群体中。在整个动物界，无论你寻找多久，基于个体间关系形成的稳定群体只有一种：家庭。所有其他群体，如椋鸟群、鲱鱼群或蚱蜢群，都只是其中无所谓价值、彼此可随意替换的匿名个体的集合体。

我们这个时代的一些社会学家的典型做法是：认识不到其中的联系而想要摧毁家庭。除去空话，现实点来看，他们其实就是在摧毁人类。

动物世界中的该隐与亚伯 *
雄性问题与新型亲子关系

然而，幼崽留在家庭中也会带来问题，这尤其体现在雄幼崽身上。草原狒狒在 2 岁左右有了新兄弟时，便会陷入前青春期的危机中。在此之前，它被溺爱，母亲将自己所有的爱和精力都倾注在它身上，是它独自享有的玩伴。母亲也只会为这一个孩子哺乳和捉虱子。但很快，这段美好时光便一去不复返了。新宝宝出生后，狒狒母亲会将所有的爱倾注在新宝宝身上，一再拒绝那个年长的孩子靠近一步。

母亲的爱突然从自己身上转移到一个新生命身上，对小狒狒来说是一个难以承受的精神打击。它正盘算着该如何复仇。从现在起，

---

* 该隐与亚伯，出自《圣经》中的一对兄弟，是亚当和夏娃的儿子。该隐为兄长，因为憎恶弟弟亚伯的行为而把亚伯杀害。——编者注

狒狒母亲必须非常小心地保护最小的孩子，以免其被哥哥伤害。只要它稍有疏忽，与赤道毛皮海狮类似的惨剧便会上演："该隐"杀死了"亚伯"。对雌性狒狒幼崽来说，这种母爱转移的失落感相对微弱一些。雌狒狒幼崽很快就会参与到对新生幼崽的照顾工作中去，扮演起保姆的角色，背着弟弟妹妹，为其捉虱子。

这就是我在本书开头一章中所描述的关于草原狒狒母系制度的戏剧性事件的起因：在雌性中，祖母、母亲和女儿开始组建群体；母亲与雄性孩子间则出现了一道无法弥补的裂痕。

对雄性狒狒幼崽而言，只有一个解决问题的方法：离开母亲，加入类似于幼儿园的集体，之后再加入一个类似青年会的群体。在群体中，同病相怜的伙伴们能彼此宽慰。然而，它们都遇上了所谓的雄性问题。狒狒幼崽感觉到自己已经体格强壮，但它还没有任何经验。如果附近的水源干涸，它能将群体带领到远处的水坑吗？它不能。它知道该运用何种战术来发挥群体战斗力以抵御豹子的进攻而没有成员伤亡吗？它并不知道。它知道草原哪些地方在不同的季节盛产最丰富、最美味的食物吗？它也不知道。它能调解彼此结仇的雌性间的争端吗？它不能，它还不能获得足够的威信。

无论年幼的狒狒去哪里，都必须臣服于年长的公狒狒。一旦进行反抗，它就会被两三只成年狒狒痛打，母狒狒则会用视而不见来惩罚它。它不知道父亲是谁，因为母亲不给它机会。那些在休息期间对年长的斗士表现出狂热崇拜的年幼的小狒狒也不理会它，成年狒狒们则完全无视它。只有同龄的同伴还理睬它。但是，如果有一天它决定离开这个狒狒群，加入新的狒狒群，那它又必须再次依靠自己。

我们不由自主地会将其与人类社会中的"闹事青少年"进行比

较，类似困境的"出路"唯有加入摇滚乐队、宗教或伪宗教派系、政治抗议团体或进入神经毒品所诱导的"梦想世界"之旅。而内心的烦乱常常会导致痤疮的产生。

但是，与多数种类的动物不同，我们人类具备维持亲子间感情联系的能力。不幸的是，目前许多动物父母已经丧失这种能力。

不过，也有些动物的父母能与孩子维系很久的联系，如灰雁。在通常情况下，灰雁幼雏满 1 岁后便会离开父母，开始孵育新的后代。但是，据洛伦茨的观察：一只拥有固定配偶多年的成年灰雁在配偶死亡后会回到父母的怀抱中。如果它的父母已不在世，那么，这只丧偶的灰雁就会与没有配偶的兄弟姐妹们在一起。在那里，它会再次被充满爱意的亲人接纳。这就是动物界的孤寡者的回家之旅！

我们也可以在其他动物身上观察到同样的现象，这些动物的幼崽或成年个体在照顾年幼的弟弟妹妹时也是父母的帮手，这点我将在后面讲述。即使在那些生活在较大的个性化群体中的动物中，如在狼群、狮群、猴群、海豚群或大象群中，也存在着类似现象。

青潘猿母亲与孩子之间的感情联系能持续极长的时间。因此，生活在野外的非洲青潘猿母亲在前一个孩子已四五岁之后才会再产子。在这里，"该隐"与"亚伯"之间的这种兄弟仇恨就不会变得像在草原狒狒中那样强烈，母亲与孩子间的感情联系也不会承受这么重的负担。珍·古道尔曾报道在贡贝，一个 13 岁的成年雄青潘猿是如何被一个强壮的雌青潘猿攻击的。这个雄青潘猿的母亲发现这一情况后立即站在儿子这一边，加入了打斗。由此可见，青潘猿中的母子之爱非常接近于人类维持终生的亲子之爱。

如何避免争吵
原谅内心的小矮人

本文所阐释的内容是为了说明：几乎每个年轻人在第二个青春期（约从 16 岁到 20 岁）都会对父母持叛逆的态度，这是一个十分自然的过程。这一过程主要受垂体前叶激素的控制，这种激素在使下丘脑达到一定程度的成熟的同时，会使青年个体表现出精神失衡、情感过激和对长辈的反抗态度。

父母的拟他性同心能力和体贴难以对这种"自然现象"做出什么改变。但过于强硬的应对措施，尤其是父亲所采取的对策，比如以居高临下的姿态施加的更强的压力、强迫命令、纪律教育、尊卑秩序、威胁、丢出家门以及剥夺继承权等，都会加大裂痕，导致最终无法改变的痛苦。

如此一来，企业便会失去继承人，鸟类研究者会失去对自然感兴趣的后人，政客会失去一位"党派同僚"，艺术家会失去后继之人，牧师则会失去拥有同样信仰的孩子。前一辈费尽心血建立的毕生事业以这种方式毁灭的事例数不胜数。所有这一切都只是由于受伤的自尊与怨恨——人类最坏的行为"动机"。

尽管青少年会有激烈的反抗情绪，但避免亲子间感情纽带破裂的方法其实很简单。请勿将青春期普遍的抵触心理视为孤立个案式的个人对抗，而要将其看作一个与雷雨和风暴等自然现象相当的自然过程。青春期叛逆这场心理飓风最终也会像台风一样消逝。

如果父母在这种情况下不强迫自己的孩子，即使暂时得不到爱的回馈也始终爱孩子高于一切，并耐心地等上四五年，那么，当这样一个关键的心理阶段结束时，孩子就会同动物界"迷途的孩子"一样完全自主地回归，并能从父母的眼中读出他们的期望。

第四章

通过帮助他者来生存

群体中的社会行为

第一节　对等级制度的误解
——母鸡的等级制度 vs 人类的等级制度

我们常会说"办公室里的啄序"、学校班级里的"败犬"、市政行政人员中的"高头大马"、足球队中的"头狼"、保龄球俱乐部的"雄一号",但通常没有人质疑这些借用自动物界概念的合理性和说服力。

另一方面,人类共同生活领域中的许多表达也被用于描述动物群体,例如:支配地位、等级、社会地位,以及上司或老板这些风趣的表达。德语中的"等级"一词来自希腊语,原意为"至高无上的秩序"。以前这个词仅用于圣职。今天,我们还将该词用于表达马、鹿等动物群体中的等级结构。

这是语言发展的一个新阶段,因为 1922 年,挪威人托莱夫·谢尔德鲁普 – 埃贝(Thorleif Schjelderup-Ebbe)才发现了自那以后成名的鸡场等级制度:母鸡甲可啄其他所有母鸡,其他母鸡如若反击便会受到惩罚。母鸡乙也被允许啄其他母鸡,唯独不能攻击母鸡甲。这套规则的顺序是:从鸡群老大开始,按地位高低一直降到群体最末位,排行末位的个体必须忍受一切,不允许有丝毫抱怨。我们称之为"线性等级制度"(线性啄序)。

这个发现冲破了一道藩篱，打破了此前仅存在于想象中的人与动物之间的界限。很快，我们在诸多动物种群中发现了这种等级现象：猴、狼、鹅、美洲野牛、羚羊、北美鲇鱼、大鼠、鬣狗、鳄鱼、海龟、猪、螃蟹甚至黄蜂群中，都存在着等级制度。

只是，人们过于一厢情愿地在人类与动物领域之间偷换等级概念。这些概念恰恰是我们目前向往权位的虚荣心及体系所需要的。毕竟，欧洲现在处在组织严格的民族国家的时代。军队应当在国家中发挥重要作用，而与其相伴的是命令和服从、军服上的绶带、军衔级别、管理权的运用和威信。

但自 1955 年以来，动物行为学研究者在对等级现象进行细化和补充研究后，发现了等级现象的许多变体和全新视角，使得公众广泛采纳的视等级为镇压秩序，因此既原始又危险的传统观点显得极其错误。学校以过于简化的错误形式向学生教授动物中的等级现象，这种做法对人们的集体生活实践尤其具有毁灭性的影响。

丛林生活与粪堆上的生活
自然与非自然状态下母鸡群的等级制度

首先，让我们仔细观察一下多次引用的母鸡群的等级制度。为什么这种家禽会建立这样一种压迫与刁难的社会制度呢？

在印度的季风雨林里，我对生存在野外的、保留着家养母鸡原始形态的原鸡进行了观察。我坐在大象背上，穿过丛林时，简直不敢相信自己的耳朵：每隔 250 米就能听到矮树丛中传来鸡鸣声，这和在老式农场上从粪堆里传来的鸡鸣声相类似。映入眼帘的只是原鸡拍打翅膀的样子，然后，丛林中再次一片寂静。一只公原鸡当着我们的面将它的 5 只母鸡带到了安全的地方。

这着实令人吃惊。印度丛林里遍布猛兽，包括：老虎、猎豹、云豹、豹猫、纹猫、丛林猫、灵猫、懒熊、红狼、亚洲胡狼、鼬、缟獴、巨蟒以及许多其他喜欢猎食鸡的食肉动物。但印度丛林里最常见的动物却正是所有这些动物的潜在捕食对象："愚蠢"的鸡。这证明：它们一定不像愚蠢的人所认为的那样愚蠢。

对它的保护对象而言，公原鸡同时扮演以下角色：哨兵，报警器，以及食物、藏身处和休憩处的寻觅者。公原鸡将敌人的注意力从母鸡和小鸡身上转移到自己身上：它诱导敌人，并通过鸡鸣来发送信号，让配偶扑腾翅膀飞上大树或藏进灌木丛中。

母原鸡在鸡群活动区域内孵蛋。众所周知，这需要很长时间，鸡群中的其他成员在此期间会继续边漫步，边啄食。现在，下蛋的母原鸡来找队伍了，它大声咯咯叫着向前走。这被人们误解为一种吹嘘："看呀，我下了一颗多么美丽的鸡蛋！"实际上，这种咯咯声多为一只孑然一身的母鸡在危险的丛林中发出的求救信号。

于是，公原鸡心急火燎地离开了自己的家眷们。它采取了高度危险的行动，朝那只咯咯叫着的母鸡赶去，并将这只刚刚下完蛋的母鸡带回其他正在等待着的母鸡们身旁。如果仅仅靠自己，母鸡会在旷野中走失。为了生存，它需要群体的力量，这是不可或缺的。

在觅食时，群体成员也需要互相帮助。如果公鸡发现了谷物，它会大声鸣叫，其意图非常明确：吸引同伴前来。在啄食时，母鸡会高高地竖起尾巴：这种信号虽然是无意的行为，但对所有同伴来说却是一种在远处依然清晰可见的信号——告诉它们那里有食物。

顺便提一下，秃鼻乌鸦是最早被发现存在食物发现地信号传递现象的动物。数量众多的秃鼻乌鸦以集体方式栖息在某一树丛中。它们之中的任何一个小群体，若在前一天发现了最丰盛可口的食物，就会在第二天最早动身，快速向那个神明赐予的美食场所赶去。因觅食不成功而挨饿的其他小群体则会立即跟着那些幸运儿，并因此得以享用食物。当今的动物行为学已确认：**共享食物**是与"躲避敌人"同样重要的、**组建群体的主要动机**。

在（非拘禁或非圈养的）自由生活状态下，等级制在动物社会中所起的作用其实比迄今人们所普遍认为的小得多。只有在两只鸡同时发现谷粒的情况下，等级制才会发挥调节作用：等级高者享有优先权。而就在两手掌宽外的地方，地位较低的鸡总还是有着自己对食物的支配权。一般来说，群体中的合作对大家都有益处。

但在被置于人为的非自然状态下的鸡舍中时，等级制在鸡群中所起的作用就大大增强并变得十分重要了。这时，鸡与鸡之间的每一次遭遇都被纳入了等级制体系，都得按地位高低决定谁服从谁的原则来解决。这时的等级体系包含着地位高者的压迫、征服和刁难，以及地位低者的胆小和懦弱。

例如，在可自由行走的鸡圈里，地位高的母鸡可能会纯粹出于无聊而用喙啄地位较低的母鸡。紧接着，那只蒙羞的母鸡会飞奔向另一只地位更低的母鸡，如晴天霹雳般毫无缘由地欺凌那只母鸡。我们称之为"谄上欺下效应"：奉承上级，欺压下级。

人类的行为确实与之有相似之处。但在印度丛林这种自然环境中，鸡群是不可能表现出这种荒诞不经的行为的。对天敌持续的恐惧以及对食物和水源不足的担忧，使得动物们既没有时间也没有闲心搞这种荒谬的等级排序。可见，在人类工作场所中，办公室职员们之所以钩心斗角，是因为给他们安排的建设性工作还不够多。

许多人相信：基于人类思想的行为要优于基于自然演化的行为。但上述发人深省的事例却表明：这种"优越性"可能是虚幻的。我

以动物为镜子：动物们的自然生活之道

们很容易倾向于接受"自然状态是野蛮的"这样的观点，容易把那种实质上违背自然的以压迫为目的的等级体系看成是自然的，却忽略了那些其实更符合实际的观点：**动物们在野外自由环境中的生活其实要比在人为的不自由的环境中的生活丰富多彩、精妙合理，也更具人性得多**。不幸的是，许多人对那些已被驯化、本能缺失、被关在窄小的笼中、行为反常的动物津津乐道，却始终对那些生活在自然栖息地中的动物所表现出来的相形之下要合理并高尚得多的行为方式孤陋寡闻。

偶然事件决定了等级排名
雏鸟的比赛

在人类的大众教育中，人们对动物群体等级制度及其形成存在着很多误解。人们认为：排位之争的胜者就是动物群体中最身强力壮的个体，而这个品质遗传自父母。这是市民阶层不断兴起的时代所遗留下来的遗传论思想。那时，人们用所谓更优良的遗传品质来论证市民阶层具有领导地位的合理性。

但事实并非如此。伊雷妮·维丁格尔（Irene Würdinger）以野鹅与斑头雁为对象，对相关问题进行了深入细致的研究。在出生的头几天里，幼雏群中就突然毫无缘由地爆发了一场激烈的争执。一只雏鹅向另一只冲去，双方喙对喙，逮住彼此不放，用毛茸茸的小翅膀拍打对方。年纪稍大一点的野鹅或斑头雁用翅膀当作武器进行斗殴，这会使彼此出现严重的瘀伤。雏鹅的翅膀还过于短小，根本碰不到对手。因此，互为对手的幼雏一边跳着舞步，一边拉扯彼此，直到一方因筋疲力尽而放弃。

这是雏鹅的排位赛之战，它也被戏谑地称为"幼雏奥运会"。

雏鸡在出生后第 3 周，雏鹅在出生后的第 1 周结束时，斑头雁幼鸟在出生后半天，就会拉开这场竞赛的帷幕。越靠近北极繁殖后代的物种，其幼崽越是早熟，也就会越早地进行家庭地位之争。每只幼雏都要参与竞争，比赛一场紧接着一场。直到一方彻底筋疲力尽且线性的等级地位得以确立，比赛才会结束。确立的等级排名在未来几个月内都不会改变。

谁会成为这群幼雏的首领呢？维丁格尔探究这一问题时，久久无法从震惊中回过神来。身体的重量丝毫不会影响斗争的结果，破壳的时间倒是有一点影响。稍早一些破壳而出的雏鹅占据微弱的优势，产卵顺序的先后不重要，影响较大的是性别因素。大多数情况下，"小伙子们"会赢得比赛，但并非总是如此。

影响更加深远的是斗争中的纯偶然事件，它有几种情况：

1. 对手的出场顺序。比如，如果第二强者在系列比赛开始时就遇到最强的对手，那它就是弱势的一方。挫败使它士气低落，导致它即使遇到一个比自己弱小很多的同伴，也依然会再次输掉比赛。这更加削弱了它的斗志，使它几乎难以获得一场胜利，最终在排名榜上屈居末位。

相反，如果一个弱者偶然遇到一个更差劲的对手，胜利的喜悦使它充满斗志，因此战胜了更强壮的对手，并被列入顶尖选手中。对于心理变动幅度较大的体育项目，比如网球运动，经验丰富的教练会为有前景的学生从一开始就安排好可以打败的对手，以促使他每次都能击败对方取得胜利。这能使得运动员更好地应对这样的偶然事件。

2. 斗争中的外部影响。即使是幼雏中的最强者，也可能因为比赛中的偶然情况而落到后面。它可能在匆忙中被一颗石子或一根树枝绊倒。较弱的一方趁机啄它，打破平衡，使胜利的天平向利于弱者的一方倾斜。惊诧且无助地注视着比赛的母鹅也会试图进行干预。因此，它也许会突然吓唬一下较强的雏鹅。如果较强的那只逃跑了，那么较弱的那只毛茸茸的家伙就会将这一结局视为它自己赢得的胜利。如果鹅父母想对孩子之间的争吵进行调解，它们常会歪曲排名的真实情况。

最令人惊讶的是幼雏之间的这场斗殴所带来的结果。一只体重较轻的幼雏以这样的"不公正"方式战胜了所有的挑战者，位居第一，即使它原本不够强壮，也会在短时间内成长为兄弟姐妹中最健壮的大块头。最强者不一定是胜利者，但胜利者一定会成为最强者。这个发现表明，所有关于体力和排名的现行观念或许都只是谬论。

从生物化学角度来看，这个过程可解释为：胜利唤醒了好斗心，攻击性加强了睾酮的形成，这反过来又会促进肌肉的生长。研究确定，蛋白同化制剂，即一些运动员当作兴奋剂服用的肌肉形成制剂参与了睾酮的形成。每一场战斗和每一场胜利对动物幼崽来说都像是兴奋剂。

研究人员将鸡冠大小视为血液中睾酮水平的量度。胜利的成年公鸡趾高气扬，遭受失败和磨难的公鸡头顶则只是一顶"宽边帽"。它不会高声啼叫，而是像母鸡一样发出咯咯的叫声。

根据本节描述的研究结果，我们必须从根本上修正我们关于体力和遗传因素与个体等级地位之间的关系的观念。

大型社会中的人类错觉
有优越感的蚂蚁

同样荒谬的还有完美的线性等级制度的观点，因为在"幼雏奥运会"上的许多场混乱战斗中，几乎经常发生非常混乱的情况。甲击败乙，乙打败丙，而丙又反过来战胜甲。我们称之为等级体系中的三角关系。想象一下，如果在军队或公司里存在这样混乱的关系，那将是怎样的景象啊！母鸡之间就完全不存在谁是领导的问题，因为对于生活在自然环境中的原鸡来说，无论怎样，领头的都是公鸡。

归根结底，最重要的是确立群体中的等级最高者和最低者。之所以必须确定等级地位最低的那一位，是因为大家都想知道比自己地位更低的是谁，以便在它身上发泄自己的失意。对那些排位在中间的数量巨大的个体，大家却漠不关心，无论排在第十二名还是第十三名，大家都不会在意。这里还必须指出的是：没有人能够准确地排出等级顺序。"你是老大""你肯定走到哪都得服服帖帖""你要听命于大众"，这些都只是一种感觉。

研究人员曾对开放式鸡圈里产蛋的母鸡称重，以评估母鸡群中是否存在线性的等级制度，并将统计结果用图形显示出来。

结果表明，根本就没有所谓线性的地位等级关系，呈现出来的其实是所谓的正态分布（高斯分布）：几只较重的母鸡位于曲线的一端，几只较轻的母鸡位于曲线的另一端，而大多数母鸡则排在中间。

比母鸡愚蠢得多的唯有生活在城市里、彼此互不相识的大型群体中的人类。他们试图将之前从属的小型自然群体中的等级制度转用到个体数量不可估量的大型集体中，并且出于虚荣心，总是不由自主地想要展现自己高贵的地位特征。在没有什么可以展现的地方，也总是想要强调自己的存在感。

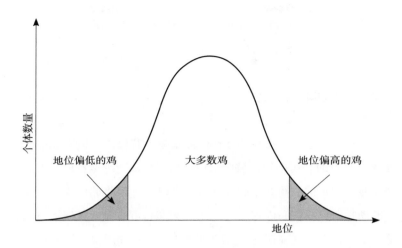

图31　如这条正态分布曲线所展现的那样，在开放式鸡圈的产蛋母鸡群中，除数量众多的居中的母鸡群体外，两边只有少数地位最高和地位最低的母鸡

　　人类的行为是如此荒唐，就像在昆虫中，数百万只蚂蚁想要建立起一个线性等级制度一样。其实，这些微小的虫子根本不会这么做。但作为人类，如果不参与这种荒诞的事且行为谦逊，则会立即被轻视为"败犬"。就像个体普遍匿名的大型社会中的一种习俗那样，人们对之前素未相识的人，会将其归为"贱民"，从而提升自我价值感。在这方面，**大型社会中的人类已变得多么滑稽可笑！**

　　关于领袖人物的作用的流行观点同样令人费解，下面，我将通过野狼的例子对之做出阐释。

第二节　将企业管理方式用于狼群势必带来灭绝

——领袖行为的新视野

如何成为"兽群"之王？

成为首领的两种方法

　　生活在加拿大北部高纬度地区的狼群，若像许多被"无能的领导者"掌管的公司一样，被头狼用严格、独裁、刚愎自用的方式带领，便注定走向灭绝。新的动物行为学研究一致将此作为在野外生存的动物研究的核心内容。对"恶"狼与兽群首领及其统治方法的陈旧观点仍然体现在诸如"伴君如伴虎，跟庄如跟狼"这样的可笑谚语中。

　　1955 年前后，一位对学界贡献巨大的行为学研究者（在此隐去其名）仍试图通过人类的方式，设法使自己成为研究所的兽笼中一匹完全成年的狼的"首领"。他采用的方式如下：穿着棉垫填充的皮革西装、高筒靴、防弹背心和防护头盔，每天走入异常狭窄的兽笼中三次。一旦狼对他表现出攻击性，这位行为学家就用鞭子残忍地鞭打它。"必须告诉这只动物，谁才是这里的主人！"采用这种古代的集权者们所使用的方法，还自认为是按照狼群的自然规律在做，怎么可能建立起他的首领地位呢？

　　不用说，这个人惨遭失败。那只狼变得越来越狂野、凶狠。当它隔得老远嗅到"主人"的气味时，便开始在笼子里怒吼。不久，它被卖给了一家动物园，关它的笼子上安了一块牌子："小心！非常凶恶！"

　　仅仅几年后，伯恩哈德·格日梅克同样试图将一只狼变为家庭成员，他关于动物人性化的观点总是让我感到很亲切。"为了省下养狗的税费。"他微笑着向我透露。

相比前面提及的那位学者的尝试,格日梅克采用的方法完全相反:他通过爱、友谊、关心、日常玩耍,甚至在地板上打闹、打滚,与狼共同成长为一个真正的共同体。狼晚上睡在格日梅克的床边。一次,他垂下手臂,用手摸了摸狼的头。"我头脑里所有的同情都转移到了这个动物身上。"从第二天早上起,他们俩就成为形影不离的朋友了。

格日梅克步行穿过法兰克福市中心时,那只狼就走在它主人的身旁。人们没有注意到它,以为它是一只牧羊犬。如果动物学专家告诉他们这是一只狼,那可能会引发恐慌。

与此同时,其他动物行为学研究者开始观察狼在阿拉斯加和加拿大北部自然栖息地中的群体生活。至今,公众仍然未对他们的发现给予充分重视,很可能是因为他们的发现与"恶狼"以及压迫统治这一传统模式全然不符。

当由 11 匹狼组成的狼群在大熊湖附近的冻原洼地午休时,两只地位较低的公狼在狼群前,扑向彼此。在这种情况下,调解纠纷是狼首领的任务。但是,头狼并没有咆哮着、龇牙咧嘴地跳到它们之间,或将反抗者撕咬得血肉模糊,以向它们宣告自己的领导地位。

相反,它蹦蹦跳跳地过去,并向较强的那只狼发出了……游戏请求!如埃里克·克林哈默所观察到的那样,那只较强的狼立刻对头狼的游戏邀请做出了回应。两只狼扭打在一起,轮流成为赢家和输家,没有必须战胜对方的好胜心。这种好斗动物的攻击性在战斗游戏中逐渐得到宣泄,因而很快便将这场纷争遗忘了。这样一来,通过头狼的巧妙干预,原本会破坏群体凝聚力的厮杀险情在有趣且欢快的游戏中得到了消除。

这与我在本节开头描述的早前观点——认为头狼通过暴力与铁血镇压的方式统治狼群——相比，真是大相径庭！头狼的统治技巧是一种有难度的平衡行为，以此方式将一群天生就具有高度攻击性的个体联结在一起，成为一个彼此合作的统一群体，每个成员都可坚定地信赖彼此。如果狼群因内部纠纷解散，剩下的少数几只狼便无法再猎捕大型猛兽，必然难逃一死；尤其是在冬天，形单影只的狼肯定会先丧命。

更确切地说：为了捕捉一头驯鹿或者说北美驯鹿，需要至少5个"四脚猎人"齐心协力。7匹狼一起才能制服一头比欧洲马鹿体形更为庞大的美洲赤鹿，至少需要10匹狼协力才能战胜一头麋鹿。即使这样，也只有当猎物年老或生病时，这群狼才能成功。

在食物匮乏的寒冬，若整个狼群一直为了找寻猎物而四处奔波，将对自身造成无谓的能量消耗。因此，它们会待在洞穴里休息，头狼则会独自外出两三天，承担起追寻猎物踪迹的任务。

如果头狼认为它发现的猎物踪迹是新鲜的并值得追踪时，它便会通过嗥叫向留在洞穴中的狼发送信号。在森林里，狼嗥声能传到6.5千米以外，在开阔的地带，甚至可传到16千米开外；然后，狼群便会以每小时6~8千米的速度一路小跑着过来。狩猎开始了。面对猎物，这些狩猎者的追捕速度能达到每小时60千米。然后，一切都进展得很快，约6分钟后，狼群便开始享用大餐。人们普遍认为狼群狩猎是两两搭档，全天追捕猎物，直到耗尽体力，埃里克·齐门（Erik Zimen）已经推翻了这种观点，并指出这种观点只存在于人们在书桌前吮着手指想象出来的探险小说里。

如果头狼在几天的侦察伏击后无功而返，追随者们依然会给予它热情的问候。这种表明它受到爱戴的信号使它感到欣慰。然而，

以动物为镜子：动物们的自然生活之道

在几次觅食失败后，狼群会越加饥饿，情绪低落。狼群中便会笼罩起一种紧张的糟糕氛围。在这种情况下，狼群中随时可能爆发争执。狼群再次面临极大的分裂危险。这时，头狼必须介入，以阻止最坏的事情发生。它能做些什么呢？

头狼蹲坐下来，把头向后仰，发出动人心弦的狼嗥声，声音穿破云霄。一瞬间，所有成员都加入嗥叫的队伍中，将它们的音律转到半和弦上，或是交错对位。我们称之为嗥叫大合唱。这是对集体精神的表达。它使得群体成员们感到平静、镇定，再次将大家凝聚在一起。那句谚语的原意有它的道理：人们必须"随着狼一齐嗥叫"。这营造了一种平和的气氛，使得任何糟糕的事都不会发生。

在加拿大的雪地中，狼研究专家洛伊丝·克赖斯勒（Lois Crisler）怀着令人敬佩的勇气亲自践行了这句谚语……并因此得以幸存！当时，狼群在她的木屋边用鼻子打探着，她便开始模仿狼嗥。接着，狼群立即停止了它们原本探寻猎物的敌对行为，这位研究员没有遭遇不幸，就是因为她敢于融入狼群之中。

与头狼克服危机的方法相比，有些企业、政党、政府、杂志或出版社的领导者的行为是这样的：当因生存的恐惧而颤抖时，他们便辱骂关系最好的同事，解雇他们，招来愚蠢但会阿谀奉承的家伙或试图独自一人完成工作，由此，同事关系降至冰点。缺乏兴致和糟糕的情绪使得大家丧失创造力，愿意帮忙的局外人也因此被激怒。如此一来，毁灭之势便势不可挡。

回到克赖斯勒的故事。这时，事情发生了逆转，"救星"出现并帮助了头狼。自然界已有了这样的安排：在饥肠辘辘三四天之后，头狼的嗅觉增强了千百倍。它再次小跑发起了跟踪追击，一次便察觉到了猎物的轨迹；由于猎物过于年老，气味模糊，以至于头狼之前未能嗅探出来。头狼追踪猎物的痕迹通常需要几天，一旦看到猎物，它就会嗥叫："警报！大家立刻赶过来！"狩猎开始，饥饿的狼群终于得救了。

副手是管教专家
对群体规矩违反者的处罚

当然，狼并非天使。成年公狼会在未告知同伴的情况下独自吞食腐肉，或运用有利机会与母狼发生被禁止的交配，它还会在幼狼身上猛咬一口。这类行为必须受到惩罚，但在狼群中，这些行为会以如下文所示的特殊方式受到惩罚。

一只爱惹事的幼狼抢食了母亲给年幼的弟弟妹妹们准备的母乳，这违反了狼群的规矩。那位年老的母狼离开了儿子，因为惩罚不是它的事。即使是作为头狼的幼狼父亲也不管这件事，它只是在远处发出不满的咕噜声。

狼群成员期望头狼是友善的领导者，使"这群凶猛的野兽"成为一个由可靠伙伴组成的群体。管教专家是它的副手。但即便是管教专家也会给违规者一个机会，它只是严厉地看着违规的幼狼。

于是，那只违规的狼便慢腾腾地走向它，请求管教专家给予它应得的惩罚。大狼张开它的嘴，幼狼顺从地将半个头放入它的嘴中。当然，管教专家没有咬它。这是一种具有象征性意义的行为，行为学研究中称此为"象征性撕咬"。

顺便提一下，这也是对犯错的家犬最有效同时也最人道的惩罚方式。家犬时常会夹着尾巴可怜巴巴地呜咽着走到男主人或女主人身旁，向前伸出脑袋。这时，懂狗的行家或这只四条腿的小家伙的好朋友就会用双手夹紧它的嘴，力度适当地夹上大约 2 分钟。对它的教育就这样完成了。

在犯错较严重的情况下，头狼副手如何在"邪恶行为"与惩罚尺度之间找到平衡点是相当令人惊讶的。尽管如此，作为"看家狗"，副手在所有地位较低的成员中是非常不受欢迎的，它永远无法成为头狼，即使头狼死了也是这样。副手无论如何都不会被狼群接受为头狼，"群众"始终有权共同决定谁来管理它们。

在遇到严重损害群体的事件时，副手也会采取严厉的惩罚措施。因此，它在狼群中最不受欢迎，就好像它是地位低下的狼发动攻击的打桩机。地位低下的狼为提升在群体中的地位而进行的争斗也往往以它为矛头，而不是针对头狼。实际上，头狼将所有不愉快的管理事务强加给副手，以便自己不为琐事所累，能沾沾自喜地享受狼群的厚爱。这与有些公司经理的做法相似，两者并非纯属巧合。

副手在狼群里只有一个朋友，就是头狼。因为它不受欢迎，所以它从来不会成功地成为首领。首领的位子是留给那些年轻的所谓顶尖候选者的。

失败的首领将被废黜
狼群的基本民主

在狼群内部，究竟谁有统治权？当然是头狼，但它的管理权范围有限，绝不是一个拥有无限管理权的独裁者。齐门说："可决定一切的头狼是不存在的。"在头狼的统领下，逐渐产生了各方面的专家：猎物踪迹追寻者、危险探测员、猎物杀手、潜行伏击先锋，以及在巢穴中保护年轻的优秀成年狼之幼崽的保镖。在狼群事务的相关决策中，它们都有"话语权"：根据各自在专业领域中的功绩相应地拥有或多或少的话语权。如果与大多数成员的意愿相悖，即便是头狼也无权做决定。狼群中存在着民主制度，并没有滥用职权的现象。

例如，当狼群成员排成"鹅型行军队伍"共同伏击捕猎时，通常是由领路者确定路线，狼王则殿后或在一边并列前进。如果它不满意前进的方向，便会快速跑到前面，以一种与调解纷争时类似的有魅力的方式，通过游戏邀请和在前面领跑使领路者改变方向。

在任何情况下，头狼都必须保持高度警惕，以免犯错。如果它推翻一个地位较低成员的正确观点，做出了错误的决定，那么，就会在狼群中产生裂痕。如果它的错误决定随着年龄的增长越积越多，那么，在十二三岁时，它就会被看作无能的头狼从而面临被全体成员经民主程序撤职的危险。

头狼被"解聘"的执行方式有两种。一方面，年轻的公狼可以向年迈的头狼发出决战请求。而在那之前，它只针对副手——头狼的"替罪羊"——发起攻击。在战斗的第一阶段，一切都取决于群内其他成员的态度。如果相比于"新人"，大家依然更相信年迈的头狼能更好地带领大家，那么，它们就会站在头狼这一方，威胁挑战者；于是，挑战者很快就会放弃挑战。但是，如果挑战者得到了大家的支持，那么，一场生死搏斗便随之而来。

另一方面，与头狼一起生活多年的伴侣——在狼群中地位较高的母狼——也可以成为"解聘"头狼的执行者。这时，那只母狼会将头狼赶到狼群区域的外围。在通常情况下，作为一只"有一身技巧与诡计的孤独大狼"，如果它未能用丰富的经验让自己成功地多存活一段时间，那么，便会在下一个冬天饿死在那里。

在此期间，老头狼的配偶会与一只年轻公狼交配，这只公狼自几年前就已经在老头狼身边耳濡目染了。几年后，事情会向着反方向发展：年轻的公狼会驱逐它年老的配偶，以重新选择一只更年轻的母狼，就这样不断循环。对这种现象的专业表达是：拉链式婚姻。

虽然表面上相当残酷，但这种处置方法有其意义。它有效地防止了逐渐失去领导能力的首领因贪恋权位而留在职位上，避免狼群因头狼的错误决定而毁灭。同时，它也能阻止除了"咬人"与无限的统治欲望外没有任何领导才能的年轻的篡位者成功夺取领导地位，毕竟一旦发生那样的事，同样会导致狼群走向灭亡。

管理权的滥用
缺乏基础控制

"统治欲"是一个完全有理由运用于非人高等哺乳动物身上的概念。珍·古道尔以令人信服的方式证实了其在青潘猿身上的适用性。但对野狼来说，如果对公共福利没有任何的好处，那么，这种"更高的追求"便毫无用处。

然而，在禁闭的空间里，如在活动范围受限的圈养区中，情况就截然不同了。在这种地方，既不会挨饿，也没有危险。地位高的动物个体不需要任何管理能力，最强大、最鲁莽、最冷酷无情的个体就能建立起恐怖政权。在汉堡附近的宁道芬动物园里，我曾观察到龇牙咧嘴、咆哮着的头狼是如何迫使弱者顺从、使其贴到地面并做出屈辱的姿势的。过了一会儿，这只头狼离开了被自己压迫的同类。但那只受压迫的狼依然不太有勇气，当它小心翼翼地抬起头时，那个恶毒的首领又再一次压在了它身上，用牙齿咬着它的喉咙。如此重复了一个多小时。这种行径无异于系统性的刁难。

就此而言，高密度大型社会中的"高层男人"和狼的行为完全一致。不过，这里的狼指的是生活在笼子里而非在自然栖息地中的狼！

上位者对管理权的追求与其能力严重不成正比，这在人类中是多么常见的现象啊！例如，老板宁愿公司破产，也不愿将公司部分管理权交给有能力的员工，那些自大狂妄的独裁者甚至民主国家的政治家也是如此。与非人动物们相比，**近几千年来，我们所属的物种，智人，已懂得利用资本、法律、警察和军队来建立和维持统治地位；通过这种方式，他们无须考虑民众的甘苦就可确保下级服从自己。就像笼中的狼一样，现在的智人就是这样构建人际等级关系的。**

只有灾难才能使无能的统治者离职。但必须是非常重大的灾难才能实现这一目的，小灾小难是不够的。即便国家发生了饥荒、民众经受着惨绝人寰的痛楚，即便一系列无尽的战争和内战（如在巴尔干或索马里）造成数以百万计的死者，也都不足以驱逐那些罪孽深重的当权者。

为什么不能呢？难道是因为我们人比狼更胆小怕事，对当权者更顺从吗？还是如我们在本节开头所概述的"恶狼"虐待事件所证实的那样，是因为现在的人类对管理和服从有着完全错误的理解？

第三节　孩子帮助父母
——鸟类与昆虫助人为乐的特性

林戴胜鸟的助手体系
论无私者的私欲

在肯尼亚奈瓦沙湖岸边，晚霞映照的天空，将奇异的景观笼罩在一片深紫色中。突然，一群 16 只紫绿相间、嘴里发出急促叫声的长尾鸟从空中飞过。它们的爪子紧紧地钩在刺槐（又名洋槐）的树干

　　　以动物为镜子：动物们的自然生活之道

上，敏捷地向上跳着，聚集在树枝上。它们在一片友好的氛围中唱着歌，用长而鲜红的镰刀状鸟喙轻挠彼此的羽毛。这些鸟是（生活在非洲撒哈拉沙漠以南热带地区的）红嘴林戴胜鸟，戴胜鸟的近亲。我们在动物行为学领域取得了一项有关它们行为的重要发现：彼此没有亲缘关系的动物也会互相帮助，产生友谊。

在互道晚安过后，鸟群分成两组。9只30厘米长的雌鸟占据较小的树洞，而7只36厘米长的雄鸟则待在与雌鸟相距一段距离的较大树洞中。它们严格按照性别，分别睡在"女生寝室"与"男生寝室"中。

第二天早上，"男生寝室"里一片死寂。我们将鸟巢锯开，7具苍白的雄鸟尸骨朝我们迎面倒下：就在刚过去的一个晚上，它们全被啃食得只剩骨架了。罪魁祸首是一群非洲行军蚁！

在夜间，敌人多得令人害怕：獴类会将利爪伸到离地22米高的树洞中，鸱鹰和珠斑鸺鹠会掠夺巢穴，红脸歌鹰会以迅雷不及掩耳之势扑向它们。

对雏鸟而言，最凶恶的敌人是响蜜䴕，这种鸟能通过在空中做出引人注目的停悬动作为人和蜜獾引导通往下一个野蜜蜂窝的路：它是一种粗暴的巢寄生鸟，会将蛋"下在"林戴胜鸟的巢中。这种鸟的幼雏鸟喙宛如打孔的钳子，会刺穿、击毁巢中所有的蛋和雏鸟。平均每4颗林戴胜鸟蛋中就有1颗是由于这种原因失去生机的。

每年，每10只林戴胜鸟中就会有4只丧命，它们是死神眼中的蝼蚁。然而，极高的死亡率促使它们演化出了极为精细的生存技巧。此外，林戴胜鸟还能忍受恶劣的天气。雨季，丰沛的降水使得它们的食物（2 000多只飞蛾幼虫）腐烂变质。于是，几乎所有雏鸟都会饿死。只有在少雨的季节，它们才能享受安乐。

尽管死亡率高，但林戴胜鸟几乎栖居在每一片生活区域中每棵有孵化洞穴的树上。唯有一套非同寻常的群体生活体系才能使之成为可能，J. 达维德（J. David）和桑德拉·利贡（Sandra H. Ligon）对此进行了研究。

在由约 16 只成年鸟组成的林戴胜鸟群体中，只有地位最高的一对夫妇有权生育后代。在专业术语中被称为"助手"的所有其他成员都放弃了交配与生育权，把全部的精力都用来为那对夫妇服务，帮助它们，充当幼雏的保姆、觅食者、贴身护卫和生活区域的守卫者。我们看到，它们以最无私的合作方式承担雏鸟的哺育工作。在林戴胜鸟类最长不超过 8 年的生命中，雌鸟和雄鸟在自己孵育后代前，为群体其他成员奉献的时间长达 5 年——假如它们能活这么久的话。不幸的是，它们还得喂养和照料巢中所有年幼的响蜜䴕。

这是动物界最无私的行为吗？

由于助手并不一定是地位最高的那对夫妇的孩子或继子女，还可能是不受乱伦禁忌限制的外来者，因此，领头的雄鸟必须"看管"好自己的终身伴侣（尽管它们的"终身"非常短暂）。但它并不会攻击自己的配偶，不会用喙啄雌鸟或用翅膀殴打它，而是相当平静地站在配偶和"第三者"之间。只有当"第三者"过于纠缠不休时，它才会啄一下配偶，但随后立即转而用喙在其羽毛上温柔地轻挠。

这与狼群类似，群内成员之间的纽带在任何情况下都不能因为内部纠纷而被破坏！无论在什么情况下，每个成员都依赖于其他成员的合作。

但那些"助手"究竟为何要给其他鸟提供帮助呢？是为了提高孵化成功率以增加后代的数量吗？几乎所有拥有助手体系的其他物种都是如此。但林戴胜鸟却完全不是这样。每对生育者的助手数量

以动物为镜子：动物们的自然生活之道

图32　6只成年非洲林戴胜鸟一起无微不至地照顾1只雏鸟

最多达 14 只，这比大多数拥有助手体系的脊椎动物的助手数量多得多。尽管一对林戴胜鸟的孩子由 14 个成员共同照料，但它们所抚育的幼雏在数量上与那些没有得到任何援助的鸟类所抚育的幼雏并无差别！这是利贡夫妇研究中最令人惊讶的结果。

　　为什么会这样呢？简单来说：天敌、天气和饥饿使得幼雏大量夭折，以至于多养几只、少养几只都不足以改变什么。一个巢里只有三四个蛋，幼雏数量如此地少，原本可由父母亲自喂养。在食物充足的日子里，这很容易实现；在非常时期，则一切都属徒劳。由此，大鸟群中的助手对幼雏而言反而不利，因为它们会吃掉本就匮乏的食物，所以助手们的行为并非如此无私。

那么，助手到底在哪些方面能获得好处呢？在此事先说明：最终，它们的行为只是为了帮助自己！更具体地说，通过以下两种方式帮助自己：

1. 白天，它们以结队的方式，在树与树之间飞行，以挽救彼此的性命。它们像啄木鸟一样，将飞蛾幼虫从树皮中挑出来。许多双眼睛一起侦察敌人，要比两只眼睛更可靠。

2. 有时，当它们的成员数量过多，有些鸟会更换群体。雌鸟会逐个离开，因为它们很快就能找到附近愿意接纳它们的群体。雄鸟则需要更长的时间来寻找愿意接纳它的群体，为了更换群体而独自穿越一片未知的区域太过危险。所以，它们每3只一组。同行的3只鸟绝不会是同一窝出生的，否则，它们"兄弟间的"对抗心就太强了。但是，不同年龄的兄弟或同母异父、同父异母的兄弟则很喜欢结伴而行，经常是一只年长的领头（甲）和两只年轻的下属（乙和丙），它们将成为现在还未知的未来的新领导的助手。

对这个重新组成的群体，又存在两种可能性：

1. 如果3个"移民"遇到的是一个数量上处于劣势的群体，那么它们可以尝试驱逐其首领，并取而代之。不过，多数情况下它们只有第二种选择。

2.3 个"移民"成为新群体中的助手，帮助与自己没有亲属关系的鸟。由于它们在新群体中努力工作，因此可以留下来，并等待首领死亡，领导者的位子空出来。

在这两种情况下，甲都是 3 只鸟中的新上司。乙和丙则仍然热切地帮助它。精细的研究表明，处于领导地位的那对鸟夫妇丧命得特别快。一旦当上首领，就活不长了。因为首领肩负的任务太过繁重，以致失去了对危险的敏感度。大多数情况下，乙和丙也会比甲活得更长久。对丙来说，如果能比乙活得更长，它就是乙的接班人。平均而言，2 只等级较低的鸟，它们各自抚育的后代不比甲的后代少。

因此，成为地位高的个体并不会促进后代的繁衍，倒是会缩短寿命。这又是一个新观点，它为等级制现象带来了非同寻常的理解。

为什么红嘴林戴胜鸟会将其所有的心力投注到对其他群体成员的不间断的帮助中？为什么它们中间连一个利己主义者都没有？帮助其他成员的工作使每个成员获得了在能为其提供庇护的群体中的栖身权，群体成员之间无论是否有亲缘关系，它们的地位都完全平等。

这样，在极端恶劣的环境中，从合作式哺育照料中就产生了非亲属同类之间的互助模式。对动物来说，创造所有伟大事物的并不是战争，而是助人为乐的行为。

自私的基因理论
对动物而言，何谓无私？

当我们想到，仅仅几十年前（20 世纪 90 年代），动物学家们仍然普遍认为动物之间不可能存在助人为乐现象，我们就可以知道这些研究的特别价值。以往，达尔文主义的演化论占据主导地位；在其"为生存而奋斗"的论点中，只有拥有力量、管理权和极端利己的生物才拥有"强者胜于弱者"的生存机会。这种观点对诸如"群体中的友谊"和"乐于助人"的内容只字未提，并认为现实中也不存在这些现象。40 年前，我就已经收集了许多动物无私行为的例子。当时深受学校教育影响的人们认为这些不过是"微不足道的逸事"，对此置之不理。1964 年，事情发生了巨大的转变，虽然这一转变在刚开始时是悄悄地进行的，学者们也不好意思承认。一位师从廷伯根的牛津大学学生威廉·汉密尔顿（William D. Hamilton）成功地将达尔文的论点与无私行为观点协调统一，解决了这个之前无法解决的问题。在理查德·道金斯于 1978 年发表著作《自私的基因》后，这一观点被更多人所熟知。

他们的主要观点是：个体动物只有在其基因能从中获益的情况下，才会做出无私的行为。兵白蚁为保家卫国，对抗入侵的蚂蚁，无私地奉献了自己的生命，自己却没有得到任何好处。但从天性的层面来说，这仍然是一种利己行为，因为白蚁群中数百万只白蚁都是它最亲密的亲戚，牺牲个体层面的自我能使自己的基因在蚁王、蚁后以及其他工蚁的体内延续下去。

然而，正如林戴胜鸟的例子所表明的那样，这个理论虽难以反驳，却并非放之四海而皆准。尽管如此，这个结果已经是一个巨大的进步。最终，它产生了一种普遍为人接受的理论，学者们因而能在大学讲堂里探讨"助人为乐、合作、友谊"这样的话题。来自世界各地的许多研究者开始投身于这片新的研究领域，由此诞生了一个新的科学分支：**社会生物学**。

同时，"弱肉强食"这一所谓的自然法则在自然科学领域失去了往日的影响。但是许多人依然不愿意接受新的观点。其实，认为动物本性凶残野蛮的旧观点是人类在生活斗争中实施犯罪的一个绝佳借口，甚至是对犯罪的一种美化。在 1993 年的西方电视节目中，关于动物生活的录影带的广告仍带有这些早已过时的标语：动物世界如同冷漠无情的幽灵列车！

蚂蚁王国中的自杀式袭击者
为集体捐躯

"自私的利他主义"学说的绝佳例子存在于昆虫世界中。1975 年，哈佛大学动物学家爱德华·威尔逊（Edward O. Wilson）首次注意到了这个现象。

事实上，某些小小的虫子（如蜜蚁）肩负重任——为公众福祉奉献自我。在美洲北部、中部和南部以及非洲和澳大利亚的干旱地区，不同昆虫身上的这一现象各不相同。在那里，为了能在即将到来的饥荒时期存活下来，蜜蚁必须在食物充足的日子里存储花蜜。但它

图 33　热带沙漠地区的蜜蚁将工蚁作为活的花蜜储藏室，以便为食物匮乏期做准备

们不能像蜜蜂一样建造蜂巢，因此，每个蚂蚁群都会选出 600 只工蚁作为活的花蜜储藏室。

其他成员会将它们喂得非常肥大，使得它们的后腹部膨胀百倍，变成樱桃般大小。这些充当储藏室的蜜蚁直到后腹部鼓得快要撑破时才停止进食，然后，便像烟道口上的火腿一样，一动不动地悬挂在位于地下几米深的洞穴的穹顶上。一旦它们未能坚持紧紧附着在穹顶上，就会掉下来，在地上爆裂。在之后食物短缺的日子里，那些曾经的喂食者就能从那些充当"储蜜罐"的蜜蚁那里获得食物。它们依靠那些"储蜜罐"为自己补充营养，直到那个原本进食过度且极为"懒惰"的袋子——"大家共同的胃"——变得空空如也。而后，这只无私的蜜蚁就会收缩、死去，并像一个一次性瓶子一样被丢弃。

许多白蚁中的兵蚁表现得更为英勇。它们是训练有素的"会移动的战斗机器"。这些雌蚁和雄蚁不具备繁殖能力，既不能交配也无法自己进食，因此必须由工蚁来饲喂。它们完全看不见，但能根据警报和敌人的气味标记奔赴战场，毫不犹豫地对战入侵它们巢穴的敌军，甘愿无条件地牺牲自我。

这一现象在发展之初表现为最无畏的慷慨赴死形式。生活在非洲和南美洲的解甲白蚁会筑起巨大的柱型巢穴，但没有分化出专门的兵蚁。依据格伦·普雷斯特维奇（Glenn D. Prestwich）的研究，这种白蚁中的每只工蚁都算是地雷。它们会依附在敌人身上。一旦触碰到敌人，它们后腹部周围的肌肉链就会收缩；然后，自行爆裂，将由粪便和体液构成的黏稠混合物喷洒在敌人身上，使其失去战斗力。这让人想起那些在被俘虏时用手榴弹与敌人同归于尽的士兵，或那些驾驶着载满炸弹的飞机撞向敌军的自杀式袭击者。

马来西亚的弓背蚁中也有这样的自杀式兵蚁。只有雌弓背蚁才能担任这种类型的兵蚁。它们拥有一个将头、胸与后腹部串联在一起的巨大的胶腺。当身体触碰到敌人时，这些雌兵蚁就会立刻爆裂，通过牺牲自己来牢牢地粘住敌人。没几分钟，流出的胶质分泌物就硬化了，敌人也因此命丧黄泉。这些发动自杀式攻击的兵蚁属于一个特殊的阶级。

兵蚁部队的战斗力有多强大？对此需做出一个理论上的思考：如果这个群体没有数量上的优势，整个蚁群会很容易被外来征服者（比如一群居无定所的行军蚁）击败，并被完全消灭。另一方面，如果兵蚁数量过多，由于众多"不劳而获的蹭吃者"会消耗非常多的食物，因而，会导致"工人阶级"所创造的"社会产品"不足以养活蚁群的所有成员。这样，蚁群就会因为兵蚁数量过于庞大而毁灭。

令人惊讶的是，所有蚂蚁和白蚁群中的实际情况恰好符合这个理论中的黄金平均数。这是由博尔特·霍尔多布勒（Bert Hölldobler）和爱德华·威尔逊两位蚁类研究权威专家在一系列令人惊羡的实验中发现的。目前，研究者还没有完全搞清楚在孵化室中控制兵蚁、工蚁和繁殖蚁各自数量使之达到最佳比例的机制。显然，这里有一些特定的芳香物质作为信号在运作。

更令人费解的是，人类似乎缺少白蚁的这种智慧。尤其是极权主义国家会因军官、警察、特务、间谍和看守等非生产人员的规模过分庞大而分崩离析。从国民经济角度来看，所有这些人都是无生产力的蛀虫，消耗了百姓生活所需的物质基础。对于灿烂美好的未来的空头支票，百姓最多相信几十年。这就是世界上许多国家的极权政权垮台的原因之一。与此同时，由于非生产性事务的超负荷，即愈演愈烈的增税、政府机构臃肿且普遍存在的以权谋私及其造成的资源大量浪费现象，即便是西方民主国家，也越来越深地陷入一种同样无法维持的局面。总在设立新税目的财政部部长因此成为国家的"掘墓人"。

然而，在白蚁中，发动自杀性攻击的兵蚁绝非万物之灵。从逻辑上讲，相比大量受害者的牺牲，更理性的行为是为幸存的保家卫国者配备更有效却不会伤害本国之民的武器。鼻白蚁就属于这种情况。

鼻白蚁科的白蚁有约500种，它们的头部已演化成一个巨型"鼻子"，一根形状类似炮筒、会分泌胶质的细管。面对来袭的体形相对较大的蚂蚁，体形较小的鼻白蚁工蚁首先会分派两个同伴分别夹紧它的六条腿，并散发气味信号，以引来一只鼻白蚁兵蚁。一旦兵蚁发现敌人，它就会在入侵者的可发动攻击的上颚钳子之外的地方向入侵者体内注入一种威力强大的有黏性和毒性的腐蚀性胶质液体。在"中弹"后，入侵者就周身无法动弹，只能逐渐被工蚁分食干净。

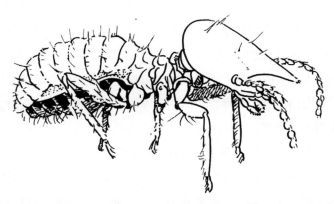

图34　许多白蚁中的"瞎眼兵蚁"的头部已演化出能分泌胶质的细管。兵蚁们会将来犯之敌（如体形相对较大的蚂蚁）牢牢地粘在堡垒的通道中

然而，神来之笔并不在于演化创造出了胶质细管，而在于本种的兵蚁及所有工蚁对这种杀伤性物质具有免疫力这一事实。本种白蚁具备能解毒的化学物质，这种物质不仅能防止分泌胶质的腺体的内壁与储胶袋黏合，还能防止这一液体将兵蚁和那些正以大无畏精神将身强力壮的敌人固定住的工蚁粘在一起。

长期以来，这个成功秘诀使得人未能彻底对鼻白蚁进行研究。科学家们一旦将它们要塞的某处凿开，瞬间就会有数以千计的"胶质大炮"一齐开火，且命中率奇高。

加利福尼亚小蜂中的兵蜂为其兄弟姐妹所做的牺牲就完全走极端了。每一只小蜂会用产卵管将一颗卵运输到一只蛾的卵中。在那里将会发生令人难以置信的事情：小蜂的卵会分裂成100~200个基因相同的卵——它会自行克隆。尽管具有相同的遗传物质，但一些个体比其他个体生长得更快，并形成士兵阶级；它们有巨大的上颚钳子，行动非常敏捷，但不具备繁殖能力。

这时，如果其他寄生蜂将卵产在同一个飞蛾卵中，兵蜂就会立即发动进攻，将那些竞争者的卵刺穿至死。一个完美的保镖守护着弟弟妹妹们赖以生存的基石。一旦弟弟妹妹们作茧成蛹，成为完全成熟的小蜂，并飞离蛾卵，所有的兵蜂便会死去；当不再被需要时，它们就会衰老而死。

发现这一现象的学者是加利福尼亚大学伯克利分校的 Y. P. 克鲁兹（Y. P. Cruz），他将这种为兄弟姐妹的福祉而乐于助人的形式描述为极端利他主义，这种形式在任何情况下都不可避免地以死亡结束。按照社会生物学的解释，这些兵蜂个体牺牲自己的生命是为了求得自己的基因在兄弟姐妹的相同基因中继续留存。

在钦佩这类昆虫为了群体与血亲而做出自杀式牺牲行为的同时，

我们也感到了恐惧和不适。显然，这种伟大的行为在反射性约束下仿佛是完全自动的。兵蜂们不知道自己在做什么。它们别无他法，只得像没有选择权的傀儡一样行事。这不同于人类中的自杀性攻击行为，因为他们的行为是自愿的。

我想通过这些例子展示一个自然法则：帮助他者的个体绝非像现今的某些人所认为的那样是愚蠢、缺乏生存能力、只有被利用价值的个体。相反，假使没有那些竭尽所能舍弃自我的成员，昆虫群体中数百万的成员将面临灭绝。

动物中的社会主义可谓社会主义的极端形式，其在道德层面更为高级的阶段存在于哺乳动物中。近年来，相关的研究已展现出了这种现象令人惊讶的程度。

为什么乐于助人的行为没有消亡？
哺乳动物和鸟类中的助手

在非洲侏獴群体中，帮助他者并非表示亲近的施舍，而是一次英勇的行为。正如我在前文关于配偶感情纽带的章节中已简述的那样，哨兵们就是依此行动的。除尾巴外，侏獴仅长 20 厘米，重 340 克，身披金黄色毛发，5~20 只一起，在极其恶劣的环境中过着群居生活。

每天，哨兵獴必须发出约 30 次警报声。根据安妮·拉莎的研究，侏獴群体平均每 4 天会遭到一次敌人的攻击；在受到攻击时，常有成员险些丧命，幸亏有哨兵的警告才能得以逃脱。侏獴群体中的哨兵通常双腿站立，在蚁丘或树冠的顶端担任警戒工作。

这项工作对哨兵有百害而无一利，因为在确保同伴能够集中精力觅食期间，哨兵自己必须忍饥挨饿。此外，在这样一个位置如此暴露的地方站岗，哨兵獴会受到极大的生命威胁。在所有被掠食者杀死的侏獴中，有 2/3 是在放哨时被抓住的。这项工作为它们带来的唯一好处就是能在群体中获得一定的荣誉。

在以往的保守的生物学课堂教学中，教师总是粗暴地否定动物有例行的执勤站岗行为；直到 1984 年，拉莎的研究成果逐渐为人们所熟知后，这一状况才开始改变。达尔文主义者认为：这种牺牲自我的行为在总体上只会导致助人为乐倾向及利他行为自行消失。也就是说，根据这个理论，为他者站岗的现象是不可能存在的。假如偶尔出现关于动物哨兵的报道，人们会视其为"沾沾自喜的个体偶然做出的持续较长时间的安全保障行为"，并不会予以重视。这是多么典型的人类自以为是的错误判断啊！

但是，难道达尔文主义不对吗？在这些极端危险的情况下，当那些逃兵，即所谓"有生活能力"的成员，能将自己喂得白白胖胖时，而那些无私的成员，即所谓"蠢家伙们"，难道不会在短时间内灭绝吗？为什么无私的基因能留存在这种动物的天性中呢？

让我们来看看一个因不幸遭受巨大伤亡而仅剩 4 名成年成员的侏獴群体。在成员数量庞大的侏獴群中，每一个交替换班的哨兵需要为站岗执勤和集体牺牲 20% 的进食时间，这对数量较小的群体来说是无法承受的负担。社会工作已经几乎占用了 4 个成员 35% 的进食时间，这太多了。饥饿会削弱守卫的体力，使它们忽视要为集体完成的本职工作。因此，掠食者反而收获颇丰。每一位成员的丧命都会使群体的处境更加危险。很快，这个小群体的成员都成了掠食者的盘中餐。

这个例子让我们看到，当所有无私者与它们身上的"利他基因"在动物群体中消失后会发生什么事情，那就是，整个群体注定覆灭。

由此，对物种的生存来说，善良好心的"傻瓜"比自私自利的"机灵鬼"具有更大的价值。因此，造物主会确保无私的天性不会在社会动物中消失。根据 J. 梅纳德·史密斯（J. Maynard Smith）的观点，自 1979 年起，我们开始将这种现象称为行为方式"演化的稳定策略"：利他行为不会被自然选择所淘汰，因为它有利于群体的延续。这与"唯利己者才能生存"的旧观点形成了鲜明对比！

一个侏獴群体的成员数量急剧减少会使其生存受到威胁，但有一种方法能够确保它们继续存活：它们可以试着与相邻的同种群体体融合。如果相邻群体的成员数量同样较少且需要帮助，它们便会立即欣然接受这些"避难者"。作为助手，新添的成员服从于群体，并以同样伟大的方式一如既往地为自己和群体中的其他成员工作。

在这种情况下，个体间的关系就不再像汉密尔顿和道金斯所说的那样，只有在亲密的亲戚之间才会出现互助行为，个体做出自我牺牲是为了使自己的基因能在亲戚身体里延续下去。在这种情况下，**动物们也会帮助没有血缘关系的群体成员**。助人为乐已扩展为所有同类成员在困境中的行为。在这一点上，两位社会生物学创始人可能是正确的：**在动物演化史上，利他行为是通过亲缘选择而产生的。但在此基础上，利他行为又有了进一步发展：利他现象从原来的局限于亲属之间扩展到了所有无论是否有亲属关系的群体成员之间。**

我们每个人都应该从中认识到：只有当全人类互帮互助成为一个整体时，人类才能得以生存。未来威胁着我们生命的危险是如此巨大，通力合作是唯一的解决办法。人类必须共同成长为一个大家庭，并最终明悟：找到一个超越所有种族和宗教限制的共同点是多么必要。否则，人类迟早会灭亡。

有奉献精神的人被滥用

无私是把双刃剑

在发现自然界的利他主义现象后不久，许多传统学派的动物学家插手干预，对相关主张冷嘲热讽。他们称：所有迄今熟知的动物助人为乐的形式最后一定总会归结于自私自利。没有名副其实的利他主义和真正的自我牺牲。这一反对意见是否有理据呢？

一只侏獴之所以帮助它的同伴，仅仅是因为，若非如此，群体及提供帮助的个体一定会灭亡。林戴胜鸟只为其"家人"服务，是因为脱离了家庭，单独在外的个体根本就没有存活的可能。蚂蚁和白蚁为蚁群奉献自我，是因为没有这些付出，所有成员都将丧命。旱獭是一个活的"热水瓶"，能在冬眠期间为"家人"取暖，它们这样做，仅仅是因为，若非如此，所有家庭成员都会与自己一起冻死。猴子的女儿充当保姆帮助自己的母亲，是因为它们能从中学习如何与孩子相处，以便今后可更好地照顾自己的后代。年轻的高壮猿为保卫自己的"家人"和群体而采取自杀式攻击来反抗侵犯者，彰显了英雄气概，它们这么做的原因是，如果懦弱地逃跑，那它们就永远没有机会成为群体首领。斑鱼狗（一种生活在非洲等地区的翠鸟）作为无亲缘的外来助手协助非自己配偶的雌鸟哺育幼雏，仅仅是为了在未来有更好的机会与这只雌鸟建立配偶关系。

在已观察到帮助现象的 370 种不同鸟类中，无论我们对哪种鸟进行观察，的确总是能够在无私者的行为中看出某种私心，这点毋庸置疑。

但是，这真的是断言动物之间没有真正无私行为的理由吗？我们人类难道做得更好？即使是将自己的全部家产捐给穷人的最虔诚的人，也只是为了确保自己在天堂有一席之地。清心寡欲的人之所以谦虚，只是因为他自认为高人一等。作为利他主义者，我们人类与帮助他者的动物毫无区别。

各种大同主义的主要错误在于把无私的"理想人"作为社会变革的前提条件。但这种天使般的生物并不存在于地球上。基于"人类是无私的生物"这一设想而做的改善世界的一切努力都失败了，建立在这一设想基础上的所有制度都无法实际运行。然后，当社会引入所谓"向善的约束"和持续性控制时，便出现了警察国家和没有隐私的国家。

基督教的博爱信条也出于同样原因而难以实施。在多数情况下，施与者的理想类型并不与受惠者的理想类型相匹配。有奉献精神的人被无耻地利用、滥用，甚至被逼上绝路。文森特·凡·高（Vincent van Gogh）还未成为画家时想在比利时博里纳日煤矿区从事传教士工作，他把所有的家产都分发给了穷人，但却被受惠者蔑视，被教会唾弃，自己还差一点在贫穷与不幸中丧命。

如何解决这一问题呢？这一点甚至在《圣经》中都没有指导。因此，探究动物界是否存在一条防止利他行为被滥用的规则似乎完全是对神明的亵渎，但我仍然会尝试这样做。

以牙还牙，以德报德
助人为乐的多样性

动物在许多其他场合也会互相帮助。这里仅以电报风格做简要概述：

1. 在求偶之初，许多动物（如银鸥）都会用给异性赠送食物的方式表达爱意。如果雌海鸥有一大份美食，那么，它的未婚夫不会尝试从它那儿偷走食物，因为这对这种长期埋伏的掠食者意义重大。动物行为学将此视为配偶之间给予帮助的萌芽。这种行为进一步发展下去就是为了求偶而喂食。雄鸟会为它相中的雌鸟带来珍馐美味作为礼物，通过"贿赂"来弥补它性格中的缺陷。许多鸟类将这种仪式简化为用不可食用的象征物作为礼物，例如，用石头、小棍（借此表达"我能筑巢"）或宝石来作为礼物（如在亭鸟中）。或者，求爱喂食只是醉翁之意不在酒，最终只是想接近对方的喙。

2. 在许多（并非所有！）事例中存在着配偶互助现象。一对新婚的灰雁夫妇共同行动，痛打闯入的独行者。亚洲胡狼和黑背胡狼会和配偶一起追逐比自己体形更大的猎物，如羚羊幼崽。它们一个引开母羚羊，另一个抓走小羚羊。许多鸟类会与配偶轮流孵卵或给孵卵的配偶喂食。

3. 母亲会帮助自己的孩子直至力竭并为此付出生命。对于同样的工作，父亲能做到和母亲程度一样的情况较少。1989 年的"孟加拉虎事件"之所以会出名，原因之一是当配偶和孩子们忍饥挨饿时，雄虎为它们拖来了食物。

4. 许多动物的幼崽也会反过来帮助自己的父母。在 400 余个至今在科学界为人熟知的例子中，有一些我已经做过描述，如昆虫、林戴胜鸟、狼、赤狐和侏獴中的相关事例。

5. 兄弟姐妹之间也会互相帮助。比如，在草鸦科动物中，巢中最年长的孩子负责分发父母心急火燎地塞给自己的鼠肉。没能找到伴侣的年轻雌性小型鹦鹉会帮助自己已婚的姐妹而非自己的父母照顾幼鸟。年幼的野火鸡会与其兄长做伴，作为它的求偶帮手。年轻的雄狮也以类似方式联合形成兄弟会。它们离开生养自己的狮群，以这种共同体的形式在历时 3 年的学习和漫游阶段，到处流浪，直到征服一个陌生的狮群。

6. 非亲缘关系的同类饲养、帮助和收养幼崽。有一天，有个散步的人为德国不伦瑞克的动物学家奥托·冯·弗里希带来了一只失去父母的灰林鸮幼雏，放在他位于树林边的家中。弗里希让它在金属丝鸟舍中自在地飞翔，它却在那里整晚可怜巴巴地呼喊着。第二天早上，那个鸟舍的金属丝舍顶上躺着 62 只小鼠。原来，一只与幼鸮非亲非故的成年鸮居然用食物（小鼠）为这个可怜的小家伙搭盖了一个顶棚。它这么做，或许是因为心软吧。崖海鸦是海雀科下的一种鸟，这种鸟在大西洋北岸岛屿陡峭的悬崖上一片狭长的薹草丛中孵蛋。如果它们自己的孩子坠落悬崖或被贼鸥吃掉，那么，它们也会喂养没有亲缘关系的邻居鸦的幼崽。众所周知的"猴子的爱"促使许多母猴收养孤儿。同样喜欢孩子的还有非洲象和亚洲象。

7. 许多动物也会在彼此陌生的大群体中相互合作。椋鸟会成群结队地向鹰发起反击，使其坠落；鱼群会在战术演习中反复训练如何摆脱敌人；金枪鱼群会以包围战抗击成群的小鱼；羚羊群通过集体防御抵御敌人的攻击。

8. 在每一个个体都富于个性的小型群体中，每位成员与其他成员都私下认识。在这种群体，如象群、海豚群、猴群、狼群和狮群中，合作与乐于助人的行为已经高度发展。确切地说，它们所遵循的社会行为准则是："人怎样待我，我便怎样待人。"换言之，即"一报还一报"。这始终表达着一种积极意义："如果你帮我，下一次我便会帮你。"多次不以同样的善举报答他者善行的成员将被驱逐出群体。想要占取他者便宜的自私者不会

　　　　　　　　以动物为镜子：动物们的自然生活之道

有任何机会继续留在群体中。**"以牙还牙，以德报德"，但若有欺骗行为，则会被开除出群体，这就是动物之间维持良性互动的灵丹妙药吗？在所有个体彼此间都私下认识的小型群体中，这一准则能很好地起作用。但若个体间只是萍水相逢、此后便再无关联，那么，就会助长诈骗行为。**

9. 在特定条件下，在团体生活中习得的"助人为乐"的准则也会用在陌生的同类身上。比如，在以"V字形"飞行的候鸟群中，飞在最前面的候鸟仿佛拉着处在由它引起的空气漩涡中的后方候鸟一并飞行。强壮的候鸟会时不时地接替领头鸟的任务，帮助后方飞行的弱者，使其节省近1/4的体力。在湿滑环境下的交配过程中，雄灰鲸容易滑离雌鲸，因此，在交配时它们会交替着为对方提供支撑帮助。夜莺整夜歌唱只有一个原因，即告诉后来的同类，今年它们所在地区的生活条件非常好，因而邀请它们着陆。在有过触摸笼中按钮遭电击的经验后，实验室中的小白鼠会将没有经验的同类挤到一边，以使其远离危险，保护它们不受电击。

10. 一些动物助人为乐的行为甚至会扩展到其他动物身上。人们肯定经历过或知道这样的事情：雪崩后，搜救犬是用怎样一种不知厌倦的热情寻找被掩埋的人的。当它们发现所找到的自己完全陌生的人已经失去生命时，它们是何等沉痛和悲伤。通常，一只黑背胡狼会与一只斑鬣狗合作，一只北极狐也会与一只北极熊协作。其中，个头小的动物会承担分散野兽或海豹注意力的工作（因为大小悬殊，后者不会怕前者），直到个头大的动物突然发起猛烈攻击。属于这种互助形式的还有那些所谓的"清除共生体"：小鱼或鸟为危险的大型动物清除寄生虫。

这种互助形式也包括所有其他的动物间共生体，即不同种的动物为互利而合作的所有形式。

人类：行为如虎的蚂蚁
大同主义为何如此难以实现？

当我们回想起我在本书以及之前的 28 本书中描述的各种各样关于动物助人为乐的事例时，当我们考虑到这 5 000 个事例只是动物无私地帮助他者全部事例的极小部分时，我们真的有必要扪心自问：为什么直到 1964 年，动物学才终于认识到自然界的这个伟大的现象？为什么在那之前占据人类思想的只有"弱肉强食"这种所谓的自然法则呢？

人类确实是彻底的社会性动物。孤独的遁世者会变得脾气古怪，没有公众的约束，一个人至少会变成一个怪人，甚至一个我行我素的极权者、暴君、独裁者或危害公众的罪犯。

但是，**一个人只有在小群体内才清楚自己的社会秉性。在彼此互为陌生人的大型群体中，一个人会做出不合逻辑的反应。**他似乎要补偿大群体带给他的忧虑，而将自己看作单独实体。有些公司、政党和国家的领导人喜欢把自己看成"丛林中孤独的大型猛兽"，并相应地残暴行事。这再次让我们想起"行为如虎的蚂蚁"。

认识到我们所处的这种社会的基本性质并将合作行为推广到全人类这一大集体中，是我们这个时代最重要的社会任务之一。

请看看我们的办公室。为求高升，公司里充满了竞争、嫉妒、窝里斗，那些心怀妒忌的人对那些想要且能做得更好的人进行欺凌、刁难、取笑，阴谋和诽谤取代了为所有人的福祉而进行的合作。

所有努力的重点不是提高生产力和整体业绩，而是个人地位和利益的提升。简而言之，整个公司就是一个烂摊子，例如，经李·艾柯卡（Lee Lacocca）整改之前的克莱斯勒汽车公司就是这个样子。各大机构无一不采用帕金森定律所揭示的必然带来"人员膨胀、机构臃肿"的金字塔式管理方式，尽管人们已认识到这个问题，但对此至今仍无计可施。

此外，许多老板认为，只有通过暗中侦察、营造对被解雇的恐惧、采用独裁式的管制和镇压方法，才能维持自己的地位和威信。其实，这样做只会削弱全体员工的创造力。

让我们再来做一次对比性概述：自然栖息地中的动物群体会不断受到危险的威胁，假如它们按照许多企业和公司所采用的管理制度来管理，那么，它们恐怕早就已经灭绝。虽然许多贸易企业也会破产，但新的工人、职员、高管和老板又会以将会造成破产的老方式重新组建公司。人类社会中的领导层糟糕的真正原因在于缺失洞察力。社会动物群体可为我们提供它们成功的生存策略。

在动物群体中谋求共存的技巧还包括：化解冲突以消解其危害以及在不得不凭力气较量时遵循格斗规矩，以保证任何同伴都不会受伤或死亡。

第四节　是公平的摔跤比赛而非厮杀
——比赛规则和宽恕对手

鳄鱼的海战
鳄鱼间的决斗

"动物与它所有的对手殊死决斗，在紧急情况下甚至会杀死对手，无论何时何地都可以最大限度地利用机会，使自己争得食物、异性以及领地。"这句话出自恩斯特·黑克尔（Ernst Haeckel，一位在 19 世纪与 20 世纪之交非常著名的德国动物学家和达尔文主义者）的作品，并从此成为自然科学界几乎所有人信奉的教条。但它有一个小小的错误：黑克尔所描述的是具有极端攻击性的人类行为，而不是其他动物的本性和意愿。

任何一种来自人类灵魂的思维方式都会论及这种野蛮观点，因为这种天真的进化论在今天依然完全主宰着许多人对动物的看法以及自身在经济、政治领域的行为与态度。他们的口号是：不计代价、不择手段，甚至采取犯罪的手段来打垮竞争对手、让竞争者破产、避免自身遭受损害。学校教育从未对这种完全错误的印象予以更正。因此，我想试着在下文中弥补这个至今仍不可饶恕的疏忽。

无情的热风吹过肯尼亚北部图尔卡纳湖畔的半荒漠地带。一堆圆球形的瓦砾突出水面。这是一座位于水下的死火山的顶部。铅灰色的天空若有若无地映照在小岛火山口里的湖中：对 500 余只尼罗鳄而言，这是一个如今依然留存的天堂！这些最长可达 6 米的"锯齿装甲车"肩并着肩、你上我下地紧挨在一起。它们是 1 亿年前史前时代的幸存者，当时的世界由它们的近亲——恐龙——统治着。

印度动物行为学研究者 M. L. 默达哈（M. L. Modha）已经研究它们多年。虽然他没有丢掉性命，却也为此失去了半只手臂！这个"湖滨浴场"与旺季中的韦斯特兰不同，每隔 30 米就有一幅壮观的"众星捧月"图：诸多"后宫佳丽"围着一位"皇上"——多数情况下是一只已活了上百年的壮硕雄鳄。

如此高龄的老家伙还有性生活？是的，与大多数哺乳动物不同，鳄在其漫长一生中从不会停止生长。所以，在它们的社会中，上百岁的鳄最庞大、最有力量。尽管如此，"皇上"的生活并不轻松。它必须一直坚持不懈地防范 80 岁左右的陌生"年轻小伙子"抢夺自己的"爱妃"。当所有雌鳄白天慵懒地享受着日光浴时,"皇上"要么边在雌性面前发出交配时的大叫声,边在水域内来回游走,要么找个隐蔽的地方躺下来打盹,同时感官全开,感知着周围的环境。

一只强壮的单身鳄正在靠近,它几乎全身都潜藏在水面下,只有眼睛和鼻孔露出水面,它是如此小心,以至于别的鳄几乎无法察觉到湖面上荡开的波纹。但那位"皇上"还是立刻惊起,并径直游向敌人。它发出呲呲的响声,并从鼻孔中喷射出两道水柱——就像我们在童话故事和传说中"看到"的龙喷火一样!

闯入者并没有理会这个警告。于是,"皇上"张开它的血盆大口,将自己的身体尽可能高地抬离水面,发出雷鸣般的吼声,并以最快的速度扑向敌人。挑战者失去了勇气,转身逃跑,但"皇上"截住了它逃向沙滩的去路。如果在岸上,失败者就能和"皇上"战成平局,但根据鳄古老的比赛规则,在岸上不可继续决斗。

从湖中的追逐战中可以看出,"皇上"的速度比对手快。它用牙咬住对手的尾巴,把它向上撕扯,然后抛向空中,令其背部朝下狠狠地摔落在水面上。

10 年后,安东尼·普利(Anthony C. Pooley)和卡尔·甘斯(Carl Gans)根据电影拍摄分析得出结论,接下来一般会发生的事是:被追逐者口吐泡沫,停止前进,潜入水中,并把头笔直地伸出水面,向胜利者呈现自己身体没受到保护的柔软部分。此时,胜利者只需一口咬下去就能一劳永逸地解决对手。但是,它没这么做。失败者顺从谦逊的姿态所具有的巫师般的魔力会使胜利者停止攻击。它将失败者的一条弯曲的腿含在自己的利齿间,但没有咬下去。这只是一种示威:"我本可让你致残,但现在让你毫发无损!"

一场按照固定规则公平进行的实力较量就像一场早期骑士之间的决斗。所以，在动物行为学的专业术语中，这种决斗形式被称为比赛性决斗。人们将此与大学生击剑决斗进行比较，击剑决斗在决斗场地上根据行为准则决出胜负，最糟糕的情况也不过是在脸颊上留下伤疤。因此，这种决斗又可称为"循规决斗"。

动物间的争斗所遵循的基本准则是：不毁灭、杀害对手或使其失去生活自理能力，在决出胜负后就饶恕对手。如黑克尔所言，弱者不会被杀害。在多数情况下，它们可以继续活着，并在不久后，重新获得再次碰碰运气的机会。这就是我们已在尼罗鳄中看到的，非人动物们普遍具有的，所谓原始而残暴的本性。

有一种推测的观点认为，鳄作为与恐龙同时代的动物已在地球上生活了上亿年，它们之所以能在那个（白垩纪末期）大灭绝时代存活下来，是因为它们有一种非常强大的能力，即能在决斗后饶恕对手。

但是，正如行为学家起初所猜测的那样，这种决斗规则并不绝对适用于所有情况。如果失败者耗尽了胜利者的"宽宏大量"，并过于频繁地重复这种挑战，就会遭到一场小审判。

这表明，决斗比赛可能不仅仅是纯粹天性或本能的结果。动物们完全能选择使用公平的决斗规则，饶恕对手或杀死敌人。如果要杀死敌人，它们也非常清楚自己在做什么。

用摔跤比赛代替毒牙决斗
响尾蛇之赛

在佛罗里达大沼泽地国家公园的森林中正上演着危险的一幕：为了与另一条蛇争夺生存空间与配偶，一条强壮的雄性东部菱背响

　　　　　　　　以动物为镜子：动物们的自然生活之道

尾蛇正闯入别的蛇的狩猎区。被入侵的蛇意识到了危险，它凶恶地边爬边吐信子，并用尾部发出哒哒的响声，向敌人示威。

　　毒蛇对战毒蛇！即将爆发一场决定生死的决斗了吗？毒蛇只需用牙咬破对手的鳞片便足以将其杀死。响尾蛇对自己的毒液并不具备免疫力，因此对自己的猎物，如老鼠，要过一段时间后，等致命毒液在猎物身体内分解并变得无害时，它们才会进食。

　　然而，尽管这两条响尾蛇都可立刻用自己的毒牙向对手发起进攻，尽管这是杀死敌人最快的方法，但它们却从来不会这么做。

　　它们会按照严格的决斗规则进行"摔跤比赛"。首先，它们的身体会缠绕在一起，形成越来越紧的螺旋，直到最终头对头，身体

图35　两条雄东部菱背响尾蛇正在进行一场不用毒牙的决斗。借用钢制弹簧般的身体所产生的力气，用直立而起的身体前半部分压住对手，直到更强壮的一方将输家牢牢地压在地上

交错相依。著名动物行为学家、动物决斗行为研究者艾雷尼厄斯·艾布尔－艾贝斯费尔特报告道：那两条响尾蛇有 2.5 米长、10 千克重，它们身体尾部 1/3 处半弯曲或全弯曲着，身体前半部分向上直立起来的高度达 0.5 米。

在开始阶段，决斗看起来相当温和。两位"摔跤手"将尾部对着尾部。接着它们将肺部充满空气鼓起，再使出浑身力气挤压肺部，直到它们突然互相调准完毕，身体如同钢制的弹簧弹射出去，并重重地撞击地面。随后，两位"摔跤手"尽快重新起身，再次缠住对手。在数个回合后，其中的一条响尾蛇成功了。在对手未能迅速重新起身的那一次，它用身体的前段压住对手，直接绕到对手的头后面，竭尽力气"用肘窝卡住对手的脖子往下按压"，并保持这一姿势几秒钟。然后，赢家停止了"进攻"，并放输家逃脱。

于是，输家逃之夭夭。这种不使用致命毒牙武器的决斗是一场公平的"摔跤比赛"，一场力量较量，没有一方会因此受到严重的伤害。

为什么输家要承认赢家至高无上的地位呢？答案很简单：如果它反抗，灾难就会降临到它头上。那些"摔跤比赛"中的输家完全有可能在激烈的毒液战中成为最先被毒牙咬死的那一方。

对赢家而言，与通过不流血的斗争赢得的胜利相比，一场杀死对方的决斗并不能带来更多好处。但对输家而言，这就意味着毁灭。这与人类具有威慑力的核战争同理。响尾蛇懂得如何避免自我毁灭。相反，对人类是否能在小国间所谓有限的战争中成功地阻止核武器的运用，我完全没有把握。

和怀疑论者起初所猜测的一样，尼罗鳄和东部菱背响尾蛇在这一领域让我们亲眼见到了它们类似道德的行为方式，而这绝不是个例。18 种不同种类的响尾蛇都会采取同样的做法。行为与此高度相像的还有欧洲龙纹蝰，它们也按照几乎相同的"决斗规则"决斗。只是它们不是采取"用肘窝卡住对手的脖子往下按压"的方法，它们喜欢将对手压在一边。有人认为：所有毒蛇在争斗时都会放弃使用毒牙。

然而，直到现在，都没有人观察到黑曼巴蛇（一种眼镜蛇）争斗的场景。不过，这仅仅是因为人们对这种爬行动物宁愿敬而远之。这是唯一一种会快速跨越相当远的距离向激怒它们的动物发起进攻的蛇，尤其是当这些动物在曼巴蛇交配季节无意间挡在雌雄曼巴蛇之间，或在两只正在争斗的雄曼巴蛇间逗留时。

像雄山羊那样决斗的箭毒蛙
另一类放毒者的比赛

在中美洲和南美洲雨林中，生活着一种更危险的"死亡制造者"：箭毒蛙。这种蛙体形娇小，身长仅 3 厘米左右，它们身上有着引人注目、闪闪发光的鲜红色、淡黄色及其他海报色彩。这类鲜艳的色彩在动物界是剧毒的警告信号："你若吃了我，必将自取灭亡！"一只娇小的箭毒蛙体内所含的毒液之多，足以让 50 个人在短短几秒内身亡。这纯粹是一种防御性武器。印第安人狩猎或卷入战争时，会利用从箭毒蛙背部皮肤腺上分泌的毒素将箭制成可以瞬间致死的武器。

许多这类放毒者会在自己的领地内活动。每一只都需要一块河道岸边的大石头。在繁殖季节，它们会坐在石头上，发出"呱呱"的叫声。它们经常会为了排挤对方而进行争斗。如果这种两栖动物试图撕咬彼此，则双方都必死无疑。因此，它们也会按照规则举行

"摔跤比赛"。巴拿马矮树攀爬比赛的参赛者观察发现：

"两只同种雄箭毒蛙互相靠近，占有石头的那只抬起四肢，发出一种特别的声音。"如果对手没有被吓到，那么，双方就会像雄山羊一样，用头部撞击对方。如果没有决出胜负，那么，它们就会双腿站立，按照摔跤者的方式扭打在一起。谁向后摔倒，谁就输了比赛。

这与我们的主题相关：争斗中没有彼此撕咬，因为撕咬只会自掘坟墓。

放弃用毒
鬼鱼和狼蜂的决斗

我们在鬼鱼身上又发现了另一种比赛方法。鬼鱼是可怕的蝎子鱼和石头鱼的近亲，生活在太平洋和印度洋中。它背部的刺腺也会分泌致命的毒素，这些毒素使它的鱼刺变为毒矛。被鬼鱼毒刺蜇到的掠食者在短短几分钟内就会死亡。如果一个人在马尔代夫，光脚踩到躲藏在珊瑚礁海藻林中的鬼鱼，那么他必须在 3 小时内就医，否则必死无疑。

根据沃尔夫冈·威克勒（Wolfgang Wickler）和克里斯特尔·诺瓦克（Christel Nowak）的研究，这类鱼过着安静祥和的婚姻生活。雄鱼和雌鱼常常头并头地待在一起，触摸着伴侣侧面的胸鳍。这表现出一种非常亲密的配偶关系，令人想起许多鸟类所谓成双成对的排排坐姿态。同样的动作在鬼鱼身上更多地表现为雄鱼对雌鱼的照料。

竞争对手应当如何将这般亲密的一对伴侣分开呢？它如同天使般向下游去，拼命尝试着挤向两者中间。制止竞争者这一行为的最简单方法就是丈夫闪电般地紧贴住自己的配偶，接着，在对手靠近雌鱼时，用背部的刺刺入其身体并杀死它。但双方宁可进行一场可能会耗费 3 小时的比赛，也不会做这样的"坏事"。

如同象棋比赛一样，所有的动作都非常缓慢。在对手做出反应之前，做一个反向运动需要好几秒的时间。它们非常地小心，避免竞争对手被自己背部的刺刮伤。

每条雄鱼都非常努力地将对手从中立观战的雌鱼身边挤走，如同德国巴伐利亚人的拇指摔跤一样，用自己的胸鳍拽着对手的胸鳍。有时候，其中一条鱼会突然张嘴，但不是朝着对手的身体咬去，而是朝向水中。然后，另一条鱼会把尾巴弯曲起来，好像要用尾鳍击打对手。但在准备撞击而向后摆动时，它却僵住了，就像是痉挛了一样；此后，它需要一段时间才能慢慢地缓过来。在数小时争斗后，

图 36 鬼鱼用带剧毒的刺武装自己，但它在与同类争斗时并不会使用这种致命武器。竞争者试图在慢镜头般的推挤战中将对方从雌鱼身边推离

如果所有的力气都花完了，却依然没有决出胜负，那么，鬼鱼会第一次真正地咬对方一口，但只咬在鱼鳍后边无毒的边缘部分。

鬼鱼甚至能辨认出顺从的姿态：失败者会朝向海底压低下颚，或像正在下沉的船一样往一边倾斜，并通过反冲力快速逃跑。这样，它就能得到饶恕。

在各个演化层次的动物——爬行动物、水陆两栖动物、鱼类，甚至比鱼更低层次的动物——中，我们都能看到各种形式的比赛性决斗行为。例如，狼蜂是一种喜欢隐居的掘土蜂，其独特之处在于：它能在空战中用毒刺使其他蜜蜂瘫痪，然后将其作为喂养自己后代的食物拖入土垒的巢穴中。廷伯根对它们做过详细的研究。

一只雌狼蜂扑向一只正在飞行的蜜蜂，肚子对肚子，用全部6条腿紧紧地抱住蜜蜂，把毒刺刺入蜜蜂身体，将可以导致瘫痪的毒液注入它第一双腿后容易受伤的地方。随后，双方都缓缓地降到地面。为了自己的利益，雌狼蜂这才按压蜜蜂用口器收集的蜜汁，并用自己的6条腿构成的"笼子"将蜜蜂空运到之前挖好的沙地里的孵化室中。

狼蜂的刺并不会致命，却能使猎物在其生命的最后14天里丧失行动能力，直到鲜活的身体被雌狼蜂的3只幼蜂吃完。这能使猎物在走向死亡的过程中保持新鲜。

与此相反，雄狼蜂是素食主义者，会采取和平的方式获取蜂蜜。最新的研究结果显示：当同类雄性进入自己的交配区域并用香料在植物上做标记时，雄狼蜂就会变为疯狂的战士。防卫和入侵的双方会快速绕起圈来，并在高速飞行中用听得见声音的顶头办法互相撞击，直至坠落。然而，在激烈的空战中，它们仍然将毒刺收在腹部。接着，双方在沙子上翻转着进行一场激烈的"摔跤比赛"。最终，

　　　　　　　　　　　　　以动物为镜子：动物们的自然生活之道

感到不敌对方的那只逃跑时，仍然毫发无损。它仍然可以在其他地方开始一轮新的挑战，碰碰运气。可见，狼蜂之间的较量仅仅是一场以宽恕对手、较量实力为目的的运动比赛，而不是使用有毒武器的真正的战斗。

这就是所谓的（以避免实战及其伤害并宽恕对手为要义的）稳定演化策略。如果在每一场狼蜂的种群内部决斗中都会有一只终身瘫痪并永远留在战场上，尤其是在出于喜爱而激烈决斗以获取生存空间的较量中这么做的话，那么，这种动物会遭受巨大损失，并真正威胁到种族延续。因此，它们演化出了这样的行为方式——将以摔跤式比赛决定胜负的天性与宽恕对手的习惯世代传承下来。如果狼蜂是一群残忍的利己主义者，在决斗中总是将自己的对手杀死，那么，这个种群或许早就灭绝了。

专业术语"稳定演化"所特别强调的是，为了保证物种的延续，相对于残忍害命的决斗方式，类似于道德的行为方式在演化过程中留存下来且持久可靠。只有公平并宽恕失败者才能保障物种的生存！

恩斯特·黑克尔说了什么？"动物与它所有的对手殊死决斗，在紧急情况下甚至会杀死对手，无论何时何地都可以最大限度地利用机会，使自己争得食物、异性以及领地。"依据最新的动物行为学研究成果，这种错误观点的严重性显然令人心惊。但是，在当下公众舆论中，占主导地位的关于动物界的看法所遵循的仍然是黑克尔的观点，而动物行为学的最新认识成果被忽视了。

此外，和狼蜂类似的还有德国马蜂和常见的黄蜂，这两种蜂是中欧最频繁出现的带毒刺的蜂。瓦尔特·普夫卢姆（Walter Pflumm）教授对它们的行为进行了研究。若将常见的黄蜂和德国马蜂放在同一朵花中或饲料盘中，双方之间会爆发一场争斗。双方都试图通过振翅发出的蜂鸣声赶走对方。如果不起作用，它们就开始空战并纠缠在一起，然后落到地上进行"摔跤比赛"。双方都没有使用毒刺。在观察到的数百回决斗中，没有一只马蜂会丧命。

这个例子进一步证明：动物在与同类决斗的过程中，为宽恕对手并规避自己伤亡的风险，通常都会放弃使用自己随时可使用的致命武器。

如果我们将马蜂的决斗行为和在战争、革命与连续不断的犯罪事件中的人类行为做比较，那么，人类就会永远被悲惨的光芒所笼罩。对我们人类而言，没有比从动物们的行为中借鉴学习更具人道性的行为方式还重要的事了！

剑羚的竞赛
掌控生死的主宰

羚羊属于牛科动物，许多去非洲旅游的游客对其的评价是：温驯如奶牛。他们并不把羚羊当回事。但我曾亲眼看到，由 27 只剑羚（亦称大羚羊）组成的剑羚群是如何对一头狮子发起密集的回击并将其杀死的。一头南非羚羊和马一般大，最重可达 200 千克。雄羚羊和雌羚羊都有匕首般锋利的笔直羊角作为武器，最长的近 1.3 米——它们是真正"有角和蹄的骑士"。

我也曾目睹一只落单的羚羊被纳米比亚农民的牧羊犬攻击。为了避免不必要的混乱，羚羊小跑着，但当牧羊犬不断向它靠近时，它便回旋着蹄子并用羊角刺向牧羊犬，使得两只羊角刺到牧羊犬身体的两侧。羚羊清楚自己的战斗力，却尝试着避开毫无意义的对峙。

在饮水时，羚羊也可能变得暴躁。虽然饮水处有足够的空间，但就像我曾经见过的那样，一只羚羊会垂下自己的羊角，向一小群平原斑马奔去，使那群斑马只能逃跑保命。羚羊真的不是天使。

更有趣的是，一只羚羊会以某种方式使用它致命的角与同类对抗，但是，在大多数情况下，它不会伤害到对手。它们的决斗方法是：用角，但并不刺向对手，而是像舞台剧中的佩剑决斗一样，猛击对方，发出响亮的声音。弗里茨·瓦尔特（Fritz Walther）对这种"击剑决斗"的比赛规则做过研究：

在瑞士克隆伯格动物园中，有一只因一场事故而失去了自己双角的羚羊。一次，它和一只长有一对锋利羊角的羚羊展开了决斗。两只羚羊头抵着头，立在彼此身前，大步迈向后方，然后猛力地击打。但是，双方之间一旦达到原本会导致羚羊角相碰的距离时，便停止打斗，仿佛那只羚羊的两角还在。这种凭借想象的打斗纯粹是一种仪式！

这是战斗策略的转变：从杀死掠食动物变为饶恕与自己竞争的同类！是进行公平的比赛还是发起至死方休的进攻——这种选择是由动物个体自行决定的。

1993 年 10 月，在纳米比亚埃托沙盐沼东部的纳穆托尼水洼附近，我全程追踪了一场升级版的羚羊决斗。继开场的舞台剧，也就是佩剑决斗后，它们依然用角互抵着对方，并避免双角底部的环状凸起向下滑动。双方都努力将对方的"长矛"大力向后推。

10 分钟之后，这场力量的较量仍未决出胜负，战斗变得更加激烈。每一方都准备将自己的角越过对手的角，刺入对手的脖子或肩膀。在用羚羊角锋利的尖端第一次"挠痒痒"时，受到威胁的那一方会后退一步，或尝试着将对手锋利的角压向一边。

在公平角斗又进行了 18 分钟后，突然，一只羚羊仿佛跟跄了起来。就在这时，另一只羚羊用自己的角尖直接朝对方刺去。鲜血喷涌而出。伤者落荒而逃,被胜者在草原上追赶了几百米。

弗里茨·瓦尔特在埃托沙盐沼观察到了许多场羚羊在那些极度干旱的年月里进行的两两格斗。多数水滩都干涸了。对我们来说不可思议的是,盐壳下面只有个别地方有水,而羚羊总能找到正确的位置,并用蹄子挖出水来。密集的羚羊群就会聚集到这些地方。于是就会发生后面"排长队"的羚羊毫不犹豫地将前排羚羊刺死的事。

几乎每一只年老的羚羊在脖子和肩膀处都会有 3 处在羚羊角决斗中留下的伤痕。这就像是给曾经站在死亡边缘的羚羊进行的决斗次数进行编号:次数不多,但毕竟是它们的履历。

那些拥有致命武器但通常不对同类使用的动物行为并非纯粹出于本能。它们会自己决定生或死。多数情况下,它们在饶恕同类时,完全知道这是自己的决定。这是通过大脑神经脉冲控制本能的又一例证。这使得我们对宽恕的过程更感兴趣。

再微小的脱轨也会致命
转角牛羚的比赛

与好斗的巴伐利亚人在一张桌子上进行拇指摔跤比赛一样,两头已决心进行角斗的转角牛羚会首先跪下(前蹄的腕关节)。在决斗时,转角牛羚属的动物会用竖琴状的角勾住对方,并试图把对手的头压在草地上摩擦。牛羚属和其他麋羚属的动物都采用类似的方式进行决斗。

有蹄类动物学家弗里茨·瓦尔特认为,这种奇特的不流血的角力比赛形式是以如下方式产生的:

一开始时,竞争双方一定会尝试着用它晃动的、尖锐但不是特别长的双角向对手头部和喉咙以下刺去,并向上撕裂,从而给对手

以动物为镜子:动物们的自然生活之道

造成致命的伤口。与此同时，每个竞争者都力求通过将头深弯向地面来使对手无法躬身袭击、撕裂自己柔弱的部位。这样，双方就可以不需要特殊技巧来闪避对手的攻击。渐渐地，这种争斗行为演变成了一种仪式，一种在演化中不可避免地会出现的习俗。对这一演变过程，动物行为学家称之为攻击行为的仪式化。

此外，角的形状也在朝着完美地适应决斗行为与饶恕对手的方向演化。或者是，斗争行为也会朝着适应角的形状的方向演化？再或者，这两种演化会交替且缓慢地进行？三种假说都有可能。

无论怎样，一些去非洲的游客可能会想，为什么这些长角动物前额上的武器如此奇怪？为什么长成弯曲如弓的样子？依据顽固不化的达尔文主义者的假设，假使演化朝着利于野蛮屠杀的方向，那么，所有的角都应该演化成像羚羊那样很长的直尖角。因为，只有这种形状的角才是完美的杀戮工具。

相反，转角牛羚前额上的"武器"之形状恰好适合在勾角比赛中相互夹叉对手的头部，使之滑向地面。更确切地说，每一头转角牛羚都能同时做出与对方同样的头部动作。尽管如此，这并不会导

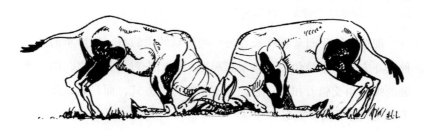

图 37　为了防止对手的角从下方刺到自己的脖子或胸部，转角牛羚在角斗时会前蹄跪下。后来，这种刺击演变成了不流血的力量较量

致总是难分难解，双方仍然会相互交错地战斗，就像偶尔在马鹿身上看到的那样，这会导致争斗双方都痛苦地死去。特殊形状的犄角犹如机械缓冲器一样阻止了这种情况的发生。

这样，这种转角牛羚的勾角比赛就变成了一种无危险的角力游戏。双方彼此分开时才是决斗的关键时刻。如果一头没有经验的牛羚干脆掉头就跑，那么，另一头牛羚就会用角刺向它的臀部，让它疼痛万分。当其中一位决斗者分散了注意力，比如在摄影师驾驶游览车驶近时，就会发生更糟糕的情况。当感到不安的一方望向一边时，对手的角便可乘机刺过去。在决斗时，这简直能将对手脖子折断，致其丧命。

在决斗中感到自己处于弱势的一方会举行仪式。已受够了小规模战斗的那只会将双角用作缓冲器，继续向前抵，但会把眼睛转向一旁，再缓慢后退。然后，对手就会停止攻击。

在演化过程中，动物们的行为方式变得越来越温和。所以，动物的决斗行为也逐步产生了"人性化"倾向。如果动物行为学家没去做这方面的研究，谁会想到这点呢！

引发脑震荡的打桩机
另一类有角有蹄"骑士"间的决斗

现在，让我们来看看长着另一种形状的角的另一种羚羊的另一种决斗方式。小捻角羚不会互相跪地；它们头对着头站立，两对伸展的螺旋角交错着扭转；它们并不用推拉的方式，而只是试图将对手的角向脖子后方撬起。

就像无角的雌印度蓝牛羚那样，雄印度蓝牛羚不会用头去撞击对手柔软的胁腹，而是展开一场"脖子摔跤比赛"。采取类似较量方式的还有美洲驼和单峰驼。

对斯瓦尔巴群岛的麝牛而言，角根本不重要。但是，双角之间覆盖前额并起到保护作用的"角化盔甲"则形成了一个打桩机。两位竞争对手决斗时，发出阵阵的"隆隆"声，犹如两个发疯的火车头，头对着头正面猛撞，直到一方完全昏厥，带着"脑震荡"放弃比赛。

动物界两两决斗最正派的是羱羊。若决斗双方一致同意互相撞击，更易怒的一方会等待对手在山峰陡峭的岩石上找到稳固的地方，以此避免对手跌入深渊。尽管如此，它还是会耍耍小聪明，通过试着站在更高的位置，让自己可以居高临下撞击对手。这是一场有角骑士间无可非议的决斗！

首先，肯定有某种方式培养起了羱羊这种令人惊讶的公平意识。在意大利阿尔卑斯山的大帕拉迪索山地带，我曾多次观察到幼年羱羊间的角斗。一只成年公羊始终在紧邻两位决斗者的地方站着。在决斗中，一旦某一方想要作弊，这位"裁判员"就会像证人一样，将自己的长角置于两者之间，叉起作弊方的双角，温柔地将其推至一边，再让它们继续比赛。

当一只羱羊和一只羚羊发生争执，或者，比如和岩羚决斗时，战斗就会以悲剧收场。现在，我要出一个智力问答题：在这种情况下，谁会是胜利者？是强壮有力、长有 0.5 米长角的羱羊？还是体形较小、角短小且向后弯曲的岩羚？

在自然栖息地中，双方从不会相互侵扰。但是，位于（德国法兰克福附近的）陶努斯山区克龙贝格的格奥尔格·冯·奥佩尔露天饲养场曾做过一次尝试：将这两种羊一起放入"高山围养区"饲养。很快，双方就展开了激烈的争斗。像羱羊平常做的那样，这位重量

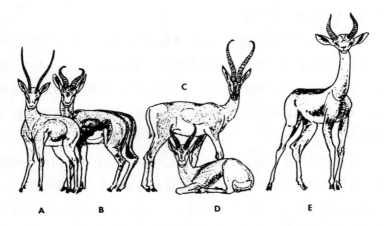

图 38 五种互为近亲的羚羊，它们的角的形状完全不同，但都完美适应各自的决斗方式：细角瞪羚（A）、跳羚（B）、瞪羚（C）、小鹿瞪羚（D）、长颈羚羊（E）

级选手会礼节性地在固定的决斗地点进行战斗准备；而体重较轻的岩羚会像往常同类之间争斗那样，在决斗时，这位田径运动员像一个疯了的泼妇一样在陡坡上到处狂奔。它们飞速蹦跳着跃上山坡，由上而下地冲向淡定稳重的敌手。

在首次冲击时，岩羚会用它的旋角刺向羱羊的胁腹。羱羊晃动着，但并没有惊慌失措。为了利用全身的重量将岩羚从高处打落下来，羱羊愤怒地用后腿直立而起时，岩羚已闪电般地冲过来。岩羚会用角尖钩住直立起来的"巨人"的腹部皮肤，而羱羊则等待着岩羚做出相同的动作，再撕咬住岩羚的脖颈，并猛力向上一甩。若不是岩羚的饲养员事先在其双角上套了橡皮管，岩羚早就将羱羊的五脏六腑从身体中拽出来了。

作为正派的"带角剑客"，羱羊无法理解岩羚的"肚腹撕裂战术"，它毫无防备地任由岩羚摆布。而岩羚也不习惯源羊以如此的自杀式方式将自己易受伤的下腹部暴露在对手面前。

可见，每种牛科动物都有其特有的与同类争斗的规则。但它们都有一个共同点：胜利者会饶恕失败者。

与人类中的自由式摔跤选手相比，以下这些非洲动物——捻角羚、林羚、薮羚、旋角羚、马羚、黑马羚、乌干达赤羚、驴羚、水羚、跳羚、山苇羚、东非狷羚、南非狷羚、转角牛羚、苍羚、葛氏瞪羚、汤氏瞪羚、小羚羊、犬羚以及山羚——都会用更公平的方式来与同类进行决斗。

美洲野牛会像公羊那样互相猛击；欧洲野牛会采取推移扭打的方式进行格斗；欧洲盘羊会像钩球队员或夯锤那样不断尝试；公麋鹿力求撬动对方；雄赤鹿按照严格规定决斗数个回合；长颈鹿会用脖子互相攻击，却很少用角末端装饰性的"剃须刷"互相碰触……这些动物几乎都遵守同样的原则：首先，给对手留下印象并示威；如果没有任何作用，再进行公平的竞技性决斗；最后，胜利者会饶恕失败者。只有在极少数情况下才会出现饶恕行为"脱轨"的情况。

就人类的行为举止而言，以上所列举的情况会让人汗颜。我总是遭受某些人批评，他们说我所描绘的是一种虚假的动物田园生活，所引用的例子无非是一些无关紧要的故事。正是出于这一原因，我特别详细地列举了这些例子。

甚至看起来毫无危害的奶牛都了解这种决斗规则。当农民将一头新买的奶牛放入牧场里原有的奶牛群中后，这头奶牛必须和其他每头奶牛进行决斗，角抵着角，来来回回移动。每场决斗都会持续很长时间，直到其中一方意识到自己处于下风；失败者会将自己的头移到胜利者的后腿和乳房之间，发出投降的信号。

失败者以此承认胜利者处于相对优势地位，确立自己在奶牛群中的位置并达成同类间的和解。这种奶牛个体间的地位顺序是终身性的，所以，奶牛之间极少决斗，以至于即便是观察仔细的农民也以为奶牛之间根本不会发生争执。

　　由此，与奶牛相比，那些爱好吵架、诡计多端、肆无忌惮、冷酷残暴的人就显得相当卑鄙可耻了。不过，动物中难道真的就不存在血腥屠杀同类的情况吗？比如说狮子？

图 39　雄羱羊是动物界最公平的决斗者。双方都直立而起，等待对手做好战斗准备。这可避免其中任意一方不慎跌入深渊

　　　　　　　　　　　以动物为镜子：动物们的自然生活之道

狮子中的杀戮

猫科动物能抑制杀戮吗？

这看上去像是杀戮。在肯尼亚马萨伊马拉国家自然保护区西门附近，一个由 14 名成员组成的狮群中，有一只雌狮正处于发情期。3 头统治着狮群的强壮鬃毛雄狮作为求偶者出现了。在狮群中会发生什么呢？雄狮们会不会进行凶狠的决斗以争取繁殖后代的机会？

这 3 头雄狮在雌狮身旁兴奋地徘徊着，温柔地用自己的胁腹摩擦雌狮的胁腹，将头伸了过去：请求雌狮做选择。它们完全没有嫉妒彼此！这么多年来，3 头雄狮"歃血为盟"，组成了命运共同体，在彼此平等的基础上互相帮助。生活、爱情和死亡使这个群体相互依存、不可分割。因此，它们绝不会为了一头雌狮而大打出手！

雌狮做了选择，落选出局的雄狮会接受这个选择，并不会暴起攻击。但是，如果入选的雄狮当着自己两位雄性同伴的面与雌狮调情，对同伴的忍耐力也就过于苛求了。因此，这对年轻的小夫妻会选择在草原上一个清幽处度"蜜月"。蜜月期间，这对新婚夫妻不会去狩猎。但当雌狮们进食时，它们也会被邀请共同进食，这一餐便是"新婚宴"。

这一切仿佛让人置身于乌托邦式的自由和友情的天堂中。雄狮之间根本不会决斗吗？1960 年前后，人们提出了一种论点，认为雄狮威风凛凛的鬃毛是一种"击剑面罩"，用来减少头部在决斗过程中被对手抓撕所受的伤害。这听上去非常有说服力，但却不完全属实。实际上，雄狮们从来不会对群体成员使用蛮力。虽然它们年幼时会进行竞技性体育运动，但只会用柔软的前爪互相轻拍。当手足情深的它们离开群体，在草原上游荡了 3 年后，患难兄弟们会亲密无间地团结一致，避免每一次争斗。当它们征服了一个陌生的狮群后，如你所见，它们彼此间的情谊甚至不会因嫉妒而分崩离析。

但狮子真如1969年之前的动物行为学所推测的那样，是和平天使吗？完全不是。在我报道这些颠覆狮子形象的事件之前，应当简短描述一下当时提出的行为规则。

很多动物温和的行为令动物行为学家提出了一条规则：一种动物拥有的武器愈加危险，那么，为了饶恕同类对手，它们与生俱来的抑制杀戮方式也就愈加有效。

带有绝对致命武器的动物，如毒蛇，它们在决斗时会放弃使用毒液。食人鲳只用尾部决斗而不会用刀片般锋利的牙齿。吸血蝠在决斗时也会闭上长着利牙的嘴，像用毛巾一样只用翅膀拍打对方。电鳗不会在"带电水床"中杀死同类，而只会用微弱电流威胁对方。科莫多巨蜥是一种3米长的史前巨兽，它们在捕猎时直接用嘴咬住猎物，然后反复地拍打，直到猎物只剩血淋淋的一团。但在与同类决斗时，它们并不互相撕咬，而是双腿直立进行摔跤比赛。所有其他种类的巨蜥亦是如此。

携带不那么危险的武器的那些动物，会互相撕咬，使对手受伤流血，但它们同样遵守严格的决斗规则。如黄鼠狼、鸡貂、白鼬和貂之类的动物都会撕咬同伴的脖子，同时高声尖叫并发出怒吼，大概是在表达："不要怕，我不会把你咬死的！"同时，它摇晃着对手，拽着它跑上一段。过一会儿，它会停止奔跑，然后松开嘴，请求对方咬自己的脖子。对方对它也采取同样的方法。双方就这样轮流互换角色，直到其中一方不想再玩下去并跑掉为止。

在此，我们偶然观察到了"挑衅性复仇"现象。指定的胜利者拖拽着失败者的脖子，做出可大力咬下去的样子。但它这样做仅仅是为了使对手在接下来以及最后的战斗回合中，能通过更大力的反

　　　　　　　以动物为镜子：动物们的自然生活之道

咬来实施完美的"复仇"。

奇怪的是，沙蜥蜴、壁虎、绿蜥、蓝斑蜥蜴及其他蜥蜴都采取同样的轮流互换角色的决斗方式。加拉帕戈斯群岛上的熔岩蜥蜴只用尾部拍打对手。

正如艾雷尼厄斯·艾布尔－艾贝斯费尔特所表述的那样，甚至连灰鼠都是公平的战斗骑士：两只灰鼠弯曲着背部、倒竖着毛发缓慢地相互靠近，并尝试着将对方从所站的位置上推开。若双方都没有成功，它们便转而进行搏击比赛，立起前脚，出拳对打，像袋鼠一样用后腿行走。如果一方向后倒下了，另一方，也就是胜利方，则会猛扑过去。然后，双方都会呆住，并用叫声和磨牙来安抚对方。只有在此时仍未决出胜负的情况下，双方才会进行一场会造成一定损伤的比赛，彼此斗得头破血流。

当秃鹫、渡鸦、乌鸦和喜鹊争斗时，它们会相互抓住对方的爪子，似乎在防范对方匕首般的利爪，只用翅膀前端拍打对方。正如俗话所说：一鸦不啄他鸦眼。

另一方面，**没有危险武器的动物**则完全没有顾虑。比如有着滑稽无害的细小喙的斑鸠。当它向邻近的鸟发起攻击时，这鸟只要迈出几步小碎步就能免受磨难，这也是它所采取的做法。为了领地根本不值得小题大做。

但令人悲叹的是，若人为地将两只正在决斗的雄鸽关进一个狭窄的笼子中，那就会使得弱者无法逃脱！然后，强者会将弱者挤到角落里，拔光它的毛，并毫无顾虑地在几小时内将它撕烂！在非自然的圈养环境中，鸽子这种象征天堂与世界和平的动物就会变成冷血无情的屠夫。

这种杀戮行为中也存在人为因素。它能如此轻易地杀死同伴，从行为心理学角度来看有两个解释：

1. 这是与生俱来的毁灭性力量与天性抑制杀戮之间的一种不相称关系。这类动物天生的最具穿透力的武器就是喙。与狒狒相比，鸽子的牙齿无害得令人感到可笑，爪子也已退化成指甲壳。它属于自然界武装较少的种群。然而，它天生就能在没有武器的情况下杀死同类。所以，鸽子们拥有克制力，能阻止自己杀掉同类。然而，很不幸的是，鸽子的克制力与它们与生俱来的武器一样薄弱。只要有一点儿愤怒、憎恨、冷漠、陌生感、对命令的顺从、食物匮乏或物质和社会地位上的优势，就足以动摇那点克制力。当一切界限都已崩塌时，雌鸽子就会变成泼妇，雄鸽子就会变成杀戮者。

当人类凭借头脑与野蛮制造了大规模杀伤性武器却忽略了用同样的头脑设计出有效的社会控制机制时，人类就会**具有鸽子的心性却无法驾驭恐龙般庞大的统治工具**。

2. 杀戮者和受害者之间距离的扩大使双方互为陌生者，由此大大降低个体对自身攻击性的抑制力。当这个距离最终扩大到洲际导弹与一个按钮之间的距离，当按下按钮就可发射核导弹时，人对杀戮的抑制力就会几乎衰减为零。这种情况的结果就是世界末日。

在前面的叙述中，我无论如何都不会忘记人类的攻击性。与狮子和老虎相比，人类的攻击性并不是那么强。人类并非猛兽！如果人类是猛兽，那就必然能抑制住自己的杀戮欲望。这些观点将我们带回了对"万兽之王"的讨论。

以动物为镜子：动物们的自然生活之道

当狮子们失去所有束缚时
打破宽恕铁律的理由

狮子行为的野蛮一面只在其生命中的一个阶段显现出来。一个由 6 岁左右的青年狮子组成的兄弟团，其骁勇已通过《圣经》而几乎尽人皆知；它们能成功地征服一个陌生的狮群。1969 年，在肯尼亚内罗毕国家公园，乔治·沙勒（George B. Schaller）首次观察到了这个过程。当一只雄狮与其配偶隐退到荒无人烟的大草原度蜜月时，灾难降临了。一个外来雄狮小团体正在接近并威胁着这个定居在此的狮群。晚上，它们狂奔了足足 60 千米才到达这里，每一头狮子的喘气声都清晰可闻。那块领地的统治者们听到这种声音后，发出了令人心惊胆战的怒吼声作为回应，就像我有一次在坦桑尼亚塔兰吉雷国家公园的帐篷中所亲身经历的一样。入侵者以相同方式做出回应。这场充满自然力量的"歌唱比赛"持续了几个小时。在这一过程中，入侵的狮子会测算本地雄性守卫者的数量、音量和斗志。当它们发现没有胜算时，就会继续迁徙。反之，入侵者就会尝试某种特定的战术。

从这一刻起，一切都秘密地、静悄悄地进行着。它们会观察对手数天，以找出它们的弱点。它们甚至会躲藏起来，使自己不被发现，在安全的藏身处、在灌木中、在岩石后、在高高的草丛后面以及在逆风处探查，使得任何野兽都不能嗅到它们的气味。在此期间，它们会跑到很远的地方猎食。

大约过去了 9 天，什么事也没发生。守卫者们再次放松警惕。狮群中的一头雌狮进入了发情期，与它所选择的雄狮去了荒僻的地方。最迟在蜜月的第二天，侦察兵就摸清了状况。外来雄狮们马上就看到了机会。大自然的力量让灾难降临到了本地狮群身上。恰恰在某次如往常一样的交配过程中，所有入侵者——通常是 3~4 只雄狮——从不同方向悄悄地袭击了雌狮的伴侣，使它在短短几分钟内就丧失了战斗力。雌狮从战斗中脱身，且毫发无损。

"丧失了战斗力"是指狮子身受重伤：腿骨被打断，头被抓出血，多数时候还会被咬掉生殖器官，皮毛散落在草地上。但侵略者通常不会将对手完全咬死。仅存的一点抑制杀戮的天性阻止了这种情况的发生。那只"丧失了战斗力"的雄狮躺在地上，在临死前不断地发出沉重的喘息声，数小时后在痛苦中死去，身边只剩它的配偶。

入侵者所遵循的战略原则是：团结一致逐个击破敌方分散的兵力。现在，4 位入侵者将向幸存者营地发起进攻。一般到那时狮群中就只剩下两头雄狮了。这两头雄狮好像立刻就摸清了实情，它们会根据各自的性格采取不同的应对方式：要么绝望地战斗直至流尽最后一滴血，要么在逃亡中寻找救助。

这样就出现了孤独的流浪狮。它们再也不会拥有配偶和领地，还会被其他狮群驱赶。留给它们用以"养老"的只是一片荒凉、贫瘠且没有同类出没的土地。这片土地有两个特点：其一是狮子们要以蝗虫和蜥蜴为食，其二是经常有持枪的人在附近出没。

狮子也会自相残杀！有一个过于激进的观点是，唯一会自相残杀的动物就是人类！这完全是胡说八道，它并没有给认知理论带来任何有用的东西，因为这个命题的方向就是错误的。认为人类比其他所有动物都更邪恶的假设其实是毫无益处的。我们必须找出非人性化行为的真实原因。

为什么狮子会杀害自己的同类？为什么它们要打破饶恕同类的规则（那不是法律）？"拥有的武器越危险，就越能抑制杀戮"，这句话的合理性到底有多强？实际上，我们必须对这条规则加以补

以动物为镜子：动物们的自然生活之道

充，因为在这规则之上还有其他现象。下面，就让我对此做一番简要的描述。

让我们来做一个假设：在某片大草原上，狮子数量激增，狮群规模不断扩大。越来越多的幼狮出生并长大。越来越多的年轻狮群到处游荡，并尝试去征服陌生的狮群。在征服的过程中，越来越多的狮子被杀死。狮群密度再次下降。狮子之间相互屠杀的情况减少并最终终止。然后，狮群密度再次增大，这个过程不断循环。

这与狮群密度的自我监管机制有关。尽管这个机制非常野蛮，但阻止了狮子数量无限增长。如果缺乏这个机制，狮子数量就会过快增长，导致所有的猎物被吃光，到时，饥荒就会蔓延开来，狮子就会因为生存基础的毁灭而走上灭绝之路。与这种终极苦难和与此相应的极度残酷相比，屠杀个别狮子便不值一提，所以，大自然会踏上这条道路。因此，在这种情况下，在决斗中饶恕失败的同类的规则就失效了。

因为在自然界不存在能决定它们生死的敌人，所以，在狮子数量过剩时，除了同类相残，它们别无选择。这就是狮子会将同类相残的本性保留下来的原因。

对人类来说，同样没有异类的敌人能威胁到自己的生存，于是，他们也缺少彼此宽容相待以避免种群繁衍受损的各种情感。但实际上，恰恰是这一因素威胁到了人类的繁衍生存。在相同的情况下，其他动物也会这么做。雄性老虎也会与领土的侵略者殊死争斗。在大白鲨中也存在"大鲨吃小鲨"的现象。

在此，我们已开启了关于**动物种群密度自我调节**机制的一大话题。在论述这种机制（"针对灾难的策略"）之前，我还想说一些关于宽待妇幼和老者的话。

第五节　老者的经验财富

——动物们尊重并宽待长者

年老色衰却成为领袖和老师
年迈的水牛和斑马能奉献什么？

在我们这个讲求效益的现代社会，老人的地位并不高。野心勃勃的年轻人只会非常乐意地以想象中的自然界为榜样，他们根据书本上的知识无知地声称：年老的动物会被竞争力更强的年轻一代排挤。但正如行为学研究者发现的那样，这是一个谎言！实际上，一个物种的群体生活水平越高，群体成员就越是乐意敬重长者。毕竟，长者给群体提供了价值不可估量的财富——它们的经验。

非洲水牛被视为这块黑色大陆上最危险的野生动物之一。它们以有趣的方式对尊敬长者的原则做了变动。在这些身强力壮的自卫型动物面前，斗牛士们毫无胜算。50~2 000头雌非洲水牛以群体的形式共同生活。幼年牛会一起上"幼儿园"，一起玩耍。在4~6岁时，小牛们会组成"少年俱乐部"。起初，这个团体会逗留在成年雌牛群周围，最终，它们会离开牛群，自己去草原闯荡。

8岁大时，年轻的雄牛才会获得决斗的实力，战胜情敌。在发情期，又一次遇到雌牛群的年轻雄牛会为了获得接触雌性以及与之交配的权力，与重达680千克的大块头竞争对手进行一系列暴力但不流血的竞赛。

但仅仅再过2年，它就是块"废铁"，再也没有和年轻竞争对手决斗的机会了。根据A. R. E. 辛克莱（A. R. E. Sinclair）的研究，这时，它面临着两个选择。其一是成为独行侠，如此苦熬数年，度过余生。在动物园里，它大概到26岁左右才会老病而死。若在野外生活，则只能活到 16 岁左右。年老体弱的水牛大多成了狮子们的腹中餐。1992 年的一个夜晚，我在塞伦盖蒂路宝小屋附近拍摄到了一只伤痕累累的年迈水牛"勇士"。可就在第二天早上，那里就仅剩被撕碎的残渣，两只雌狮正在啃食它的残骸。

其二是，在最后一个交配季节过后，年迈的水牛能在生命中的最后 6 年里，加入由年轻水牛组成的群体。一般来说，这种牛群由 15 头左右的青壮年和 3~4 头所谓的年迈"老师"组成。**年轻水牛心甘情愿地承认老者的领导地位，因为它们能从其多年的生活经验中获得生存所需的有利信息。**所以，年轻的非洲水牛尊重年迈的水牛，尽管它们已"无繁殖价值"！

非洲草原斑马还从多方面制定了"赡养老者"的规则。例如，为了成功保护群体中的 2~8 头雌斑马免受鬣狗群的侵害，年迈的雄性斑马首领会选择一个儿子作为自己的副手。在可能长达 2 年的过渡时期内，它将这个儿子当作继承人培养，对其进行正规训练。汉斯·克林格尔对东非热带稀树草原上这一自然环境下的斑马的相关情况做了探究。

教学计划中的课程包含以下内容：如何察觉到狮子靠近的危险？如何快速避开潜在的危险？为了夜晚能在兄弟斑马家族附近休憩，如何安排自己群体的成员放哨？如何从小斑马旁边驱赶鬣狗？如何使用牙齿和蹄子反击来袭的猛兽？如何在猛兽来袭后、群体被冲散的夜里重新找到自己所在的群体？如何在第二天黎明时分，重新把四散在各处的小斑马和雌斑马召回群体？

年迈的斑马必须把所有这些传授给它的继任者。继任者清楚地知道，它只能，也必须从父亲那儿学习这些知识。所以，继任者尊敬自己的父亲，并遵循父亲所传授的一切。对年轻的斑马以及群体来说，不敬或驱赶长者有百害而无一利。

即使年迈的领头斑马清楚地意识到自己逐渐成了家族的巨大负担，因此自愿离位，但它也绝对不必在约 20 岁时独自生活。**老斑马的某个儿子会守卫着它，并帮它抵御掠食者的攻击。**

然而，只有在自然栖息地中，在处于接连不断的巨大危险的压力之下，草原斑马才会采用这一典型的待老方法。在食宿无忧、亦无天敌的动物园中，斑马们彼此间就会一直争吵、斗气，而且年轻的斑马还会虐待和刁难年迈的斑马，就和人类中的某些青年对待老者一样。

阿拉伯狒狒的"老兵协会"
更高级别的社会组织结构

在厄立特里亚和索马里东北部的戈壁滩中，年轻的阿拉伯狒狒对待年迈长者的行为方式更加值得称道。如汉斯·西格（Hans Sigg）在现场所观察到的那样，它们的社会制度与任何一种草原狒狒的制度都不具有可比性。在夜晚，一个规模较大的狒狒群会一起睡在陡峭的岩石上。但在白天，它们就会分散成一个个小的后宫型团体，每个团体由 1 只雄狒狒、2 只雌狒狒以及它们的孩子组成。每个小群体远远地四散开来，在荒郊野岭觅食。

较年轻的雌狒狒是"皇上"最爱的"妃子"。它负责"家务"和照顾孩子。作为"白天照看孩子的保姆"，它还会照看其他"后宫中的女人"，犹如"专职人员""女强人"和"外勤工作者"。狒狒群的觅食区域很多年来一直保持不变。当狒狒们在自己的觅食区域中巡逻时，"妃子"会跑在最前面，找到进食地点；而后，其他同伴就会快速向这一地点赶来。

　　　　　　　　　　　以动物为镜子：动物们的自然生活之道

要是没有雄狒狒的防御技巧，体形较小、体质较弱的雌狒狒就会迷失在荒野中。当雕发起攻击时，身为保镖的雄狒狒就会一跃而起，向空中之敌发起反击，跳跃高度最高可达 2 米，有时甚至还能成功"命中"目标。但雌狒狒们也还必须抵御金背胡狼、黑背胡狼、埃塞俄比亚狼、野狗、斑鬣狗、缟獴和狞猫，有时甚至还需要防御猎豹、非洲豹和狮子。当形势没那么严峻时，"帕夏"会单枪匹马处理危机。在遇到紧急情况时，那位"帕夏"就必须派出"突击队"。

"突击队"由老年狒狒组成。阿拉伯狒狒的寿命可长达 37 岁。但是，在 25 岁左右，首领会自愿卸任，并将它对后宫的领导权托付给一只年轻的雄狒狒，然后加入"老兵协会"。年老的狒狒被禁止生育后代，需要自谋生计。尽管如此，它仍然一直牵挂着自己从前家庭的福祉。当群体面临危机，特别是重大危机时，如在遭到一群鬣狗或狞猫进攻时，这只老年狒狒总是会立刻无私（只要人们不将它保护自己孩子的举动称为自私）地加入战斗，并做好了自我牺牲的准备。

在与自己的继任者并肩战斗时，这位老将会竖起自己特别厚重、威严的毛发，以便让其起到最大程度的威慑效果。它会张开嘴巴，让嘴里那些锋利程度丝毫不逊色于猎豹的牙齿清晰可见。仅仅凭借它此时的样子就已经能让许多敌人丧失斗志。如果真的要战斗，这位老将会英勇无畏地反击，仿佛它无所畏惧似的。在紧急情况下，它甚至会自我牺牲。当它将敌人打得落荒而逃或将其消灭后，它并不要求感谢，而是仍然像从前一样，同"老兵协会"的狒狒们一起踏上征程。当猎豹来袭时，它甚至能从同伴那儿获得增援。

根据胡贝特·马克尔（Hubert Markl）的描述，这个"老兵协会"在抵御敌人时扮演了重要的角色，它们甚至成了更高级社会结构的

"晶核"。晚上，由许多个小团体汇合而成的总数达数百只的狒狒们聚集在一起，在猫科动物很难攀爬上的石头上睡觉。因为在多数情况下，晚上在一起睡觉的都是同一拨狒狒，人们便将这种群体称为固定的部族。晚上，在猎豹容易溜进来的短暂关口，会有4~5只老年狒狒共同看守。毕竟，年轻的"帕夏"必须待在家人的身边。

这种阿拉伯狒狒大型部族（情况类似的还有埃塞俄比亚狮尾狒）不只是简单的"睡眠共同体"，它们与秃鼻乌鸦群可是完全不一样。它们展现出了更多的社会生活中的等级现象。在动物中，只有人类将这种等级发展到了极致。单就这一点，我们就得对这些"老家伙们"的无私奉献表示感激！

年长母象的生活智慧
珍视生活经验

非洲象可向我们展示动物敬老的经典案例。

A. E. 约翰（A. E. Johann）报道了在赞比亚卡富埃国家公园中发生的一个简直令人难以置信的事件。公园中有一个由12头雌象和4头小象组成的象群，由一头雌象担任象群首领。那里的动物看护人注意到，在头象身边，一直有1~2位其他成员伴随左右，这在象群中是很不寻常的。在做了更进一步的观察后，他发现，头象竟是一位60岁左右，双目失明的"老妪"。然而，它依然领导着这个"巨兽团体"。

不过，与人类不同的是，眼睛对象这种"灰色巨兽"而言并没有那么重要。即使是一头健康的象，也无法区分40米开外静坐的人和灌木。大象辨认方向更主要的是靠鼻子的嗅觉。目前，人类关于如何用气味来进行长距离定位的认识还是模糊的。和我们根据明显的视觉标志构建关于周围环境或旅行路线更长的模拟地图一样，大象可将气味标记整理成一幅立体的气味图像。每一部分土地所散发出来的气味都有所不同。

也许，那只失明的雌头象将这些信息都保存在它超凡的空间记忆中了。它的亲密陪伴者只会警告它注意不平整的路面、岩石、峭壁、荆棘和毒蛇，象群大致的行军方向则完全由它来决定。

正确地领导象群是"女族长"众多艰巨任务中的一项。如何躲避狮群和疯狂开枪的猎人？在哪儿能找到食物、水潭和休息的地方？在极度干旱的时候，远处哪些曾经的可饮水之地还有水资源？为了找到这样的地方，这些庞然大物需要在一个晚上行走最长达80千米的路程。这对身体也是一种负担，已接近身体可承受的极限。唉，当它们费尽千辛万苦到达饮水处时，如果水已经干涸，那就等于被宣判了死刑！

这个象群的生死取决于那只老头象判断和决定的可靠性。它早已无法生育，但即便变得虚弱不堪、体弱多病，它仍然毫无争议地是象群的领导者。象群的所有成员（大多是它的女儿和孙女）都发自内心地尊重它：它们会领它去有着最多汁的树叶的大树，带它去最干净的水潭、最舒适的休息场所。象群成员似乎都清楚：自己的甘苦与这头老母象的宝贵经验息息相关。它们也会相应地注意自己的言行举止。

由此，动物们向我们展示了对群体中老迈成员的令人惊异的敬重之情。它们驳斥了人类书本中的错误观点——从生物学角度来看，在动物界，当一个生命繁育了足够的后代后，便没有继续存在的价值。事实恰好相反，利用生活经验、多年来获得的技能和知识影响群体的存续是建立高级社群的关键步骤。

我所列举的上述事例是否如某些教师和教育学教授所指责的那样，只是一些无足轻重的个别案例？并非如此。那些批评者只是用批判证明了他们的批判如此苍白无力，以及对自然界生命知识的贫乏。大自然中这样富有启发性的例子比比皆是，我只能从中列举一些来说。

　　与非洲雌象行为惊人相似的还有欧洲森林里的雌马鹿群。猎人们因它们没有鹿角而轻蔑且简单地将它们称作"牲畜"或"光头"。在自然栖息地中，马鹿是雌雄分群的。它们生活在由十几个个体组成的小群体中，6~12头成年雌马鹿（和它们未成年的孩子）构成了一个"妇女会"；除了发情期，它们不允许任何成员和任何雄马鹿"幽会"。只有在动物园里，因为无法避免接触雄性，它们才会将雄马鹿接纳到群体中。

　　有趣的是，根据 T. H. 克拉顿－布罗克（T. H. Clutton-Brock）的研究，**马鹿群的首领绝不会是个头最大、身体最壮硕的雌鹿，而是在躲避敌人和寻找食物上经验最丰富、最年长的雌马鹿**。雌头领已达 17~20 岁高龄，无法再生育后代。从繁殖生物学角度来看，它已变得毫无价值。但是，在它所在的群体中，它仍然享有毋庸置疑的权威，威望甚高。这里再多说一句：**雌马鹿首领并非依靠暴力来维护其领导地位，因为其领导地位来自群体成员的自愿认可**。

　　在雌马鹿群中，对老者的尊敬源于两个方面：

　　　　1. 年长的雌性首领是群内所有其他成员的母亲、祖母和曾祖母。血缘关系这一纽带在这类动物社会中所起的作用比专家们之前所认为的更强。

　　　　2. 对所有年轻的群体成员而言，雌性家长的存在是自己的

以动物为镜子：动物们的自然生活之道

一种人身保险。这证明了马鹿群为何会重视亲属关系，以及在群中稳定存在多年的等级秩序。无论是从茂密树丛中的休憩地出发去觅草，还是从某个饮水处走向某个泥水塘，雌性家长一直都在作为先锋带领大家前进。它能辨别出周围环境中每一个可疑的变化、摄影师的迷彩帐篷、藏在灌木丛中的摄录设备镜头的透镜、猎人的汽车与猎犬的足迹。在获得这些信息后，作为侦察兵的头鹿只要微咳一声就足以使马鹿群悄无声息地溜走。马鹿群中的其他任何一个成员都无法像头鹿一样细致地察觉到这些危险。

年迈的动物在同类中享有较高的声望，不仅是因为它的年龄，还基于所有年轻的成员都能从老者身上获得有益于群体的东西。

若有年轻的成员不想从长者的经验中获益，那肯定是蠢得要命了。蔑视这些宝贵经验的也只有人类自己了。

为了获得交配权，生活在非洲的雄白犀牛同样会根据公平原则决战到底，在决斗时也会遵守公平的比赛规则。根据 R. 诺曼·欧文 – 史密斯（R. Norman Owen-Smith）的田野调查结果，在白犀牛群体中，如果年轻的挑战者胜利了，就会发生令人意外的事情：除了偶然的"工伤事故"之外，老迈的原领地所有者并不会被杀害，甚至不会被驱逐。它被允许待在原来的领地上，只不过从此以后只是新领主的副手了。

虽然老迈的雄犀牛无法繁衍后代，但它仍然会时不时地试图诱骗雌性。因为犀牛的交配时间至少会持续半个小时，并伴随着叫声和喘息声，很难不被发现。当叫声和喘息声引得首领发现时，交配中断，但年老的犀牛并不会被杀死。作为在繁殖上"多余的"存在者，老年犀牛绝不会像某些达尔文主义者所假设的那样被消灭掉，而是会被安排加入松散的小团体中，直至50岁左右时自然死亡。

雌鸟给予老迈者优先权
年迈证明生存技巧

许多鸟类甚至在求偶时都遵从"年龄比美貌重要"这一信条，如生活在自然栖息地中的金丝雀。费尔南多（Fernando）和玛尔塔·诺特博姆（Marta Nottebohm）对生活在加那利群岛上的金丝雀进行了研究。

尽管年轻的雄金丝雀歌声嘹亮、直冲云霄，却远远不足以打动雌雀的心。这位被拒绝的"少年歌者"失望地坐在一只有配偶的、名为卡拉扬的年长金丝雀旁边，并观察这位大师的每一首曲子给正在聆听的雌金丝雀们留下了哪些印象？哪些热门曲子让听者激动地蹦向歌者？自己的哪些歌曲让被追求者感到无聊？

年轻雄金丝雀的第一份歌曲目录包括35种唱法的31首歌曲，但这些歌曲并未博得雌金丝雀们的喜爱。这个年轻的"音乐生"很快就忘掉了这些歌曲，转而不断练习"大师"的那些大获成功的流行歌曲，更确切地说，在下次交配期到来前这几个月的漫长时间里，它都在练习。此外，这也是金丝雀除了脱羽期外整年都在唱歌的原因，它们不像许多其他鸟类那样在孵蛋结束后就不再发声。如果它们不想再次被拒绝，就必须勤奋练习，为来年春天的下次求偶做好准备。

因此，按照"公鸡越老，母鸡越爱"这样的标语，雌金丝雀应该更青睐最好的歌者，即更成熟的年长者？这两位研究者发现：令人震惊的是，在野外的生活中死去的多是年轻的鸟。但是，一旦活过 3~4 岁，它们就拥有了丰富的生活经验，这使它们能够活到 12~15 岁——多数鸟类在通常情况下能够存活的最大年龄。

对雌金丝雀来说，一位朝气蓬勃、年轻有魄力但说不定明天一早就会死去的小丈夫有什么用呢？所以，雌金丝雀更偏爱有经验、单凭唱歌时的精湛技艺就能被辨别出的年长的雄金丝雀。雌家燕也按照同样的原则择偶，只不过，它们的择偶标准不是雄燕的歌唱技术，而是雄家燕尾部的长度所带给雌性的视觉感受。安德斯·莫勒斯（Anders Mollers）用人工加长的尾部和缩短的尾部进行的实验证明了这个结论。"燕尾服尖端"的长度就是年龄的凭证，雄家燕的尾部越长，年纪越大，在每年春天的新求偶季节中就越受雌燕欢迎。为什么呢？与丈夫年轻而无经验的情况相比，当丈夫年长又有经验时，燕子夫妇所能抚养的孩子数量是前者的两倍！

除了双倍繁育后代这一优点外，还有一个方面的因素也会发挥作用："尽管如此，还是存活了下来。"虽然它必须拖着这个无用的、沉重的尾羽负担，但还是得活下去，正是这一点展现了雄鸟的生命力。**雄性在到达一定的年龄后，其生存技能才会充分展现出来。而这恰恰是雌性偏爱的地方。**

我们在加拉帕戈斯群岛之塔岛的仙人掌地雀身上了解到另一种形式。年轻雄地雀在生命最初的 4~5 年里，不断脱毛，羽毛颜色年复一年地加深，从浅棕色几乎变成了黑色。雌地雀可根据雄地雀羽毛的颜色辨别出它们的年龄。如果可能，它们会选择更年长的雄雀作为自己的配偶。推测起来，雌雀这样做的原因是：较年长的雄地雀更有可能从旱季、食物短缺、敌害威胁及寄生虫和病痛的侵袭中存活下来。因此，雄地雀的孩子们也可继承它健康的体质或所谓的长寿基因。

此外，许多动物都能掌握学习过程。匈牙利布达佩斯的动物学家拉约什·萨斯瓦利（Lajos Sasvari）以大山雀、蓝山雀、沼泽山雀、乌鸦和鸫为例，对这一不久前还在动物教育学领域被视为不可能的现象做了研究。

在这些动物的身上，这种现象在冬天尤为突出。当它们作为短途迁徙者前往温暖的地方过冬时，它们会通过观察和模仿附近的同伴学到寻找食物源以及躲避敌害所带来的危险的技能。而这具有重大的生存价值。如果让它们在青年时期失去积累方法和经验的可能，如被关在鸟笼中，那么，在年老之后，它们便没有能力在一个新的环境中生存下去。动物年轻时学到的东西越多，便越能在此后更快、更好地在陌生的环境中获得新技能；当它们老了后，也就更有可能熬过寒冷的冬天。

童话：毫无价值的玛土撒拉 *
青潘猿与人类如何看待年龄的价值

我可以任意列举一系列关于动物如何尊敬年长同类的例子。珍·古道尔非常动情地做过这样的描述：青潘猿幼崽即使是在长大后，也会保护自己的母亲，使其不受无礼的群体成员的侵犯。

几年前，在刚果民主共和国雨林中，荷兰著名灵长目动物学家阿德里安·科特兰德观察到一只白发苍苍的老迈青潘猿。事实上，这种毛发变白现象也会在其他类人猿身上发生（比如高壮猿年老时其"银色的背部"会变成白色）。这只老青潘猿的身体已经相当虚弱了，无法再爬树。尽管如此，它在群体中还是享有无数的长者特

---

* 玛土撒拉，《圣经》中记载的长寿者，活到 969 岁。——译者注

权，不会有较年轻壮硕的青潘猿攻击它，或把它推挤到一边。科特兰德称这只青潘猿为"老寿星"。当它自己摘不到树上的果实时，只需向正在惬意地咂咂嘴的同伴伸出一只手，便立刻能得到一些树上的果实。看来，对青潘猿而言，白发甚至是一种可被尊重的象征，是被别的青潘猿尊敬的原因。

现在，我们要面对的一个烦人的问题是：为什么现在我们有些人对老人那么不尊重呢？这与大象、狒狒、犀牛、水牛及其他动物甚至金丝雀中的情况完全相反。

在德国，私人电台有这样一条规则，即不雇用年龄超过30岁的编辑。部分年轻的编辑没有可靠的基本知识，仅凭借难以想象的天真想法就发表自己的评论，这显然仅仅是为了吸引观众的眼球罢了。

几乎每位通过提携或入赘爬到领导地位的年轻领导者最迫不及待想做的事便是解雇所有比他年长的管理人员。老年人工作效率降低、思想固化、没有能力适应新事物——这些论调只适用于小部分相关人员。在多数情况下，长者的思维比没经验的新手更为活跃。他们多年积累的经验和人际关系对公司有巨大价值。对此，没有人比美国"汽车大王"李·艾柯卡更重视并真诚对待老者的了。他甚至请退休的公司高管们和他一起成功地整改了濒临倒闭的克莱斯勒汽车公司。

"六八运动"期间出现了青年抗议者的一条标语："不要相信30岁以上的人！"从另一方面来看，我们可发现，这是一个相当没有远见的观点，因为当他们所有人自己活过45岁后，早就将自己的警告"遗忘"了！

赶走功勋卓著的同事还有另一个真实动机：那些没有经验或许也不太聪明的年轻领导者会用文凭来掩盖自己的平庸；在面对年长

且受敬仰的长者及其优越的经验时，自卑情结会使他们遭受折磨。在面对年长者时，他们会感到不安，并害怕那些长者会令自己出洋相。新领导者在自我价值观上不断遭受的谴责，使其深受折磨。他们将个人虚荣心自私的一面看得比公司团体的利益重得多。他们会毫不犹豫地解雇有经验的年长工作人员，而这样做其实会对公司造成重创。但是，在公司破产倒闭前，这些"不称职的管理者"根本就认识不到这个问题；等真到了那一天，就为时已晚了。

这不是一个老年学问题，而是一个关于精神贫乏者的威望的问题。这又一次表明：过社会生活的动物从来不做如此荒唐的事。因为，假如它们做了这种事，那么，它们早就已经灭绝了。

第六节　被和平的气味所征服
——雄性动物宽恕所有雌性同类

恶犬的恩典
为什么好咬人的狗会害己？

在一个春光明媚的日子里，我与一位熟人和他的雌贵宾犬塔玛拉一起在靠近腓特烈斯科格的北海堤坝上散步。当我们来到一个相当偏远的区域、在距离一个农庄还有约 100 米时，突然从农场飞速冲出一只大型牧羊犬，向我们扑来。"它马上就会把塔玛拉撕成碎片。"我想。但是，它直接停在了塔玛拉的面前，嗅了嗅被吓得魂飞魄散的塔玛拉，然后转身，径直返回了农庄。

这件令人印象深刻的事表明，感官生理学专家瓦尔特·诺伊豪斯（Walter Neuhaus）的研究结果是正确的。他证明了：母狗会散发出一种特殊气味，使其不在发情期时也能避免受到陌生雄野狗的任何伤害。

可惜的是，对动物的这种值得赞赏的特性的认知已经被人类以其惯常的方式滥用。如同劳若斯·米尔恩（Lorus Milne）和马格丽·米尔恩（Margery Milne）所说的那样，专业入室行窃的盗贼在行事前常常会直接与他们的母狗在地上扭抱在一起，来回翻滚，以便沾上母狗的气味。在此之前，他们会打探出哪栋房子的主人不在，而只留了一只公狗在家看守。然后，他们潜入这栋房子里。这时，看门的狗会飞速冲上前来，用鼻子嗅他们的气味，然后就慢吞吞地走开了。这让盗窃者可以不受干扰地"工作"。

狗对陌生人有敌意，而且都有对自己的领地与"主人"财产的保卫意识，但只要闯入者散发出母狗的气味，公狗就会完全丧失这些意识。只有上帝才知道这个人类闯入者和母狗完全不一样！雌性散发出的气味能有效地阻止雄性的攻击。

类似的禁忌几乎存在于所有种类的动物身上。对此，社会生物学在自私基因学说的基础上提出了以下规则：

在一个以掠夺为生并因此天生具有攻击性的动物群体（比如狼群）中，伤害或杀死同种的对手会对群体和个体自身造成多方面的不利影响：

  1. 如果一个个体采取以伤害对方为目标的决斗方法并事事睚眦必报，那么，这种做法也会伤害到它自己。相反，在争斗中宽恕对方最终也会使自己受益。

  2. 攻击幼崽也会伤害到自己，因为受攻击的可能就是自己的孩子。

  3. 伤害或杀死父亲、母亲或兄弟姐妹也同样会危害到个体自身部分遗传物质的存续。

4.在非交配期，当动物雄性个体伤害或杀死与自己没有亲属关系的陌生雌性时，也会损害到自己的利益，因为这样一来，将来它就再也没有任何可能与这只雌性交配。

母狮如何对同类相残者平和地表态
天生的杀戮抑制之道

这里的几个例子足以证明这条规则：在非交配时期，雄性虎、花豹、猎豹、山狗、熊、貂、水獭、犀牛及其他许多在很大程度上独自生活的动物会容忍诸多雌性在其领地之内活动，而不会将它们看作捕食的竞争对手并与之决斗。**在一般情况下，雄性动物不会与同种的雌性争斗。**

当一个雄狮群征服一个雌狮群后，每一次都要度过几天的"关键期"。新的统治者和雌狮间的气氛紧张，争斗一触即发。捕获了猎物的雌狮会被长有鬃毛的雄狮以非常卑劣的方式驱赶。雄狮会朝它们吼叫，在它们面前张牙舞爪，甚至假装粗鲁地攻击它们，但不会将雌狮杀死。毕竟，获得雌性是它们征服狮群的主要原因。但它们会残暴地对待所有自己能发现的遗留在狮群中的幼狮。

迄今为止，人们都认为："在任何情况下，雄狮都会不听劝阻地杀死所有幼崽。"但是，这个观点必须得到修正。

雌狮会使用一种非常有趣的手段来平和地改变新统治者的野蛮习惯。朱莉·麦尼拉（Julie Menella）和霍华德·莫尔茨（Howard Moltz）于1988年在非洲进行了相关研究。

一开始，雌狮会取悦暴躁的雄狮，并让它嗅自己的气味。与此同时，雌狮的阴道腺会分泌一种安抚性的激素。雌狮还会将雄狮带到自己充满浓烈魔幻香气的卧处。想杀死幼崽的雄狮嗅这些香气的时间越长，就越能平静下来。从希律王*转变成爱护幼崽的狮子，整个过程持续 3~5 天。此后，那些被藏匿起来的幼崽就能得以脱险。狮子们的生活又重回正轨。

雌草原狒狒无须理会富有攻击性的年轻雄狒狒展现自己的力量，因为像前文描述的那样，它们的禁忌会有效地保护自己免遭雄性的侵害。

总结一下：几乎所有种类的哺乳动物都有安抚性香气或其他安抚机制，从而阻止雄性残忍地杀害雌性。

在人类中，男人同样具备抑制粗暴地对待女性的天性。然而，男人中的这种"抑制制动器"的作用并不强，也不怎么可靠。仅仅一次小型枪击、一丝性变态、执行命令时少许的卑躬屈膝、歪曲的世界观或宗教狂热、一点毫无顾忌的事业追求或是一些距离和陌生感，都足以使女性遭受男性的侮辱、折磨甚至杀害。

一般来说，雄性动物都不会伤害雌性同类。我们人类也有与动物相同的天性，只是强度较弱且必须通过照顾弱小这一道德戒律才能得以维持。或者，反过来说：道德需求能够且必须通过天性得以强化巩固吗？然而，目前许多相对较弱的天性成分几乎没有得到精神方面的支撑，空洞的言语不应该用于掩饰这个缺陷。

第一次世界大战期间，国际红十字会就规定，必须限制敌对双方部队的军事行动，不得伤害平民，尤其是孩子和妇女。关于违反规定的军事进攻的报道，要么是特例，要么是某一方针对敌方进行宣传而捏造的惨闻。但是，首次针对民众的粮食禁运，表明形势已

---

* 《圣经·新约》中的人物，罗马统治时期的犹太国王，希律王朝的创始人，曾想杀害幼儿耶稣。——译者注

恶化。在二战期间，这种野蛮行为扩大到世界范围：炸弹战争——从华沙越过鹿特丹到考文垂，从汉堡越过柏林到德累斯顿——最终演变为用毒气杀死 600 万名犹太人，大规模屠杀难民，疯狂的军队对无助妇女施暴并屠杀无辜的孩子。

二战后，紧随而来的是发生在印度、印度尼西亚和苏丹的种族大清洗。不久之后，还有发生在尼日利亚比夫拉湾（贝宁湾的旧称）的百万大屠杀，发生在卢旺达和布隆迪地区的胡图族和图西族两族间的灭绝性种族大屠杀，发生在整个前南斯拉夫的"种族大清洗"，等等。诸如此类的事件太多，此处仅列举几个。而所有未被屠杀波及的人都不采取任何行动！于是，妇女和孩子继续被毫无顾忌地杀害。在这方面，如果将我们人类和动物相比，那么，人类就该因羞耻和惭愧而钻到地底下去。

动物世界是一座魔鬼宫殿
文学家们的动物世界观

我们的文学家和戏剧导演如何看待这个问题？1993 年 11 月 24 日，关于德国杜塞尔多夫《特洛伊罗斯与克瑞西达》（*Troilus-und-Cressida*）的排演——达维德·默契塔尔 – 萨摩日（David Mouchtar-Samorai）导演的当代莎士比亚改编作品，《南德意志报》引用了一段开场演出评论，这段引文是无数类似情况的一个典型例子：

> 机枪的哒哒声穿破黑夜，谋杀者的咆哮和受害者的哀号声混杂在一起，一个疯狂的士兵正把被扯下来的人头当球踢。……五个濒死之人排排站好，拉下自己的裤子和内裤。在被爆头归西前，一个敌方官员（阿喀琉斯）检查着他们裸露在外的生殖

器。"这难道不奇妙吗？"在血腥的屠杀过程中他咆哮道，"人类再一次变成了禽兽！"

当下，除了令人欣慰的特例，如西格弗里德·伦茨（Siegfried Lenz）、马丁·贝海姆－施瓦茨巴赫（Martin Beheim-Schwarzbach）及其他一些人外，我们"精神和艺术界的精英"就是这样看待人类和动物的问题的！这是校园生物学教育的可悲结果！可惜，这就是我们时代的症结：动物的行为被视为相对于人类来说病态反常的。人类存在的根源被归为一种野蛮的深渊。在无辜的生命身上，撒旦以人的形象出现。对动物行为的妖魔化之举，与中世纪的巫术同出一源。这也解释了为什么唯美主义者和文人不愿听到或看到任何与动物心理学相关的事物。他们出于自己的恐怖臆想出了动物精神世界中的整列"幽灵列车"。

这是个例吗？1993 年 3 月 12 日，《汉堡晚报》对一个中心展览做了评论，该展览由德国汉堡堤坝之门美术馆馆长兹德奈克·费利克斯（Zdenek Felix）举办："35 位参展的国内外艺术家中的大多数人都避免在自己画中的人类形象里留下精神或灵魂的痕迹。人类这种自我切断的行为使其不断退化成迟钝的微末之物，只能被自己的生理需求、攻击性，尤其是性本能所驱使。在不受干涉的情况下，这种对人类的生物学简化是不会自行消逝的。"

这便是生物学教育的后果。在学校课堂中，话题总是消化酶、肠子的蠕动、自主神经系统和内分泌的分配，从不涉及社会联系、乐于助人、和平与安全、宽恕对手、尊敬长者以及许多无法用言语表达的内容。**可是，所有这些社会行为方式也是生物学的研究对象！**生物老师完全能传授关于动物的社会行为知识，使它们成为普遍共识。这一缺陷使得他们没有机会审视大自然中的和平力量，并由此获得关于人类和人性由来的相关知识。

如我在此前 40 年生命中所了解的那样，比起扭曲的"现代"莎士比亚滑稽剧或是"对人类的生物学简化"，将丧失人性的人的野蛮行为与真实的动物行为进行比较会更具深刻性，也更能净化人的心灵。

堕落的人只是将其想象中的糟粕投射到动物身上，我将一生与此抗争到底。这也是这本书的目的所在。在这方面，自从尼古拉斯·廷伯根、康拉德·洛伦茨与伯恩哈德·格日梅克去世后，我就成为荒漠中少数呼唤者中的一员。只有远离教条主义的迷惑、重归亲近自然的生活方式，才能改善人类的行为。我认为，生机勃勃的大自然是绝对可信的，上帝创造的万物会一直朝着更完美的方向发展。这个信念使我更强大。

为此，我想从"年轻者宽容长者，雄性宽恕雌性"这一观点及与此相关的保护孩子不受同类攻击的观点出发，再用一个例子来论证我的观点。

第七节　动物的索爱信号
——幼崽的可爱成为其被宽恕的理由

鱼和鳄可爱吗？
"母爱的召唤者"

看着一只娇小可爱的小猫，一只身披金黄色绒毛并嘎嘎叫的小鸭子，一头有着一双大眼睛的可爱的小海豹，一只踉跄而笨拙地走路的新生小鹿或是一只毛发蓬乱、讨人喜欢的小猴子，没有人能对这些小动物下得了毒手，至少不会马上行动。幼崽会唤醒人类纯粹本能性的爱护之情，让我们去安抚、轻挠它们，给它们关爱和呵护。面对动物幼崽，我们根本不会采取什么伤害行动，至少不会在相遇的最初阶段这么做。

动物父母也同样如此。事实上，它们是极端的利己主义者。但是，当它们看到这些甜美可爱的小东西，比如同种的幼崽，它们只会用爱来照顾这些娇小可爱的动物，不让它们受苦。这就是**大自然赋予动物幼崽所谓乖巧或可爱特质的原因：孩子是可爱信号的"发送者"，父母正是相应的"接收者"。**

当然，这种触发爱护行为的刺激，在每种动物身上都是不同的。有时，它们凑巧与人类先天本能的模式相符。于是，即便是我们人类也会想拥抱和抚摸这些动物幼崽。然而，在另一些动物身上，识别这种触发照料行为的信号则与人类的截然不同。

卡塔琳娜·海因罗特（Katharina Heinroth）是著名学者康拉德·洛伦茨的老师奥斯卡·海因罗特之妻。1986 年，她勾画了一张关于动物界各种各样"索爱信号"的巨大全景图。按照种系发生学，她从地球早期动物着手普通：鱼类、两栖动物和爬行动物一般尚不具有这种与生俱来的、对幼崽的爱的形式。然而，在那些极其罕见且哺育后代的鱼类身上却展现出这一形式的有趣雏形。

慈鲷鱼和雀鲷鱼的幼雏身上多彩的斑点、条纹和图案是其在同类中作为"儿童组"成员的标志。但这种信号并非一开始就是它们父母眼中的"母爱召唤者"。父母必须先孵育第一群孩子，在 2 小时内学习辨别亲生骨肉的标记。从那以后，它们终身都会注意这种颜色标记，而且，对这一标志的印象是不可逆的。

一对年轻的红鲷鱼夫妇生命中第一次繁殖。就在小鱼出生的瞬间，A. A. 梅博格（A. A. Myberg）抓走了所有小鱼，并将一群带有完全不同色彩和图案的另一种鲈形目幼鱼放在它们面前。这对鲷鱼夫妇充满爱意地照料这些陌生宝宝。但当有人第二年将其亲骨肉放到它们面前时，它们却将这些亲骨肉当作外来者全部吃掉了。这种糟糕的事每年都在重复。对这对鲷鱼父母而言，改变观念是不可能的。

从演化史的角度来看，**哺育后代的现象在脊椎动物身上才开始出现**。大多数鱼类还处在原始阶段，它们一排完卵，就将后代的命运交给变化无常的海浪和海流了。在哺育后代时，动物产生了对自己的后代，确切地说，对同类后代的辨认问题，即孩子身上的标记性特征也即触发哺育行为的可爱模式的识别问题。鱼类还缺乏对个体的识别。在之后的演化中，这一点发生了改变。

部分由鱼类演化而来的两栖动物如青蛙和蝾螈，也懂得哺育后代，但后代的可爱模式对它们是否有效尚未得到证明。

两栖动物再向前演化一步便是爬行动物，我们至今只发现了少数几种会照顾后代的爬行动物，鳄就是其中之一。

在孵化前不久，鳄崽会在蛋里发出刺耳的呱呱声，这就是触发性刺激，与我对鸟类的描述相似。只要小家伙们发出信号："我们现在要破壳而出了！"尼罗鳄妈妈便将覆盖在鳄蛋最上方的沙层推到一边，轻柔地用前爪向巢穴深处挖去，确保鳄宝宝不会受伤。然后，它张开满是利牙的大嘴，留出空间，这样它的牙齿就不会成为鳄宝宝无法逾越的"篱笆"。现在，幼鳄们一个接一个爬进妈妈张大的嘴里，直到这辆"公共汽车"装得满满的，母鳄喉囊下垂为止。

猎捕大型兽的猎人之前完全误会了这一现象，并声称："这种魔鬼般的野兽会吞食自己的孩子！"事实恰恰相反，鳄妈妈的嘴就像一个巨大的婴儿车，将幼鳄运到岸边，送它们第一次下水。那些因

以动物为镜子：动物们的自然生活之道

破壳太晚而错过"巴士"的幼鳄则会由赶来帮忙的鳄爸爸接送。

在接下来 2~3 个月的时间里，鳄妈妈会一直看守着自己的孩子，防备敌人。当遇到尼罗河巨蜥或苍鹭而陷入危险时，这些 20 厘米长的幼鳄会发出听起来像是"嘤－嘤－嘤"的警报声。听到求救声后，不仅它的父母，还有所有成年鳄鱼，都会以最快速度去营救。我的朋友乔治·亚当森（George Adamson），著名的雌狮子埃尔莎（Elsa）之父，能将这种声音模仿得惟妙惟肖，从而使得他房子附近河段里的所有鳄都被"引诱"过去。

到 1~2 个月大时，幼鳄会逐渐失去呼救的能力。再过一段时间，它们就会脱离父母的庇护，独自闯荡世界。

生活在佛罗里达大沼泽里的可长达 6 米的美国短吻鳄甚至会保护自己的孩子整整 3 年。我常看到 3 条年龄不同的幼鳄在母亲的保护下平静地并排躺着。幼鳄的生命会受到数千种危险之敌的威胁，如水獭、短尾猫、浣熊、负鼠、拟鳄龟、食肉鱼、白尾海鸥、林鹳、鹈类、鸬鹚科、朱鹭亚科、褐鹈鹕、12 种不同的鹭以及陌生的雄短吻鳄，它们都非常喜欢吃鲜活的幼鳄。假使没有鳄妈妈的保护，它们便没有一丝生存的可能。

顺便问一句：一只雌短吻鳄真的能喂养它的孩子吗？可以。它会叼着一条鱼，发出嘎吱声，呼唤它那群孩子过来，并在水里把猎物撕成数千块。在这些如云朵般漂浮在水面的食物中，幼鳄们食用自己的那部分。

这与可爱模式相关，并意味着鳄已经知道这种现象。然而，这种类型并不是视觉上的，而是声音上的；而且，不是在个体意义上照顾亲骨肉，而是作为物种特性在发挥影响。所有同类，无论是否与幼鳄有亲属关系，听到声音信号都会赶去救援。这里有两个关键因素，我将在后面关于哺乳动物的章节中对此进行论述。

当施救者变成谋杀者
鸟类的可爱模式

从爬行动物再向前演化一步：在鸟类身上，视觉信号和声音信号都可作为可爱模式发挥重要作用。

康拉德·洛伦茨关于疣鼻栖鸭的实验非常有名。这位诺贝尔奖得主将一只嘎嘎大叫的小鸭子抓在手中，并将它展示给正带着一群孩子摇摆而行的母疣鼻栖鸭看。这只母疣鼻栖鸭听到小鸭子的求救声，立刻变得非常激动，大叫着飞扑向研究者，用翅膀拍打他，将小鸭子夺走，并尽力将获救的小鸭子带离这个危险的地方。

获救的小鸭子尝试融入疣鼻栖鸭的雏鸭群。但母疣鼻栖鸭立刻从营救者转变成攻击者。它翻脸了，它要杀死这只自己刚刚豁出性命救下的小鸭子。多亏了研究者快速插手干预。现在，这只小鸭子要感谢他的救命之恩了。

如何解释疣鼻栖鸭的这种极为矛盾的行为呢？这缘于两个不同却相继出现的触发信号。首先，小鸭子的求救信号打动了母疣鼻栖鸭。因为，这种叫声听上去与它幼崽的"索爱信号"相似，容易被混淆。但是，因被救的小鸭子和这只母疣鼻栖鸭自己的幼崽羽色不同，母鸭在几秒钟内意识到了这一点，于是将它视为入侵者。

当沃尔夫冈·施莱德（Wolfgang Schleidt）进行他的"鸡貂攻击母火鸡幼崽"实验时，事情变得更荒诞了。虽然那只鸡貂只是一个用毛皮填充的模型，靠轮子滚动，被研究人员用一根绳子牵引着移动，但那只真雏鸡却因为害怕而发出尖锐的叫声。鸡妈妈心急火燎地向"敌人"发起了反攻，正常情况下几秒钟就可将之"杀死"。

动物母亲在保护自己的孩子时不惧死亡，这在我们看来似乎是最天经地义的事情。没有人认为它会做相反的事，即母亲杀死自己的孩子，并向鸡貂示好。但是，如果在实验中将可爱模式的信号调换，就可能会发生这类事情。

研究者将火鸡妈妈的一只小雏鸡放到离它10米远的地方，位于假鸡貂旁，并按如下方法调换它们的叫声：这一次，在悄然进攻的假鸡貂的肚子里放了一个小型扬声器，内部的磁带不断发出雏火鸡求救的声音。在旁边的小火鸡则保持沉默，因为它的嘴暂时被胶带封住了。

然后，荒唐的事情发生了。火鸡妈妈被求救声惊动，进入一级战备状态，极富攻击性。它暴怒地冲向旁边的小火鸡，试图啄死它，但在最后时刻被研究者阻止住了。随后，研究者简直不敢相信自己的眼睛：就在母火鸡企图将自己的孩子啄死后，它走向了填充而成的鸡貂模型，将其置于自己的翅膀下，慈母般地望着它！

母火鸡救孩子的行为并非由孩子所处的危急情况触发，而是单单由作为可爱模式的声音信号触发，即使这个信号来自假鸡貂肚子里的扬声器。相反，母火鸡真正的孩子却被当作危险之物，只是因为它一声不响地待在呼救者旁边。

当对"索爱信号"的反应被假象愚弄时，便可能发生这类荒诞的事。尽管如此，母野鸭和母疣鼻栖鸭的例子还是向我们展示了，大自然赋予了它们哪些必要的力量，让它们成为孩子们"天生的守护天使"。

即使是在自然关系中也可能存在本能障碍。汉斯·克里斯汀·安徒生（Hans Christian Andersen）眼中的"丑小鸭"，即疣鼻天鹅幼雏通体呈灰色。灰色的羽毛就是它们的可爱模式。但是，还有15%的幼天鹅像大天鹅一样披着白色的羽毛。于是，父母不但不把其当作有庇护需求的后代，反而会杀死它们。

这个例子清楚地表明**可爱模式在动物界的非凡意义。没有"索爱信号"，就没有对孩子的宽恕和保护。**

卡塔琳娜·海因罗特认为：鸣禽幼雏的可爱模式在口腔内部。鸟父母还没走到巢穴，雏鸟就张大自己的嘴。鸟嘴中醒目的海报色彩清晰可见：山雀的是黄红色，草地鹨和林鹨的是带着金黄斑点的橙色，麻雀的是从粉红到暗红色，金丝雀的是从紫色到黑色，蜡嘴鸟的是粉红、红色和紫色的复合色，等等。每种鸣禽幼鸟都有自己特殊的可爱宝宝证明，以求父母喂食。当看到幼鸟嘴里的这种"调色板"时，鸟父母便会将美味佳肴塞入那里，而不是自己吞食。

海因罗特写道："当雏鸟因为暴食或生病无法张开大嘴时，它的父母就不再把它当作自己的孩子，并会将它扔出巢穴。由此可见，鸣禽张开的大嘴作为可爱模式是多么重要。"假如有人为减轻鸟父母的喂食负担而将一个装满食物的饲料盆放到花园里的乌鸫巢附近，那么，很快，所有的雏鸟都吃饱了，它们不再张嘴，因被父母抛弃而导致的雏鸟死亡惨剧便会随之发生。在这种情况下，及时干预的研究者就得亲自喂养雏鸟了。

然而，布谷鸟能很好地伪造"喂食证明"。幼小的布谷鸟能完美地模仿寄主鸟的雏鸟嘴张开的形状，甚至有时能展现出比它所模仿的对象更明亮的颜色，与之形成更鲜明的对比。这就是所谓"过于正常的刺激信号"，就是说，只要自己的幼雏和外来的幼雏在同一鸟巢中，在喂食时，相比于自己的雏鸟，寄主鸟更偏爱外来的雏鸟。那些寄生在白鹡鸰巢中的布谷鸟的喉咙里装着白鹡鸰的"画作"，而那些多代在湿地苇莺那儿"做客"的布谷鸟则装扮着和湿地苇莺一样的颜色。

　　这种令人惊奇的适应过程是如何实现的？对这段辉煌的历史，廷伯根的学生 N. B. 戴维斯和迈克尔·布鲁克（Michael Brooke）于1991 年进行了研究。不过，这已超出了本书的范围。这种通过模仿喉咙特征的骗术其实也会被寄主鸟父母识破。之后，年轻的布谷鸟就得担心自己的小命了。在一定程度上，它必须靠颜色与对比更夸张的"拙劣文艺作品"来激发寄主鸟的"感情"。如此，这对异类的父母才不会将它杀死并扔出巢穴，而是表达"喜爱"并喂养这个杀死它们亲骨肉的凶手。奥斯卡·海因罗特对此作何描述？"布谷鸟张大嘴巴的模仿行为是鸣禽中的不道德行为，这种恶习会使其成瘾并走向衰亡。"

什么是哺乳动物认为的"可爱"？
当"阿姨"爱抚宝宝时

　　许多哺乳动物（如犬科和羚羊）在一出生时，母亲便将它们抱在怀中，用舌头舔它们，嗅它们的气味。只有将孩子的可识别气味吸入鼻中，才能唤起它们的母爱天性。对这些哺乳动物而言，判断幼崽是否可爱并值得对其倾注母爱的模式依据是幼崽所特有的一种气味。

　　猫科动物（狮、豹或猫）则是通过视觉信号来唤起母爱的：圆滚滚的小身体、大而真诚的双眼和柔软的绒毛。猫父母在这方面的做法和人类一样。这也是家猫会成为我们最喜爱的宠物之一的原因。

　　猴也如此。不过，**幼猴的可爱模式不是针对自己的母亲，而是针对群体其他成员的**。因为，在成员众多的猴群里生活，幼猴不仅要保证自己能得到母亲的照顾，还需要得到父亲及群体其他成员的关怀。狒狒对孩子的爱尽人皆知，是幼崽和成年狒狒之间的体毛颜色差异激发了这一情感。

　　浅褐色狒狒、巴巴利猕猴和其他猕猴的宝宝，除了有粉红的脸以外，全身乌黑。灰黑色的母乌叶猴会诞下金黄色的幼崽。黑白疣猴的幼崽全身上下都是纯白色。

　　年幼的阿拉伯狒狒的毛会逐渐变成成年狒狒那样的颜色，最终只保留着头顶的黑色。只要还能看到那个颜色，狒狒爸爸就会在小狒狒陷入危机时保护它。但当头顶上最后那块黑色消失后，狒狒爸

图 40　令人们感兴趣的可爱模式。左边从上至下：兔宝宝、狮子狗幼崽和知更鸟幼雏，它们都有着相对较大的圆形头颅、拱起的前额、丰满红润的面颊以及带着稚气眼神的眼睛，就像人类的小孩一样可爱，这些特征会唤起长辈温柔的呵护行为。右边从上至下：成年野兔、成年灰猎犬和成年乌鸦都有着长长的头颅、扁平的前额

爸便不再把它当作孩子了。从此，它就必须通过自己的力量获得群体的认可。

根据克里斯蒂安·福格尔（Christian Vogel）的实地考察，在一个印度长尾叶猴群中，当一个宝宝出生时，它们会把这天当作节日来庆祝。所有的雌长尾叶猴都围拢过来，惊奇地注视着这个宝宝，用手指小心地抚摸它，朝它做各种鬼脸并用嘴唇亲吻它的脸，发出亲吻的声音。简而言之，它们此时的行为举止就和我们人类打量新生儿时一样充满孩子气。

在长尾叶猴群中，雄猴对新生儿完全不感兴趣，雌猴则会围着孩子并紧密地围成一个圈，轮流抱幼崽。在这种情况下，如果一位"阿姨"将宝宝抱在怀中的时间太长，其他"阿姨"就会十分不悦，试图夺走孩子。在这个小圈子里，没有经验的年轻雌猴会显得笨手笨脚，它们不太清楚该如何抱宝宝以及该做什么，于是，很快就会将宝宝传给邻座。如此，这个抚摸和宠爱新生宝宝的"妇女小型茶话会"能够进行好几个小时。这就是幼崽可爱模式所产生的重要成果！

我们确信，在猴类中，幼崽可爱模式所指向的目标会发生转移。幼崽不再向自己的母亲，而是向关系较远的成员发出信号，如猴群里的其他成员。

人类的情况与之大致一样。人类新生儿一开始根本就没有可爱模式。他们的皮肤满是皱纹、大多没有头发，且有着不讨人喜欢的头颅形状。如我之前描述过的那样，其他因素也会唤起父母对孩子的爱。因为宝宝首先只会待在最紧密的亲属圈内，且从不会独自遭受陌生人的专横跋扈。这种"天使般的可爱模式"暂时还不需要，它要在晚些时候才出现。当他们需要见到更多陌生人的时候，宝宝就会拥有我们普遍认为可爱的身体形状：圆圆的头颅、高高隆起的前额、大眼睛、丰满的面颊与胖乎乎的四肢——这些都是招人喜爱的幼儿标志。

儿童保护模式的作用有多可靠？
从爱不释手到滔天怒火

现在的关键性问题是：幼崽的可爱模式在陌生人身上所起的作用有多可靠？

我们马上选取几个极端案例。雄狮在征服一个群体后，会立刻杀掉狮群中的幼崽，这在前文已有论述。在许多其他例子中，比如在印度长尾叶猴和中非红尾长尾猴中也会发生同样可怕的事情。在这些情况下，托马斯·斯特鲁萨克观察发现："仅仅是对'可爱的宝宝模样'的一瞥就激起了新帝王心中狂热的杀戮欲望。"在老式动物园里，狮子们被关在小笼中饲养。一只狮宝宝出生了，游客们挤在格栅条前，学生们在它们面前叫喊喧闹。狮妈妈察觉到孩子面临的危险，用嘴叼起它，想将它带到安全的地方。但那个安全的地方只是笼子的另一个角落。在这里，它同样担忧，想更换新的地方。于是，母狮子不停地拖着自己的孩子，从一个角落到另一角落。后来，它内心的防线逐渐崩塌。在某次为了躲避可憎的游客对幼崽的攻击而更换地方时，母狮子终于咬死了自己的亲骨肉。

只有在将动物当作狱中囚犯的动物园里才会发生这样的事，在自然条件下绝不可能。幼崽的可爱信号能抑制成年者对宝宝犯下罪恶，但在极端情况下，这不但无法发挥作用，反而会起到反作用。

我们人类也并非不受这种情感颠覆的影响。在本书成书前不久，《汉堡晚报》上报道了这样一位父亲，他晚上看电视时，宝宝无休止的哭喊声令他烦扰。宝宝的哭泣声和视觉上的可爱模式相似，实际上是一种唤起关怀的声音信号。但是，对这位不爱自己孩子的父亲而言，这种哭喊声很烦人，于是这种哭喊就产生了截然相反的效果：这位父亲从4楼的窗户中将孩子扔到了街上。

通过一种与此类似的心理机制，对孩子的厌恶情绪变成时尚。在二战后的德国，孩子常被父母视为通往享有声望的幸福路上的负担和障碍。带有这种思想的人潜意识里存在着一种亟待合法化的内疚情绪。对孩子的妖魔化就这么蔓延开来。孩子可爱的外表、开心的玩闹声和笑声会激发陌生人的仇恨并成为禁忌。一名养育多个孩子的母亲会被人看扁。作为4个孩子的父亲，我知道自己在说什么。我们只能在对孩子友好的意大利度假。

这个集体反应与大自然保护孩子的机制截然相反！这里揭示了人类和动物的另一个区别：没有动物会这么做！除非在物口过剩、物种出现退化时。

其实，人们对可爱模式的反应并不是非常强烈，这一点用玩具动物爱好者这个例子即可证明。

几乎所有人都会对可爱信号立刻产生兴趣：玩偶工厂里不同寻常的可爱玩偶或华特迪士尼公司的动画电影中出现的动物的可爱信号。活蹦乱跳的宠物们也同样拥有这种可爱模式。但是，其作用能持续多久呢？

在第一次世界大战中，（德国港城）基尔遭到大规模轰炸后，经常有被遗弃的、无家可归的家猫跑到我们高炮部队炮兵连驻扎的营房里。每次场面都一样，只要猫咪一出现，所有的海军士兵都会欢呼："哇，多可爱啊！"他们争先恐后地将"可爱的"猫咪抱到自己的怀里并抚摸它。但不到几小时，问题就出现了：这些猫咪应该睡在哪儿呢？它们应该吃什么呢？谁来把它们清理干净呢？到此，这些士兵对动物的爱就终止了。某只"可怜的雄猫"甚至会被一脚踢飞。

这与当时许多家养宠物的经历基本一样：人们在宠物店的橱窗里看到一只宠物，觉得它"可爱得令人想拥抱狂吻"，并想立即拥有它。但是，一旦需要为照顾这只宠物付出辛劳与时间，那么，最迟在下个旅行度假开始之前，它就会被赶出家门，或被遗弃在高速公路的休息站。

可惜的是，许多人自认为是动物爱好者，但实际上，他们只是被动物的可爱信号所吸引；对人类而言，这种机制是自然预先赋予的，是**乍遇可爱动物时对其进行保护的一种机制**。但对动物真正的爱并非如此！真正的动物爱好者经受得住每天不知疲倦地照顾宠物的考验。每一个以后想要养宠物的人，请在这个基础上审视一下自己：我养宠物只是为了抚摸它？还是自己确实是一个身体力行、货真价实的动物爱好者？如果每个人都能理性地回答这个问题，那么，家养宠物就无须遭受无边的不幸和精神的苦难了。

银鸥幼雏的守护天使
从亲切的母亲到吞食孩子的暴戾者

对银鸥行为的研究，在可爱模式及其起效与否的问题上，研究者们成功地发现了因外部因素引起的更细微的差别。在此，我将继续论述尼古拉斯·廷伯根、弗里德里希·歌德和 J. A. 格雷夫斯（J. A. Graves）的研究。让我们来看看银鸥幼雏的命运。

在位于尤伊斯特和博尔库姆之间的欧洲北海上，汹涌的波涛在美墨尔特（Memmert）鸟岛上的撞击声被银鸥的叫喊声所淹没。每年的 5 月，上万只银鸥在这里孵蛋。这里的一切还能井然有序吗？很可惜，不能。我们必须记录所有社会行为在物口密度过大情况下的退化现象。

鸟类研究所的研究人员转动着望远镜，观察着沙丘上的一处巢穴，目睹了一种可怕的行为。一只银鸥在孵化营里小步奔跑着，表现得毫无恶意。一个银鸥中的"孩童绑匪"、吞食幼雏的"野蛮银鸥"正准备行动。正在孵蛋的或正在为幼雏取暖的银鸥父母们似乎注意到了它，因为它们到处在啄赶这位不速之客。不过，这个"绑匪"想到了一个诡计。它飞向一个巢穴，里面有 3 只刚出生 1 天的雏鸟。当母银鸥想要攻击它时，它突然伪装成了一只银鸥幼雏。它以幼雏特有的姿势蹲着，把脑袋移到肩膀正中间，朝上伸出鸟喙，请求喂食。这真是最高境界的厚颜无耻的伪装啊！那看起来是个可爱的姿势。

对出现在巢穴附近，举止和它宝宝一样的动物，母银鸥出于本能，不会做出伤害它的事。所以，接下来的时间里，"绑匪"就可以在巢穴附近逗留。它几乎一动不动地等待一个多小时，直到银鸥母亲变得懈怠，并将尾巴对着它。就在一只雏银鸥朝外看的时候，这个"绑匪"闪电般地迅速抓起这只雏鸟，带着它飞走，准备将它喂给自己的幼雏。

但是，当这只同类相食的银鸥降落到位于另一个孵化营的巢中时，被它夺来的雏鸟还活着。这只雏鸟听天由命地蜷缩在其他要吃掉它的雏鸟旁，可怜巴巴地吱吱叫着。

它这是在自救！因为，这个刚才还坚定的同类相食主义者突然狠不下心在自己的幼雏身边杀死这只雏鸟。把这只雏鸟抢夺来的那一瞬间，它显然还能做到。可是，一旦错过了这个机会，这只掠夺而来的雏鸟就会被它收养，同它自己的孩子一起长大。

不幸的是，并不是所有被劫走的银鸥幼雏都有这种好运。1973年以来，在欧洲海岸的大片海鸥栖息地，绑架并残害同类幼雏"蔚然成风"。栖息在德国施皮克岛上的**鸟群数量膨胀，每年会有七成雏鸟惨遭厄运**。在鸟类更过度繁殖的美墨尔特鸟岛，甚至有**九成的雏鸟成为同类的腹中餐**。每年，总共约有 15 000 只雏鸟因此死亡。

现在，我们将望远镜聚焦到另一只银鸥幼雏身上，我们叫它埃玛。它生下来刚 7 天的时候，母亲外出觅食，却再也没有回来。一只猛禽杀死了它的母亲，银鸥父亲陷入了绝望：是应该留下来保护孩子呢？还是应该外出为它们觅食呢？在看守孩子并被饥饿折磨 36 小时后，它出去觅食了。长有羽毛的"房屋霸占者"好像只是在等待时机。现在它立即占领了这个 2 平方米大的鸟巢，并赶走了 3 只雏鸟。

这 3 只雏鸟可怜地吱吱叫着，笨拙地走向邻居家。假如母亲的不幸早 3 日发生，这些小家伙就可以无后顾之忧了。每只不到 5 天大的幼鸥都会立刻被陌生家庭收养。这是因为，成年银鸥无法分辨处于这个年龄的雏鸥是不是自己的孩子。但 5 天过后，雏鸥金黄色的脑袋上会长出一个黑色圆点图案。每只幼鸥的图案都不同，这有利于父母辨认自己的孩子。所以，当这 3 只超过 5 天大的孤儿闯入邻居的领地时，会被鸟喙啄伤而面临生命危险，除非这些毛茸茸的小家伙会耍花招，将这只陌生的成年银鸥的滔天仇恨转变成自我奉献式的照料。

埃玛的哥哥因遭到驱赶还惊魂未定，它朝邻居跑去，并未注意到邻居对它发出的恐吓声。它还没来得及迈过邻居孵蛋领地的边界，就遭受到猛烈攻击。邻居银鸥的喙啄着它的小脑袋，发出噼里啪啦的声音。没过多久，它就死了。

　　　　　　　　　　　以动物为镜子：动物们的自然生活之道

埃玛的妹妹看到了这惊恐的一幕，逃回了老家，在那儿受到了"房屋霸占者"的攻击，又只好不停地奔跑。它的命运也飘忽不定。

只有埃玛采取了正确的行动。它藏在一处固沙草丛中，等了很长时间，直到那只会杀死它的银鸥邻居为了让自己的 3 个孩子在翅膀下取暖而返回巢中。一旦邻居转过身，尾巴朝向它，埃玛就偷偷地从后面靠近。当它离邻居还有 40 厘米远时，那邻居突然环顾四周，并立刻再次发出刺耳的恐吓声。不过，埃玛边大声发出"吱吱"的叫声，边继续向前，朝着坐在巢中陌生的母银鸥跑去。

结果令人惊讶。就是这只刚刚在巢穴边杀死它哥哥且在几秒前还威胁埃玛的母银鸥突然发出温柔的叫声，并撩开自己的羽毛，让埃玛在它身旁栖身。意外的是，竟然是一整晚。

母银鸥态度 180 度大转变的秘密在于：还在带孩子的银鸥不会攻击距离巢穴非常近的其他幼雏，即便它完全清楚这是一只陌生幼雏，也不会这么做——这是一种寻求和平的方式！

对埃玛来说，第二天早上依然至关重要。当银鸥父亲回来时，埃玛和其他 3 只雏鸥正围着巢散步。银鸥父亲完全不知道前一天晚上发生了什么，它立即发现埃玛是一只外来的雏鸥，并向它猛扑过去，试图杀死它。但是，埃玛又一次正确地应对了。它直接在新的兄弟姐妹身旁蹲下。没有一只银鸥会在自己的孩子面前杀死一只雏鸟。于是，埃玛再一次得到宽恕，并长成了一只魁梧的银鸥。

对孩子的可爱模式是否能确保自身安全这一主题，这个例子指出了关键所在。虽然大自然已预先规定了"守护天使"的法则，但幼崽们必须在实践中自行完成棘手的任务，因为许多其他因素也在影响着这场艰难的游戏，会加强或者减弱这种保护作用，甚至使其完全失效。

我们应当意识到：人类也受可爱模式的影响，但我们很容易被引上歧途。在实践中，我们与幼鸥埃玛相似，只有用最熟练的技巧，才能在斯库拉*的死亡威胁和卡律布狄斯**的拒绝下掌控自己的命运。在这次游戏中，埃玛非常幸运。我们应通过对这种关系的认识及对自我行为的精神控制，为我们的孩子更美好的未来贡献自己的力量。

譬如说，在人类生命的前几个月里，父母和孩子之间加强表情互动极其重要。当一个人看着孩子而孩子朝他笑时，他必须用笑容来回应，以加强这种建立亲子联系的社会行为。

反过来，善于交际的宝宝会通过可爱的笑容增强父母对他的关注。这种反馈会不断加强，使双方的联系更紧密，并强化彼此间的爱。

但是，不幸的是，一些孩子患有自闭症，也就是说，他们天生没有交际能力。在得不到孩子回应的情况下仍然友好地面对孩子，这对父母来说是极其困难的。从这方面来说，人类宝宝和海鸥宝宝的情况相同：是传递出脸部表情的可爱信号，还是像那些在成年银鸥的领地上丧命的可怜的银鸥幼雏那样，采取错误的行为，这都取决于宝宝自己。

---

* 希腊神话中吞吃水手的女海妖。——译者注

** 海王波塞冬和大地女神盖娅之女，是为希腊神话中坐落在女海妖斯库拉隔壁的大漩涡怪，会吞噬所有经过的东西。——译者注

第五章

应对灾难的策略

用本能和理智避免灭顶之灾

第一节　对渴望成家者实行的结婚禁令
——塘鹅和灰海豹如何控制种群数量

在加拿大纽芬兰岛圣玛丽角，陡峭的海岸上空充斥着上千只海鸟的叫嚷声与拍翅声。如鹅般大小的雪白塘鹅彼此紧挨着聚集在被海浪拍打着的悬崖峭壁上。人们可能会认为：这里的塘鹅数量正爆炸式增长。不过这是假象。

苏格兰动物学家 V. C. 温 – 爱德华兹（V. C. Wynne-Edwards）首先对福斯湾巴斯岩上这种多产的塘鹅种群进行了研究，然后对纽芬兰岛上的这种动物做了进一步探究。整个研究中，一些非同寻常的事情引起了他的注意。在每年春季到来时，只有那些能够在尤为凸起的危岩上成功筑巢的塘鹅才被允许在那儿举办婚礼、下蛋以及哺育后代。其他所有姗姗来迟的、从岩石上被挤下的、几乎所有较年幼却已具备繁殖能力的同类都会被驱逐到相邻的岩石上。

在这些岩石上，雌鹅和雄鹅也居住在一起，它们完全能筑巢、配对并照料后代。但是，它们没有这么做。在这个有几千年传承历史的孵化场地周围，似乎存在着一条隐形的边界线。在此界线之外，似乎所有的一切都必须服从这项严格的性禁忌。

在 1962 年以前，这个发现可谓闻所未闻。基于所受的宗教或世界观教育，许多人认为，任何控制生育的方式都是违背自然规律的。然而，在新的认识成果中，动物行为学家用大量事例证明：正是大自然迫使几乎所有的动物通过本能的行为控制来避免物口的过度膨胀。

动物所采取的部分措施是温和的。在其他情况下，避免物口过度膨胀的手段可能会轻度或持续危害到相关者的生存，甚至成为野蛮残酷的手段。当物口膨胀时，动物们所采用的物口控制方法从节制交配到进食正规避孕药物，再到乃至会有生命危险的衰败现象。这种衰败现象包括：强奸、堕胎、杀害幼崽、成年动物间互相残杀而打破社会秩序，甚至整个种群灭绝。

尽管出于本能与下意识，塘鹅会自发地限制种群数量，使得所有同类（包括被强迫的未婚雌性和不情愿的单身雄性）都能在正常情况下，在临近的海域捕到足够的鱼。另一方面，如果在孵育营地中塘鹅种群数量有损失，那么，可以立刻通过相邻岩石上的后备军来补充。

这些"笨蛋"（其实一点也不笨）完成的这项技艺，人类显然做不到。关于塘鹅是如何掌握这门技术的，本书撰写时尚未有人进行研究。我们或许无法理解其中的关联或这种有意识地规划未来的能力。以下说法均有可能。

在繁殖季节结束后，塘鹅会飞行数千千米到大西洋，越年轻的塘鹅飞得越远。因此，这些冒险爱好者（较年轻的塘鹅）会在第二年春天最晚回到孵育营地。在那儿，年长的塘鹅已经占领了所有的巢穴，并找到了自己的配偶。夫妻联手能成功打败年轻的单身汉，保卫自己的巢穴。尽管如此，较年轻的塘鹅刚开始还是会坚持不懈地碰碰运气。于是，会出现一系列连续的恶战，在此过程中，年轻的单身汉从头至尾都会处于弱势。战斗会造成压力现象，所有不断失败的塘鹅都会在孵育期间从心理到生理丧失交配能力。

灰海豹对自己也实行完全相似的种群密度控制措施。每年大约有 4 000 只灰海豹聚集在位于爱丁堡和纽卡斯尔之间的英格兰北海海岸的法恩群岛上。在这个自古传承下来的小岛上，灰海豹们以一种令人难以想象的密度紧紧挤在一起。一眼望去，就好像整个沿海区域都被灰海豹覆盖似的。很多灰海豹新生儿甚至会被成年灰海豹不慎压死。许多幼灰海豹会在由成年灰海豹身躯构筑而成的迷宫中与母亲走散，然后饿死。

J. C. 科尔森（J. C. Cowlson）和"海豹妈妈"格雷丝·希克林（Grace Hickling）称：灰海豹其实原本完全没必要这样挤在一起。不远处还有 5 座岛屿，荒无人烟且环境优美，同样适合作为灰海豹幼崽的"育儿室"。但是，这些灰海豹却根本不会踏上那几座岛屿。

为防止对渔场过度捕捞，灰海豹们积极推动以下情形的发生，即拥挤引起的自相残杀的行为方式使得灰海豹数量锐减，不过，这只会在哺育幼崽期间发生。

尤其令人吃惊的是，灰海豹不会等到弱者因为生存环境中食物的紧缺饥饿而死后，才实施它们的物口政策。更多时候，它们会在此之前就执行该措施。**控制种群密度的动机并不是出于今日已然出现的饥荒，而是明日因饥饿而受到的威胁。**

当人们知道这些事实后，有些人联想到那些生活在许多贫穷国家中的数百万名极度饥饿的孩子，他们的父母毫无动容，继续生孩子，便可能会对"人类精神的优越性"不抱希望。温-爱德华兹认为："如果所有动物都像人类和蝗虫那样，毫无节制地过度捕杀、过度觅食、过度榨取食物资源，那么，地球上早就不存在鲜活的生命了。"

图 41　塘鹅只在圣玛丽角中间的标注白色的岩石上婚配并养育幼崽。数百只塘鹅也会在左侧有白色斑点的岩石上停留。但是，为了自我调节塘鹅种群密度，这里有严格的性禁忌

　　这位学者有意以此与查理斯·达尔文的观点相对，达尔文认为：只有外部作用力，即因饥饿、掠食者、暴风雨和疾病而导致的死亡，才能平衡毫无节制的繁殖。当然，这四位可怕的骑士 * 需要贡品。但根据温－爱德华兹的观点，它们并不是动物物口密度的最终调控因素。

---

　*　宗教概念。《启示录》中的四骑士，分别象征瘟疫、战争、饥荒和死亡。这里指的是上句提到的饥饿、掠食者、暴风雨和疾病。——译者注

避免孩子饿死
通过节制交配控制种群数量

除了刚刚提到的情况外，近来，学界对通过节制交配控制生育率的其他事例进行了研究。北美牛蛙是两栖动物中的真正巨兽，不计腿长，这种动物体长可达 20 厘米，重 600 克。德特勒夫·普卢格（Detlev Ploog）研究发现：牛蛙呱呱的叫声酷似公牛的叫声，受严格的"法律"约束。

当牛蛙长到 4 岁具有繁殖能力时，成年雄牛蛙能发出从 200 赫兹到 1 400 赫兹的（频域宽广的）声音。尚未成熟的年幼牛蛙则只能发出 500 赫兹的声音，因而，无法达到吸引雌牛蛙的效果。普卢格想到了一个主意：在牛蛙群中放一个扬声器，年幼的牛蛙可通过扬声器发出比成年牛蛙能发出的更响的声音。这时，所有成年雄牛蛙的"合唱"都会戛然而止。

为什么成年雄蛙会让步呢？对此，研究者是这样阐释的：如果年轻牛蛙的歌声过于响亮（当太多年轻牛蛙聚集在池塘里时，自然经常会发生这种情况），已经性成熟的雄牛蛙就会放弃通过它们的"呱呱音乐会"来吸引雌牛蛙进行繁殖。当牛蛙种群密度过大时，它们也会放弃交配。它们似乎用年轻牛蛙的叫声强度作为**牛蛙数量的统计方式**，从而了解牛蛙的种群密度情况。

雪鸮则以另一种方式达到同样目的。这种体长可达 66 厘米的北美冻原带的居民有一种习俗：在即将交配前，雄性必须送给雌性一只旅鼠作为礼物。如果雄雪鸮"忘了"这件事，雌雪鸮就会拒绝与其交配，即使它们已经作为夫妻一起生活了很多年。

雄雪鸮会带着美味佳肴飞向雌雪鸮，边俯身，边将礼物送到它的脚边。雌雪鸮首先只会象征性地接受礼物，然后弯下身子，但只是捡起一颗石子或食物残渣。只有当雌雪鸮在巢中产下第一枚蛋并开始孵化时，它才会接受雄雪鸮充满爱意地展现在自己面前的礼物。

尽管这个事先准备的礼物并没有什么物质价值，但它却决定了雌性是否愿意交配和产蛋。这是对无用的殷勤的一种过高评价吗？起初，我们对此百思不得其解，但这一现象的意义至关重要。

旅鼠是雪鸮的主要食物来源，其数量每隔三四年，也即在总是以大规模死亡谢幕的大迁徙之后的几年里，会大幅度下降。于是，雄雪鸮就没有足够的食物当礼物。由于饥饿，雄雪鸮一般会立刻吃掉原计划送给雌雪鸮的旅鼠。这就会导致雌雪鸮在那一年里没有生育后代。此后，食物仍然非常短缺，使得雪鸮父母无法养活自己的孩子。

在食物短缺的日子里，与其生下孩子让它挨饿，不如一开始时就放弃生养。这是一种有道德的控制生育的方法。

此外，灰林鸮也有着非常类似的行为。它们掌握了无论时节好坏都能使灰林鸮数量保持在恰当水平的技巧。如果有一年食物（主要为老鼠）稀缺，那么，雌灰林鸮就根本不下蛋，并立即放弃抚养后代。

研究者 H. N. 萨瑟恩（H. N. Southern）发现，在来年春天，当老鼠数量略有增多时，雌灰林鸮就会产下 3 枚蛋。但正在孵蛋的雌灰林鸮无法从雄灰林鸮那儿得到足够的食物。在此期间，为了自己捕食，它会离开巢穴较长时间。这样，灰林鸮蛋的温度就会显著降低。结果，只有一枚蛋能孵出雏鸮，而它会由父母共同哺育。

直到又一年后，当老鼠数量再次增多时，雄灰林鸮可以给雌灰林鸮提供足够的食物。这时，雌灰林鸮就能将 3 个蛋都孵化出来。而这些雏灰林鸮基本上都能拥有一个安全稳定的未来。

限制生育而不让种群受罪
狐狸、鳄鱼和大象的计划生育政策

赤狐的做法更为聪明。它们的家庭由母亲、父亲和大约 5 个幼童以及至多 5 个已成年的女儿组成，姐姐们作为帮手为更小的弟弟妹妹寻找食物。在赤狐数量过多的年月里，每个家庭中只有赤狐母亲才会生育。那些作为帮手的女儿即使已经性成熟也会放弃交配。对此，狐狸研究专家齐门评论道："自觉限制生育可以不让种群受罪。"但是，当某地区大量的狐狸因人类进行大规模狩猎而死于非命时，极少数幸存下来的狐狸家庭中，所有帮手们也会突然产下幼崽，一胎最多有 5 只幼崽。从现在起，所有的幼崽（数量最多可达 20 只）并非由自己也产下了 5 只幼崽的赤狐母亲抚养，而是由整个大家庭一起抚育。在一年内，它们就可以完全弥补这个家庭因被猎人捕杀而遭受的"狐口"损失。

从 1954 年到 1984 年这 30 年的时间里，超过 20 万西德猎人通过猎枪、毒药、毒气、猎狗、陷阱、挖掘巢穴及棍棒打杀被困狐狸的方式捕杀狐狸，这场激烈的"人狐对抗战"被证明是完全无效的。在这样史无前例的灭狐行动过去 30 年后，狐狸的数量依然和从前一样多！对实施高效计划生育政策的动物们而言，这是一个物口动态变化的典范！

其他同样实行物口调控政策但效果没有如此显著的动物对种群灭绝要敏感得多。在 20 世纪末发生的事情令非洲的猛兽猎人们感到震惊，因为在他们大量射杀某河段尼罗鳄的几年后，那里的鳄的数量并没有显著减少。于是，猎人们没有在意，继续捕杀。但突然间，那里完全寻不见这种大型爬行动物的踪迹了。

在未达到物种特有的临界点时，动物们能弥补极大的物口伤亡。

但如果猎捕超过了这个临界点，那么，整个种群似乎会在一夜之间崩溃，并在相关区域内灭绝。

大象也属于对种群物口反应高度敏感的动物。1960 年后，非洲很多地区出现无节制屠杀大象的现象。幸存下来的大象大量涌入保护区。它们每天长时间行军，最长达 80 千米，直到遇到没有被袭扰的同类，最终在一片杀戮之海中找到可拯救自己于水火的绿洲。那里肯定安全。因为大象不会为了领地与同类对抗，并会接受所有"避难者"。所以，不久之后，国家公园里就聚集了大量的大象。

例如，在肯尼亚察沃的两个国家公园里，原本生活着的大象数量相对较少。在 20 世纪 70 年代，2 万多头大象来到这里，为了吃到树上最后一片绿叶，它们会剥掉树皮，将树推倒在地。整片树林就这样被摧毁，稀树草原变成了草场，草场变成了荒漠。这些动物面临着将自己的生存基础毁灭的危险。仅 1976 年，察沃国家公园就有 5 000 只大象活活饿死。剩下的大象就像一具具游荡的骨架，在大面积荒漠化、生命难以存活的环境中艰难度日，这终究归咎于人类。

首先死去的是那些年老的大象，即经验丰富的群体领导者，还有小象，因为母象饥肠辘辘，产奶不足。这必然是所有象群陷入危机的信号：群体缺少年长和年幼的成员。

然而，这些高尚无私的庞然大物会采取自我牺牲的方式控制种群数量。按照以下计算方式：大象的妊娠期为 22 个月，从母象生下幼崽到再次怀孕，在正常情况下平均需要 24 个月左右的时间。在一般情况下，每 4~5 年它们才会生下一头小象。在大象种群密度过高的压力下，从产崽到再次怀孕这个过渡期最多会延长至近 82 个月，即过渡期延到 3 倍多。如此一来，雌象每 8~9 年才生育一个幼崽。这也是通过放弃交配来降低出生率，从而缓解种群的生存困苦。

在多年的时间里，动物们通过这种方式，使物口密度与当时主要的自然条件相适应。这是一种令人羡慕的方法。它并不需要"人口控制委员会"进行所谓的"筛选"。大自然更清楚如何自救。

对动物来说，致命的是，猎人们认为在大自然自我调节机制开始运转前不久，动物们会无限繁殖，在这时进行捕杀干预是最佳时机。

但是，动物会在群体数量濒临顶峰的时刻进行自我调节，这一点猎人们不愿接受。猎人们很想对此进行"调控式"干预，他们不允许动物们对物口密度进行自我调节。但事实一再表明：在自然平衡问题上，人类是最糟糕的"调节器"。天真无邪之人也可能会成为自然的蔑视与破坏者！

大自然的避孕药
将延长青春期作为生育调节器

除了迫使自己放弃交配，在动物界，能散发香气的"避孕药"也具有广泛效用。德特勒夫·普卢格所观察的黄粉蝦就是一个令人印象深刻的例子。它们的幼虫就是为我们所熟知的，被当作鸟食在宠物店里售卖的"面粉虫"。

这种居住在我们的面粉厂和仓库里的昆虫繁殖速度非常快。但是，一旦这种虫子的平均数量超过每克面粉 2 只，雌虫就会在产卵之后立刻吃掉自己的卵。这种吞食孩子的做法也被称为"杀婴"，该名称来源于希腊神话中吃掉自己孩子的泰坦神克洛诺斯（Kronos）。

此行为的触发器是面粉虫排便时产生的一种气味。随着浓度逐渐加强，这种气味首先会降低雌面粉虫的生育能力，然后会延长幼虫生长发育的时间，并最终导致雌面粉虫吃下自己的卵。

这种作用于嗅觉器官的"正规避孕药"会改变雌面粉虫的行为，使其吞食自己的卵。

T. T. 马坎（T. T. Macan）称，气味避孕也会对食用蛙的蝌蚪产生致命的影响。当将一些较大的蝌蚪样本加入玻璃水族箱中的小蝌蚪群中时，尽管食物充足，这群小蝌蚪还是会令人难以理解地停止进食，自愿绝食而死。在 120 升水中，一只大一点的幼蛙可能会迫使 6 只较小的幼蛙饿死。

当实验者将几只较大的蝌蚪在其中游动过的水倒入有较小蝌蚪的水池时，也能引发同样致命的食欲缺乏现象。所以，这是一种化学物质，通过它，大自然以如此有效的方式赋予先出生者以生存优先权，从而控制种群的物口密度。

如果在一个幼蛙数量过多的玻璃水族箱中，所有蝌蚪的年龄、大小都相同，那么，它们就不会互相残杀，但都会生长得非常缓慢，且体形较小。在蜕变后，蝌蚪会变成娇小的青蛙，在与正常生长的同类的竞争中，它们几乎没有存活的机会。它们会在某一天晚上成群地爬上岸，爬入周围的草地里。第二天，农民们会以为它们是从天而降的。

减缓生长速度成了一种"物口控制"措施。对此，还有一个特别令人惊奇的例子。

三肠虫，也叫扁形虫，属于低等动物。它们生存在小溪、河流和大海的淤泥中，以腐烂的有机物为食，不同种类的三肠虫长 10~35 毫米不等。它们在淤泥的乐园中爬行，每年春暖花开之际，便开始大量繁殖。但在它们因数量过多而导致饥荒之前，所有三肠虫都必须开始绝食。约 10 毫米长且性成熟的三肠虫的身体会开始缩短，短至 2 毫米，同时会变得幼龄化并丧失繁殖能力。它们"重返童年"，以等待更好的时机。当时机来临，它们便重新生长、再次"性成熟"，然后繁育后代。

这种动物居然能通过延长青春期来降低繁殖速度！

除上述案例外，在很久之前，就已有关于鼠群中用老鼠的气味来充当堕胎药的报道。

幼崽过多导致"杀婴"
"杀婴"和物口过密恐惧

在一个能持续为 500 条鱼供给食物和氧气的小型水族箱里，纽约水族馆馆长 C. M. 布里德（C. M. Breder）只养了一条怀有身孕的孔雀花鳉，因为这种鱼只要交配一次便可生下 800 条小鱼。在接下来的半年里，这条雌孔雀花鳉一次性生下 102 条小鱼，然后是 87 条、94 条和 89 条，总共 372 条。在如此多的后代中，只存活下来 9 条小鱼：6 条雌鱼，3 条雄鱼。在这些孩子出生不久后，那个母亲就吞掉了所有其他的孩子。

在第二个相同大小的玻璃水族箱里，研究者放入了 17 条成年雄鱼、17 条成年雌鱼和 17 条幼鱼。在这里，也将会有很多小鱼出生。但是，在大多发生在夜晚的分娩结束后，刚出生的小鱼都会直接被成年鱼吃掉。此外，那些之前放入水槽的幼鱼也同样会被大鱼吃进肚子。最后，甚至会莫名其妙地发生大规模的死亡。半年后，这个水族箱里，也只有 6 条雌孔雀花鳉和 3 条雄孔雀花鳉存活下来，和第一个水族箱中存活的小鱼数量完全相同。

孔雀花鳉会吃掉自己的孩子这一现象令水族馆爱好者感到恼怒。但是，在任何情况下，它们都不会吃尽自己所有的后代。在后代数量未达到某种拥挤程度之前，它们会让其活下去，否则，就不会有孔雀花鳉存在于世了。孔雀花鳉实行一种积极的种群密度控制手段，只是方式相当野蛮。

不过，值得注意的是：在这一事例中，使孔雀花鳉吞食自己孩子的原因显然不是饥饿，而是种群数量过剩而导致的同类相食倾向。这种倾向一定和我们人类感受到的类似。当人们身处一大群人中间，比如在人满为患的阶梯教室里或拥挤的办公室里，他们会因生活所需无法被满足而感到恐惧；当竞争与生存的忧虑使人们倍感压力、侵蚀他们生存的精神支柱、使其做出轻率的举动时，人们也会有这种感觉。

准确地说，一条成年孔雀花鳉需要 2 升水构成的生存空间。当生存空间不够时，它就会残杀同类。

此外，孔雀花鳉一直以同一种方式吃掉同类，到最后总会剩下一条雄鱼和两条雌鱼。孔雀花鳉生育分娩的性别比率也是如此。每一个自由发展的孔雀花鳉群都保持着同样的性别比例。但是，为确保雌性数量是雄性的两倍，孔雀花鳉从何得知，它们是应该再吃掉一条雌鱼，还是再吃掉一条雄鱼呢？它们究竟是如何制定"鱼口控制政策"的呢？这对我们来说仍然是一个未解之谜。

引发种群物口调控行为的原因是物口过密恐惧，这在许多动物身上都得到了证实。帽贝就是其中一个例子。它们常成群地生活在温暖海域岸边的悬崖上。在尽可能平坦的地方，每颗帽贝都拥有一个属于自己的休息场所，它们会让贝壳的边缘下方完美地与那个地方相契合。

但是，好地方数量有限。如果帽贝为了享用藻类，在夜晚退潮时继续迁徙，它们一定会担心居住地被另一只同伴发现。因此，它们会采取一种静坐战术。不是为寻找和享用海藻而爬走，而是待在原地忍受饥饿。体形最大的帽贝坚持得最久。绝食期间，它们不会变老，也不会繁殖。但是，所有留在粗糙不平的休息地上的帽贝会不断地面临生命危险。海鸥、鹭或其他鸟类都能轻易地将其从悬崖上扔下并吃掉。它们是屠杀式"物口控制政策"的执行者。

类似的情况还发生在中美洲天蛾的毛虫身上。如果这种独居动物在饲料作物上进食，在超过五个成长阶段的时间里，它们都会是绿色的，可以很好地伪装自己。它们若偶然碰到自己的同类，就会很快地变成蓝色，在更高的种群密度中则会变成棕色，在种群物口过密时则变成灰色。每上升一个阶段，它们的伪装能力就会变弱一点。吃幼虫的鸟类和其他天敌的存在会使得种群数量迅速减少。这种天蛾幼虫会自愿放弃伪装，它们的数量因而不会无限增长下去。当数量太多时，它们会将自己"送"给天敌食用。已知的会根据种群密度变色的另一个与此类似的例子是沙漠蝗虫：蝗虫数量越多、密度越大，沙漠蝗虫甲壳的色彩就越花哨。只是，沙漠蝗虫种群数量的爆炸式增长到了惊人的规模，以至于任何天敌都无法阻止其大规模增长。

在人类的近亲动物中，我们也能看到因种群密度过高而产生惊慌与压力的现象，这种动物就是生活在东南亚热带稀树草原上的树鼩。树鼩虽然在外形上和松鼠很相似，但已很接近于灵长目中的原猴（可以说，树鼩是介于非灵长目哺乳动物与灵长目动物之间的过渡性物种）。只要树鼩种群密度小幅增长，它们就会和经济危机中的人类管理者一样，因压力过重而死去。迪特里希·霍尔斯特（Dietrich v. Holst）对这一过程的所有阶段进行了追踪。

人们能否测量这种压力的强度？可以，至少测量这种行军动物的压力强度是可以的。心理上的每一丝压力都会通过尾部竖起的毛发数量表现出来。当树鼩面对非常厌恶的事物时，其尾部竖起的黑毛看上去就像一个瓶刷。当这个小动物远远地看到之前战胜过它的同类时，它们的毛发就会倒竖起来。

当精神压力不断增长时，身体的损伤会恶化到何种程度？如果树鼩每天有 2 小时会看到"讨厌的"敌害，那么，它们还能承受得住这种精神压力。如果给它们施加压力的时间稍长一些，那么，母树鼩就会吃掉自己的孩子。如果每天有 6 小时都处于压力之下，那么，所有的雌树鼩都会丧失生殖能力，所有的雄树鼩都会丧失性能力。如果压力施加在一只即将分娩的雌树鼩身上，那么，胎儿会被完全分解在体液中。

当这种小动物到处都能遇见陌生同类，即种群密度到达最高时，它们就会产生持续的压力，且得不到休憩。其后果是，树鼩会在较低的压力强度下不到几小时之后或是在达到压力峰值不到几分钟后便死亡。因此，这种可爱的动物不是通过厮杀，而是通过相互间施加压力来达到同样的致死效果，直至种群密度重新达到可承受的水平。

在其他动物，如褐家鼠身上，种群密度过高产生的强大压力也会引起杀戮。令人吃惊的是，在日常生活环境中，褐家鼠会努力表现出符合良好规范的行为。比如，雄褐家鼠在求偶时不会尾随雌鼠进入它的洞穴中，虽然雄鼠在外面等待时完全没有耐心。雄褐家鼠会一次次地用鼻子伸到洞穴中，并在洞穴口边跳民俗舞蹈，边发出吱吱声与口哨声，但它一直遵守着规矩。

但当褐家鼠种群密度反常时，情况就完全不同了。只要种群密度越过了红线，所有被抑制的行为都会爆发出来。这时，雄鼠会对雌鼠施加性暴力。雌褐家鼠也不再筑巢，而是将鼠仔直接生在坚硬的地面上，并在第一次转运幼崽的过程中，将它们随地丢弃，再也不照看这些可怜地喊叫着的小家伙。最终，这些幼鼠会被到处乱跑的成年雄鼠吃掉。

因种群密度过高导致的幼鼠死亡率高达 96%，雌褐家鼠死亡率则超过 50%，许多雄褐家鼠也会因压力过大、精力耗尽与残酷的争斗而过早死亡。尽管所有的食物、水和巢穴对它们来说绰绰有余，这一切还是会发生。

种群密度过高时的自相残杀现象
食物再丰盛也阻止不了牛背鹭在种群数量过剩时自相残杀与退化

牛背鹭在种群密度过高时所采用的调控方式更为温和自然，但其结果同样是灾难性的。在维也纳威海米嫩贝格（Wilhelminenberg）动物观测站中的鸟类饲养场里，奥地利著名动物行为学家、维也纳大学教授奥托·凯尼格（Otto Koenig）通过源源不断的食物供给为这种漂亮的鸟准备了一个舒适的生活环境，但这种食宿无忧的环境却使这种鸟陷入了苦难的深渊。

开始时，这种白色优雅的鸟繁殖迅速，直到超出了其种群密度的临界点。虽然习惯在树林中的牛背鹭稠密区肩并肩地筑巢，但却突然"发火"了。社会秩序和家庭生活完全陷入混乱之中。鹭群的性活动频率离奇地增多了，但后代的数量却急剧减少。本来在自然栖息地中严格遵循一夫一妻制的牛背鹭现在只想着通奸、三角恋、四角恋、一夫多妻、强奸、与自己的孩子和兄弟姐妹乱伦以及与邻居争吵。流着血且脏兮兮的牛背鹭母亲会在巢穴中踩烂自己所生的蛋，任由其腐烂。

好不容易幸存下来的幼雏连觅食都不学。唯一将它与三四位"父母"联系在一起的事情便是不断地乞讨、索要食物。长大后，为了不断填满自己的"饲槽"，它们甚至会跟在年迈的双亲身后，保持几步之遥，不停地请求施舍，即使它们只需要微微俯身，就能靠自己获得食物。或许只是为了得到最终的安宁，牛背鹭父母会给已长大的子女辈鹭几块食物碎屑。在有了自己的孩子后，这些子女辈鹭则根本没有供养孩子的能力。最后，必须由它们的父母来同时喂养它们和它们的孩子。

食物短缺与"为每日的面包而争斗"不能解释所有发生在褐家鼠和牛背鹭身上的退化现象。因为给它们提供的食物已经够多了。**这种正常社会行为方式的崩塌更多是一种由种群内部的拥挤因素决定的现象**。这是一种由压力所引发的其他精神病现象。有人认为，在人口密度过高的城区，仅仅靠拨款就能解救由普遍的反社会行为所引起的苦难。这样的人实在应该好好记住牛背鹭中的这一现象。

当过多的个体拥挤在一个无从逃脱的地方，即使它们在物质上完全可感到满足，但在精神上也会变得不正常。1970 年 9 月在德国汉堡哈根贝克动物园的猴园内发生的事就证明了这一点。当时，该圈养区聚集了非常多的猴子猴孙，场面十分热闹：它们相互追逐，尖声叫嚷着，试图通过纵身一跃从追捕的同伴手上逃脱。由于猴子们的狂野行为，这个圈养区被称为"猴子沙龙"。观光者总是会被它们逗笑。

然而，有一天，"地狱之门"打开了。在难以忍受的尖叫声中，前一天组建的一个群体中的 50 只猴子相互攻击，试图将对方咬死。"它们一对一决斗着，"哈根贝克的新闻报道员及康拉德·洛伦茨的代笔人金特·尼迈尔（Günter Niemeyer）称，"无论是成年雌猴还是幼猴都未能幸免，叫声震耳欲聋，毛发乱飞。鲜血从被咬破的伤口

以动物为镜子：动物们的自然生活之道

中和被撕破的双耳中淌出来。"当守卫赶来用消防栓对它们喷水时，战场上已经有 5 具尸体了。

谁不知道那些爱好打架斗殴的青年帮派会在街边厮杀混战呢？在人类身上，群体效应也会释放出一种精神上几乎不可控制的非理性力量。

这种情况怎么会发生在猕猴身上呢？与其他种群物口过密时的情况一样，数量众多的幼猴使得猴园逐渐变得拥挤不堪。每一只猕猴都得不到安宁。渐渐地，每一只猕猴都必须重新捍卫自己的领地，否则必定会被侵犯。生存的忧虑导致精神压力潜滋暗长，并在一瞬间摧毁了所有抑制攻击与杀戮的天性。在种群物口过密的情况下，社会压力会引发互相残杀。

只有少数动物中不存在任何预防种群密度过高的控制机制，例如：个体数量达几十亿的密集的蝗虫群、死亡大迁徙中的"旅鼠部队"、早些年出现过的个体数达百万的南非跳羚群、遮天蔽日的红嘴奎利亚雀群、欧洲河流中的"螃蟹地毯"、大批量出现时会使大船陷入包围的水母、一些害虫以及其他的一些动物。

许多这类种群不仅缺少控制种群物口的能力，相反，在种群物口过密的初始阶段，它们的身体机制还能正常激发繁殖程序。种群密度越大，就会有越多的后代出世。我们知道，草原田鼠会出现幼崽交配的现象。整个冬天，旅鼠都会待在被厚厚积雪覆盖的巢穴中，连续不断地繁衍后代，以致来年春天，旅鼠们会永无止境似的从土壤中蹿出来，并立刻开始带有传奇色彩、多数时候使它们走向毁灭的"种群大行军"。蝗虫彼此间的空间越拥挤，它们的繁殖能力就越强大。在这里，身体接触扮演了重要角色。

可是，每个大规模繁殖的种群最后都不可避免地会以灾难性的大规模死亡而告终，这是自然法则。旅鼠几乎都会溺死在北冰洋中。迁徙的蝗虫会（因大规模毁灭植被、导致泥土难以储水而）造成干旱，致使它们在其中产下数十亿颗虫卵的地表土壤结成幼虫无法破土而出的坚硬外壳。

当中华绒螯蟹吃完了所有的食物之后，它们甚至会吃掉自己；当田鼠增殖到数百万只从而遍布农田时，一场瘟疫会夺去它们的性命。

在我们所在的星球上，在地球发展史中，一种动物在繁殖成异乎寻常的庞大群体时又不出现会导致其崩溃的大灭绝现象——这样的事从来都不曾出现过。

认为人类并非受制于自然法则，或是人类能打破这种可怕的束缚，这是藐视自然的"人类代表们"犯下的灾难性错误。如果人类的非理性力量在人口爆炸中爆发出来，那么，它们就会强大到无法控制的程度。

大自然残忍野蛮吗？
80 亿个孩子中只有 2 个幸存者

为使种群对物口密度进行自我调节，自然母亲会采取一些措施，其中，有些行为方式相当温和，如之前提及的"对性行为进行自我控制"。还有一些方法，在我们看来，或多或少有些野蛮。然而，在这些事例中，大自然是非人道的吗？

为了研究这个问题，我们选择一个极端的例子——翻车鱼。这种鱼是生活在温暖海水中的远洋居民，外形呈圆盘状，像一个"美丽又古老的月亮"。一条翻车鱼重达 900 千克，直径长达 3 米。翻车鱼过独处生活，数量非常稀少。在产卵季节，一条雌翻车鱼最多可产 3 亿颗卵——这是一项纪录。但雌翻车鱼不会抚养自己的孩子，它产下的卵有如一片浮云，在洋流的作用下，无助地漂动，因而会成为众多天敌的美味佳肴。

由于这种罕见的动物最长可以活 60 年，在雌翻车鱼的一生中，共计可生下 80 亿个"孩子"。但是，几乎所有的"孩子"都会在短时间内死去。

刚破卵而出的 2 毫米长的小翻车鱼有着尖尖的刺，这就是它唯一的保护伞，但这种尖刺只能抵御少数敌人。翻车鱼所产鱼卵的数量是天文数字，但幼鱼的夭折率也一样高。平均下来几乎没有一条小鱼能从这个"大型孩子舰队"中幸存下来。然而，如果某条翻车鱼偶然地顺利活过了最初几年，那么，它将变得所向披靡。成年翻车鱼用散步者的龟速在水面上游来晃去。它的皮肤下有着最多可达 8 厘米厚的软骨铠甲。几乎没有鱼叉能将其刺穿，也没有鲨鱼能从它身上咬下一块肉。

在翻车鱼一生的 80 亿个"孩子"中，平均只有 2 个能活到安全的年纪，然后生育后代。两个成年动物能享受生活的代价竟然是数十亿个"孩子"的死亡！因此，这种动物在地球上的数量不会有太大的起伏。假如翻车鱼没有产下这么多枚卵，比如说只有几千枚或更少的话，那么，它们早就灭绝了。为了保证种族的延续，大量生育后代是必然的。对翻车鱼来说，为了让两个"孩子"存活下来，就必须牺牲其他数十亿个"孩子"。

另一方面，人们可能会问：为什么大自然不安排一条雌翻车鱼在每个产卵季产下 4 亿而不是 3 亿颗卵呢？这样的话，翻车鱼就不会如此罕见了。然而，在这种情况下，翻车鱼就会面临种群密度过高的问题，翻车鱼在数量上会像鲱鱼一样激增，导致出现像核电站不受控制时的连锁反应。由此，翻车鱼整个物种就会因为如此庞大的幼鱼数量而灭绝。

在地球上生活就像一场有一定难度的走钢丝表演，但我们当中的绝大多数人并没有意识到其中的艰难。然而，在这条高度令人眩晕的钢丝绳上，大自然在所有目前仍然存在的物种身上都套上了夜游者的安全绳。在这里，整个物种的延续而非个体的命运才是关键。倘若站在道德的角度只关注个体的命运，那么，这个物种就会消失。

大自然赋予所有生物以生命是为了物种能存续，而不是使已诞生的每一个生命个体神圣不可侵犯。为了能让两个孩子存活下来，翻车鱼放弃了数十亿倍数量的生命。这就是**生命的质量高于数量。**

只有当温和的方式失效后，大自然才会使用这种对个体而言不道德的方法。每当一种方法出现时，大自然都会对其加以利用。之前提到的性抑制、避孕药、分娩限制、延长青春期等例子都可以用这个原则来解释。

大自然本质上绝不残忍野蛮。但是，如果它需要在物种灭绝和大量孩子死亡之间进行选择，它会选择后者。

种群密度过高时的群众心理学
地球能养活 300 亿人？

直到今天，社会科学仍然完全不了解这项原则。相反，现在只要讨论人口数量增多的现象，许多蔑视自然的人就会试图颠覆这一原则。他们历来具备高尚的品质，却招来了最具破坏性的灾难。

有人仔细算过，地球完全能养活 300 亿人。这大约是 1990 年世界总人口的 6 倍。他们似乎没有看到，在一些贫穷国家中每年都有百万人因饥荒而死。在他们看来，人类即将面临的人口密度过高只是一种幻想。在我们已在记录动物种群因物口的无节制增长而出现食物短缺现象的同时，我们却似乎还未能观察到如今人类中已出现亲社会性退化的所有征兆。

不仅在欧洲和北美国家，在非洲、南美和其他第三世界国家，犯罪甚至谋杀及其他杀人案件也不断增多。大量的诉讼案件表明，非法贩毒、经济欺诈等已在全世界范围内日趋泛滥。一国之民居然会倾向于选择那些本该受到惩罚的人作为自己的统治者，或忍受他们在社会金字塔顶端高高在上、为所欲为。与此同时，有一些社会学家，如哈穆特·克尔纳（Harmut Kärner），认识到了阶级斗争问题，并梦想着全世界人民能团结起来：如果有一天，富有的国家能将他们的财富分给欠发达国家，那么，世界上就不再存在贫富差距；与此同时，第三世界的财富不断增长会促使出生率降低，人口密度过高的问题也就可以因此迎刃而解。这里所说的正是那些近年来才被列入"贫穷行列"的国家，那些国家中的经济流亡者和毒品交易者正涌向德国。

但是，6 倍于现在的人口意味着人类需要 6 倍于现在的房子和街道，而自然将因此几乎不再是绿色的了；意味着人类需要 6 倍于现在的汽车、工厂和供暖器，而气候将因此急剧恶化；还意味着地球上将出现 6 倍于现在的垃圾和排泄物等污染物，到时，许多野生动物将难以生存，而家鼠和害虫将随处可见。

最严重的是自然种群心理的衰退现象。在本书中，我以许多动物为例讨论了这种情况。对于被扭曲后的疯狂的自然力量，即使是人类也无法摆脱它的束缚。一些最可怕的现象，如小国间的战争、对异族人的仇恨、对少数民族的压迫、种族大屠杀、内战、"种族清洗"等，都已经发生了。犯罪者所在群体也越来越广泛，从街头帮派到一国的统治阶层，这种趋势似乎难以阻挡。这一切都是一种自然现象，是到处都是陌生人的人口密度过高的大型社会发展到一定阶段时必然出现的、带有巨大的非理性力量的社会现象，这种群体性非理性力量达到一定程度时便会失控，从而导致民众的贫困和苦难。

1970 年，用以拦截尼罗河水的阿斯旺水坝在埃及建成，这是未来粮食成倍丰收的基础。但在此期间，埃及人口也会翻一番。人类的盲目繁殖倾向可从我的那位埃及导游说过的一句话中见出一斑："还有什么比孩子更美好的吗？"于是，在后来的日子里，那里的人们依然贫穷。

几年前，马达加斯加岛上的一个现象引起了我的注意，岛上到处都是两三岁的小孩，数量多得数不过来，他们成群地居住在胡同和村庄里。在他们的年龄上再加上 9 个月的妊娠时间后，我询问当地人，是否教皇在 3 年半前来过这个岛。他们答道："正是如此。"从此以后，这座美丽小岛上的贫穷、苦难和犯罪现象就以一种令人惊讶的速度不断扩大。*

人们为限制出生率而构想出的办法也都难以解决问题。对此，我在这里不再赘述。但是，难道人类必须不断地鼓励地球上的居民将尽可能多的孩子带到这个早已人口过剩的世界上吗？在《圣经》所论及的时代中，我们这个星球所具备的条件完全不同。当时，"多子多孙和发展壮大"意义重大。可是在今天，遵循这条准则可能会使人们踏上一条进入地狱、直达苦难深渊的道路。

在拥护家庭方面，教皇总是不知疲惫，其本意是好的，但他也应告知人们，应该如何使当下令人绝望的糟糕家庭重新回归和谐。

---

* 作者未在此明说的言外之意是：反对堕胎等生育节制措施的教皇对无节制的生育起了鼓动作用。——译者注

家庭不应该是人口爆炸的策源地！最后，在生育问题上，还应特别赋予女性话语权。

大自然的法则与梵蒂冈教皇的规范不同。现在，我再来做一个总结：

1. 限制出生和调节人口不是违反自然的行为。除了极少数走上反常之路的动物外，大多数动物会以不同的方式实施生育控制。

2. 大自然倾向于尽可能人性化地实施自然法则。但是，与毫无节制的繁殖给物种或种群所造成的灭绝性灾难后果相比，即便是最野蛮的物口控制方式也显得相对温和。

3. 在选择生命数量还是选择生命质量上，大自然总是偏爱生命质量。

4. 为了实现这个目标，对大自然而言，个体的生命，尤其是尚未出生的生命并非神圣不可侵犯。

5. 一旦获得"生命准入"的有限名额，大自然就会派出有着无数生存技能的守护天使，协助这一生命体有意义地活着。在这种情况下，对大自然而言，没有什么比生命更神圣。

只有当我们学会理解，用心灵将自然法则融入我们的思维中时，我们才能解决人口控制这个人类命运所系的问题。

接下来我将论及的动物会向我们展示，这并非空想，而是完全可能的。这种动物就是被科学家们认为极其聪明的海洋动物——海豚。

第二节　想办法从灾难中逃生
——海豚如何抵御危险

对鱼群的包围战
与金枪鱼的战术合作

有些动物可通过聪明才智克服性命攸关的危机，海豚就是如此。最近几年，这种智力超群的海洋动物成功地战胜了日本渔民。

20世纪90年代初，日本渔民还用残忍、不人道的方法屠杀这种海洋哺乳动物。如今，这种可怕的消息已逐渐变少，但这并非因为日本渔民变得仁慈，而是因为海豚掌握了应对他们的屠杀的办法。

一位女科学家对这一不可思议的过程进行了研究。她就是在夏威夷岛工作的海洋生物学家卡伦·普赖尔（Karen Pryor）。海豚是一种如此神奇的动物，因此，我将以它们作为本书的重点之一，详细地介绍一下。

这个引人入胜的故事是这样开头的：为了寻找、包围和享用更多的鲭鱼、鲻鱼、凤尾鱼及其他鱼类，太平洋里的海豚舰队会与体积相似的强大金枪鱼群体结盟。包围鱼群不仅是金枪鱼的战术，也是海豚的捕食策略。只不过，金枪鱼实行的这种包围战术与海豚的不同。金枪鱼群首先会组成长长的军队，游向猎物。然后按照印第安人的方式进行包围，直到围成的圈首尾相接。最后开始从四面八方发动集中式攻击。不过，在这种情况下，包围阵常会遭到破坏，大部分猎物会从缺口中逃出去。

海豚包围猎物的方法与金枪鱼的完全不同。它们的猎食团队成员数量较少，但分工更明确。每个海豚都认识所有的其他同伴，且所有海豚都可以发出一种超声波信号。它们用这种信号告知同伴缺口所在的位置并请求援助，此外，它们还会发出协调彼此的进攻指令。

一旦遇到鱼群，海豚就会发出响亮的嘶嘶声。以前，渔民们以为这是海豚狩猎的声音。实际上，它们只是在模仿鲭鱼聚集时发出的声音，这种声音会使得鲭鱼紧密地聚集成一团。这极大地减少了海豚围捕猎物的工作量。

在合适的时机，某个海豚会发出一种我们人耳听不到的超声波，接着，所有"猎人"会同时发出人类同样无法感知的相同音量的次声波。随后，所有位于这个"扬声装置"中心的被围捕的鱼群都会惊恐地向空中跃起数米高。尽管如此，大多数鱼的鱼鳔还是会因此而破裂。它们在水里麻木地游动着，很容易就沦为这些精明"猎人"的腹中餐。

但是，有时海豚也会碰到对它们的团队而言规模过于庞大的鱼群。这时，围捕者形成的包围圈同样会出现缺口，很多猎物也因此得以逃脱。不过，如果海豚群和金枪鱼群合作的话，它们就能弥补各自捕猎体系的缺陷，从而以更高的成功率完成捕猎。近年来，这些"海洋神童"就是这么做的。

然而，这种物种间合作有一个严重弊端：当海豚和金枪鱼一起成群地游动时，总是会习惯性地跃出水面。这时，如果日本远洋渔轮上的瞭望哨发现它们，那么，渔轮就会立刻朝那个方向抛出众所周知的、最长达20千米的巨大围网，使得鱼群被围在一个直径3千米的圈内，无论是金枪鱼还是海豚，都会因此被抓住并被杀害。

卡伦·普赖尔发现，一些幸存下来的海豚好像意识到它们跳出水面时响亮的扑哧声与小喷泉般喷出的水流会将自身行踪暴露给死敌。从此，它们在接近捕鱼船时就不再跃出水面。换言之，在靠近海平面的水中滑过时，它们只在很短的时间里将呼吸孔露出水面几厘米换一下气。于是，它们再也不会被渔民们看见了。

奇怪的是，海豚能以其水下的视角很好地区分渔船和对它们无害的船只。普赖尔女士所乘坐的研究用船是由渔船改造而成的，在碰上她所在的船时，海豚们会毫无顾忌地狂欢嬉戏。但只要有一艘渔船靠近，它们就会立即开始"潜行"。

另一个不解之谜是，当初，只有少数海豚能从日本渔民的血腥屠杀中脱身。但现在，几乎所有的西太平洋海洋哺乳动物都会对渔船保持警惕。难道这种不幸的经历就像成功的警报反应一样在这些动物中流传开了？

此外，自从野生海豚意识到渔船的危险并采取回避绕行策略后，它们又变得无忧无虑起来。这一转变的第一步是，它们会勇敢地游到右船舷，但它们躲避左船舷则如同躲避瘟疫。海豚们知道，收放渔网的起重机和绞车只会从左船舷将捕鱼网收起来，因此在渔船右侧则绝不会有任何危险。

之后，它们开始了最后一项需要巨大勇气与智慧的行动。海豚和金枪鱼在渔网中平静地四处游荡着。现在，它们不再害怕。当金枪鱼向下潜去，在那里竭尽全力企图挣脱渔网但总无济于事时，海豚早已认识到渔网和海草或海藻的不同之处在于，它们可用蛮力穿过海藻，但要穿过渔网是不可能的。

于是，海豚们静静地待在水面附近，等待渔民为了拉起渔网而挂上倒挡的那一瞬间。挂倒挡时，靠近船舷的渔网上沿会有大约20秒的时间朝下沉，这时，海豚就会一个接一个、灵巧却不急促地穿过缺口，向渔网外游去。一游出渔网，它们就会立刻欢腾着跃向空中。让渔民们竹篮打水一场空似乎是一件让它们感到很快乐的事情。

　　　　　　　　以动物为镜子：动物们的自然生活之道

海豚的平复能力
克服心理障碍

现在，一些细心的读者可能会提出异议：如果海豚真的像我们所认为的那样聪明，那么，它们为什么不干脆直接跳向空中，越过渔网边缘，奔向自由呢？

跳跃对海豚来说是一种表达快乐的方式、一种表现它们对优雅动作产生兴致的游戏形式。因此，它们从不追寻一个用跳跃的方式越过障碍的具体目标。

这种情况在原则上与纳米比亚跳羚的情况相同。纳米比亚的宽阔地带几乎都是肥沃的土地，这些土地被数十万米长的栅栏围了起来。许多栅栏只有 1.5 米高。但是，纳米比亚跳羚却可轻松地跳到 3.5 米到 4.5 米那么高。然而，和海豚一样，跳跃对纳米比亚跳羚们来说只是一种乐趣，更确切地说，是一种在瓢泼大雨后发现新鲜绿叶或发情期求偶时表达欢快之情的行为，有时也是对潜伏着却很快被发现的狮子发出的一种嘲笑信号："哈哈！来抓我啊！但你一定知道，我已经看到你了！这么远的距离，我可跑得比你快多了！"

即使是这种轻盈的羚羊，也绝不会用跳跃的方式来越过障碍。在自然条件下的生活空间里，只有荆棘灌木丛才是它们的障碍。然而，相比于跳过障碍物，羚羊更喜欢绕过它们。每当一小群羚羊遇到一处栅栏时，它们会强迫自己穿过铁丝，或像疣猪一样挖个地道从下面钻过去。在这种情况下，跳羚绝不会想到要跳过去。

不过，海豚有种令人吃惊的能力，它们能利用自己的智慧来克服心理障碍。这一点在德国杜伊斯堡动物园发生的一个事例中得到了证实。在那里的海豚馆中，海豚们根据演出安排被分开锁在非常狭小的水箱里。显然，这种在自然环境下群居的动物不喜欢这样。

为了能越过分割板看到自己的邻居，它们会发出很有活力的急促的超声波，并垂直跃向空中。但在很长一段时间内，它们都没有产生想要跳出去的想法。

直到有一天，我们不知道是因为海豚出众的智慧还是出于偶然，有一只海豚全力一跃，在两侧水箱里海豚们欢快的尖叫声中，跳进了同类所在的水箱里。从这一刻起，每个海豚都参与到了"交换水池"的趣味游戏中。每个海豚都会跳向另一个海豚所在的水箱。通过加高所有护栏，海豚们的这种"撒野式的课堂不顺从"行为立即被禁止了。从这件事中我们看到，海豚与人类的行为分别体现出了典型的人性与非人性。

然而，这个例子也让我们产生希望：如果有一天，在海洋中的海豚们也能成功地运用这个发现，那么，它们在渔民的屠刀面前就会更安全一些。

这敦促我从中总结出一些适用于人类的结论。在此，我请求人们顾及海豚的"不足"，虽然这同时也能被理解为某种特别的优势。有史以来，海豚还从未伤过人类一根毫毛。这种"长着鳍的人类"在面对攻击它们或威胁它们孩子生命安全的鲨鱼时完全有能力通过撞击将其杀死。但当人类将要杀死海豚时，它们却根本不做抵抗。

在日本诸多海湾里，比如，长崎的壹岐岛的海湾里，渔民们用长矛直接刺向水中数百只海豚，它们被渔民驱赶至陷阱中，并被一只接着一只地杀掉。实际上，海豚只需用鳍就可将这些屠夫拍到一边，可海豚们却一次也没有这样做过。这对我们人类来说是完全无法理解的。

显然，海豚对地球上其他动物的温和态度和认识与我们人类的完全不同。

这会让它们陷入巨大的危险之中。在日本各个海湾的血腥屠宰事件中，这些"海洋神童"还没有找到有效的应对办法，因为以寻求和平的忍耐态度来回应人类的杀戮欲望并没有任何成效。但是，海豚们能逃脱囚禁它们的渔网的例子却证明了它们确实有着令人惊叹的能力：它们能利用自己卓越的智慧找到从危机中脱身的办法。

　　海豚们能用它们的大脑完成的事情，人类也应当并愿意用自己的思维能力来加以解决。

参考文献

一、作者德浩谢尔本人的著作

Klug wie die Schlangen – die Erforschung der Tierseele. Stalling，Oldenburg 1962.

Magie der Sinne im Tierreich. List，München 1966，und dtv Nr. 1126. （中译本：见本
书系）

Die freundliche Bestie. Stalling，Oldenburg 1968.（中译本：见本书系）

Sie töten und sie lieben sich – Naturgeschichte des Paarverhaltens. Hoffmann und
Campe，Hamburg 1974.（中译本：见本书系）

Überlebensformel – Wie Tiere Umweltgefahren meistern. Econ，Düsseldorf 1979，und
dtv 1733，München 1981.

Nestwärme – Wie Tiere Familienprobleme lösen. Econ，Düsseldorf 1982，und dtv
10349，München 1984.（中译本：见本书系）

Ein Krokodil zum Frühstück – Verblüffende Geschichten vom Verhalten der Tiere. Ullstein
TB 20311，Berlin 1983.（中译本：抓条鳄鱼当早餐. 南昌：二十一世纪出版
社，1999.）

Wie menschlich sind Tiere ? dtv 10442，München 1985.（中译本：见本书系）

Geniestreiche der Schöpfung. Ullstein，Berlin 1986，und dtv 10936，München 1988.
（中译本：见本书系）

Sie turteln wie die Tauben. Rasch und Röhring，Hamburg 1988，und Goldmann TB
11670，München 1990.（中译本：与狼共嚎. 南昌：二十一世纪出版社，
1999.）

Spielregeln der Macht im Tierreich. Goldmann TB 11672，München 1992.（中译本：动
物王国的权力游戏. 南昌：二十一世纪出版社，1999.）

Die Welt，in der die Tiere leben – Meine Expeditionen auf sechs Kontinenten. Rasch und
Röhring，Hamburg 1991，und Goldmann TB 12671，München 1994.（中译本：
六大洲动物考察记. 南昌：二十一世纪出版社，1999.）

二、正文参考资料

Shirley C. Strum: *Leben unter Pavianen*. Goldmann TB 12379, München 1992.

Joseph Shepher: Mate selection among second generation Kibbutz adolescents and adults: Incest avoidance and negative imprinting. *Archives of Sexual Behaviour*, No. 4 （1971）, pp. 293-307.

Julie Menella/Howard Moltz: Closeness makes the males less deadly. *New Scientist*, Vol. 117. No. 1604（March 1988）, p. 34.

J. M. Deag: Interactions between males and unweaned barbary macaques. *Behaviour*, Vol. 75（1980）, pp. 54-81.

Konrad Lorenz: *Das sogenannte Böse*. Borotha-Schoeler, Wien 1963.（中译本：论攻击. 上海：上海科技教育出版社，2017. ）

S. L. Washburn/I. DeVore: The social life of baboons. *Scientific American*, Vol. 204 （1961）, No. 6, pp. 62-71.

Jane Goodall: *Ein Herz für Schimpansen*. Rowohlt, Reinbek 1991.

Stella Brewer: *Die Affenschule*. Paul Zsolnay, Wien 1978.

Alison Jolly: *The evolution of primate behavior*. Macmillan, New York 1972.

有关詹妮弗·贾维斯的信息：Linda Gamlin: Rodents join the commue. *New Scientist*, Vol. 115, No. 1571（1987）, pp. 40-47.

Konrad Lorenz: *Über tierisches und menschliches Verhalten*. Bd. I und II. Piper, München 1965.［中译本：动物与人类行为研究（第一卷）. 上海：上海科技教育出版社，2017. 动物与人类行为研究（第二卷）. 上海：上海科技教育出版社，2017.］

Historisches Wörterbuch der Philosophie. Bd. 8. Basel 1993, S. 388-396.

Iwan Pawlow: *Die bedingten Reflexe*. Winkler, München 1972.

Konrad Lorenz: Über die Bildung des Instinktbegriffs. *Die Naturwissenschaften*, Bd. 25 （1937）, S. 289-300, 307-318, 352-331.

Nikolaas Tinbergen: *The study of instinct*. Oxford University Press, London 1951.

Erich v. Holst/Ursula v. Saint-Paul: Vom Wirkungsgefüge der Triebe. *Die Naturwissenschaften*, Bd. 18（1960）, S. 409-422.

Erich v. Holst/Ursula v. Saint-Paul: Electrically controlled behavior. *Scientific Americans*, Vol. 206, No. 3（1962）, S. 50-59.

John Olds: Self-Stimulation of the brain. *Science*, Vol. 127（1958）, pp. 315-324.

Neal E. Miller: Chemische Reizungen im Hirn lösen spezifisches Verhalten aus. *Umschau Wissenschaft und Technik*, Vol. 66, No. 8（1966）, S. 241-244, Forts. In No. 9, S. 293-294.

J. R. Krebs/N. B. Davies: *An introduction to behavioural ecology*. Blackwell, Oxford 1981.

关于海龟的恐惧类型：Archie Carr：The navigation of the green turtle. *Scientific Americans*, Vol. 212, No. 5（May 1965）, pp. 79-86.

Oskar Heinroth：*Die Vögel Mitteleuropas*. Berlin 1928.

Donald R. Griffin：*The Question of animal awareness*. New York 1977.

Bernhard Grzimek：*Wir Tiere sind ja gar nicht so*. Franckh Kosmos, Stuttgart 1967.

Jane Goodall：*Wilde Schimpansen*. Rowohlt, Reinbek 1971.（英文版：*In the Shadow of Man*.）

Christoph/Hedwig Boesch：Tool training with chimpanzees. *Animal Behaviour*, Vol. 41（1991）, p. 530.

关于通过"试错法"学习：B. F. Skinner：Operant behavior：*American Psychology*, Vol. 18（1963）, p. 503-515.

J. Alcock：Observational learning in three species of birds. *Ibis*, Vol. 111（1969）, p. 308-321.

关于通过观察法学习技能的猫：E. Roy John u. a.：Observation learning in cats. *Science*, Vol. 159（1968）, No. 3822, p. 1489-1491.

Eberhardt Gwinner/H. Kneutgen：Über die biologische Bedeutung der "zweckdienlichen" Anwendung erlernter Laute bei Vögeln. *Zeitschrift für Tierpschologie*, Bd. 19（1963）, S. 692-696.

John C. Lilly：*Man and dolphin*. Gollancz, London 1962.

John C. Lilly：*Delphin, ein Geschöpf des 5. Tages?* Winkelr, München 1963. 061.

关于海豚的其他研究成果：Antony Alpers：*Delphine, Wunderkinder des Meeres*. Scherz, Bern 1962.

Keith Hayes：*The ape in our house*. Victor Gollancz, London 1952.

R. A. /B. T. Gardener：Teaching sign language to a chimpanzee, *Science*, Vol. 165, p. 664-672.

Eugene Linden：*Die Kolonie der sprechenden Schimpansen*. Meyster, Wien 1980.

R. S. Fouts：*Communications with chimpanzees*. In：G. Kurth u. I. Eibl-Eibesfeldt（Hrsg.）：*Hominisation und Verhalten*. Gustav Fischer, Stuttgart 1975.

F. Patterson：Conversations with a gorilla. *National Geographic*, Vol. 154, No. 4, p. 438-465.

A. J. /D. Premack：Teaching language to an ape. *Scientific American*, Vol. 227（1972）, p. 92-99.

D. M. Rumbaugh：*Language learning by a chimpanzee*. The Lana Projekt. Academic Press, New York 1977.

Thomas Sebeok：*How animals communicatie*. Indiana University Press, Bloomington 1977.

Thomas Sebeok/R. Rosenthal：The Clever Hans phenomenon. Communication with horses, whales, apes and people. *Annals of the New York Academy of Science*, Vol. 364, p. 1-311.

有关托马斯·西比奥克的信息：Roger Lewin：Look who's talking now. *New Scientist*, Vol. 130（1991），No. 1766，p. 49-52.

Irene M. Pepperberg：Functional vocalisations by an African grey parrot. *Zeitschrift für Tierpsychologie*, Bd. 55（1981），Nr. 2，S. 139ff.

关于"聪明的汉斯"：Dieter E. Zimmer：*So kommt der Menschzur Sprache*. Haffmanns, 1986, S. 112.

Sue Savage-Rumbaugh, p. p.：Linguistically mediated tool use and exchange by chimpanzees. *Behavioural Brain Sciences*, No. 1, p. 539-554.

Sue Savage-Rumbaugh：Do apes use language? *Scientific American*, Vol. 68, p. 49-61.

有关休·萨维奇–朗博的信息及葡萄牙会议上的共识内容：Roger Lewin：Look who's talking now. *New Scientist*, Vol. 130（1991），No. 1766，Anm. 065.

Richard Dawkins：Meet my cousin, the chimpanzee. *New Scientist*, Vol. 138, No. 1876（5. June 1993），p. 36-42.

George B. Schaller：*The Serengetilion*. University of Chicago Press, 1972.

Konrad Lorenz：*Das Jahr der Graugans*. Piper, München 1978.（中译本：灰雁的四季. 北京：中信出版社，2012.）

Erich Klinghammer：*Gruppendynamik und Verhaltensmechanismen beim Wolf*. Vortrag J. Jungius Ges Hamburg, 14. 11. 1981.

Erich Baeumer：*Das dumme Huhn*. Franckh Kosmos 242, Stuttgart 1964.

Hans Peter Duerr：*Nacktheit und Scham*. Suhrkamp, Frankfurt/Main 1988.

Dierk Franck：*Verhaltensbiologie*. dtv-wissenschaft 4337, München 1979, S. 85-88.

M. E. Spiro：*Children of the Kibbutz*. Harvard University Press, Cambridge, Mass., 1958.

M. E. Spiro：*Gender and culture. Kibbutz women revisited*. Durham, N. C., Duke University Press, 1979.

Joachim Illies：*Der Jahrhundert-Irrtum. Umschau*. Frankfurt/Main 1983, S. 155-170.

Günter Zehm：Über Nacktheit und Scham. In：*Die Welt*, vom 31. 3. 1988.

Sigmund Freud：*Totem und Tabu*. Heller. Leipzig 1913.（中译本：图腾与禁忌. 上海：上海人民出版社，2005.）

Alison Jolly：*Die Entwicklung des Primatenverhaltens*. Fischer, Stuttgart 1975.

J. Tattersall：*The primates of Madagascar*. Columbia University Press, New York 1982, p. 272-325.

关于马鹿的社交行为：Tim H. Clutton-Brock：Ration between the sexes in red deer. *Nature*, Vol. 300（1983），p. 175 ff.

Walter Bäumler：Geburtenregelung bei Nagetieren. *Naturwissenschaftliche Rundschau*, Bd. 32, Nr. 6（1979），S. 239-240.

H. M. Bruce：Time relations in the pregnancy-block induced in by strange males. *Journal of Reproduction and Fertilisation*, Vol. 2（1961），p. 138 ff.

Richard Dawkins: *The selfish gen.* Oxford University Press, 1976. (中译本: 自私的
　　基因. 北京: 中信出版社, 2012.)

关于老虎极具攻击性的交配方式: George B. Schaller: *The deer and the tiger.*
　　University of Chicago Press, 1967.

Valmik Thapar/Fateh Singh Rathore: *Tiger.* Westermann, Braunschweig 1990.

Konrad Lorenz: Vergleichende Bewegungsstudien an Anatiden. *Journal für Ornithologie,*
　　Bd. 89 (1941), S. 194-294.

Desmond Morris: *Der nackte Affe.* Droemer, München 1968. (中译本: 裸猿. 上海:
　　复旦大学出版社, 2010.)

Rudolf Berndt: Männchen der Graugans findet sein verlorenes Weibchen wieder. *Journal
　　für Ornithologie,* Bd. 115, Nr. 4 (1974), S. 464-465.

关于侏獴照顾病患: Anne E. Rasa: *Die perfekte Familie.* DVA, Stuttgart 1984.

Helga Fischer: Das Triumphgeschrei der Graugans. *Zeitschrift für Tierpsychologie,* Bd.
　　22, Nr. 3, S. 247-304.

Niko Tinbergen: *Instinktlehre.* Paul Parey, Berlin 1979. (英文版: *The Study of
　　Instinct.*)

关于灰雁的"胜利的呼声": Oskar Heinroth: *Beiträge zur Biologie, namentlich
　　Ethologie und Psychologie der Anatiden.* Verhandlungen des V. Internationalen
　　Ornithologen Congresses, Berlin 1910, p. 589-702.

Armin Heymer: *Ethologisches Wörterbuch.* Paul Parey, Berlin 1977, S. 30.

C. Sue Carter/Lowell L. Getz: Monogamy and the prairie vole. *Scientific American,*
　　Vol. 268, No. 6 (June 1993), p. 70-76.

C. Sue Carter, p. p.: Oxytocin and social bonding. *Annals of the New York Academy of
　　Sciences,* Vol. 652 (1992), p. 204-211.

Lowell L. Getz, p. p.: *Social organisations and mating system of the prairie vole.* In:
　　Social systems and population cycles in voles. Birkhäuser, Boston 1990.

关于母爱激素: Dale F. Lott/Sherma Comerford: Hormonal ignition of parental
　　behavior in inexperienced ring doves. *Zeitschrift für Tierpsychologie,* Bd. 25, Nr. 1
　　(1968), S. 71-77.

关于椋鸟的哺育行为: Friedrich-Wilhelm Merkel: Lebenslauf eines Starenweibchens.
　　Natur und Museum, 1979, Heft 10, S. 348-352.

R. A. Stamm: Aspekte des Paarverhaltens von *Agapornis personata. Behaviour,* Vol. 19
　　(1972), p. 1-56.

关于环颈雉的择偶行为: *Naturwissenschaftliche Rundschau,* 1990, Nr. 1, S. 19.

关于家燕的择偶行为: *New Scientist,* 1991, No. 1755, p. 28.

关于蝴蝶与蟾蜍的择偶行为: Paul Verrell: Wenn males are choosy. *New Scientist,*
　　Vol. 125, No. 1700 (Jan. 1990), p. 46-51.

关于雨蛙的择偶行为: *New Scientist,* 1987, No. 1562, p. 35.

关于金丝雀的择偶行为：Fernando/Marta Nottebohm：Relationship between song repertoire and age in the canary. *Zeitschrift für Tierpsychologie*, Bd. 25, Nr. 3（März 1978）, S. 298-305.

关于银鸥的择偶行为：Neal Griffith Smith：Visual isolation in gulls. *Scientific American*, Vol. 217, No. 4（Oct. 1967）, p. 95-102.

关于瓢虫的择偶行为：*Naturwissenschaftliche Rundschau*, 1987, Nr. 3, S. 103.

关于孔雀的择偶行为：Matt Ridley：*New Scientist*, 13. 8. 1981, p. 398-401.

关于孔雀花鳉的择偶行为：*Zeitschrift für Tierpsychologie*, Bd. 58, 1982, Nr. 1, S. 80.

关于山鹬的择偶行为：*New Scientist*, Vol. 126（1990）, No. 1718, S. 31.

关于刺鱼的择偶行为：*Zeitschrift für Tierpsychologie*, Vol. 59（1982）, No. 3, S. 261.

Dian Fossey：The imperiled mountain gorilla. *National Geographic*, Vol. 159, No. 4（April 1981）, p. 501-523.

关于蛎鹬的择偶行为：M. Norton-Griffth：Organisation, control and development of parental feeding in the oyster catcher. *Behaviour*, Vol. 34（1969）, p. 55-114.

关于寒鸦的择偶行为：A. Röell：Social behaviour of the jackdaw. *Behaviour*, Vol. 64（1978）, p. 1-124.

关于粉头斑鸠的择偶行为：*Zeitschrift für Tierpsychologie*, 1976, S. 437.

关于织雀的择偶行为：*Zeitschrift für Tierpsychologie*, Bd. 71, Nr. 4（1986）, S. 351.

关于燕鸥的求偶礼物：*Das Tier*, 1989, Nr. 7, S. 64-66.

关于鹬科鸟的求偶礼物：*Das Tier*, 1990, Nr. 3, S. 16-17.

关于戴胜鸟的求偶礼物：*Zeitschrift für Tierpsychologie*, Bd. 53, Nr. 2（1980）, S. 200.

关于灰腹绣眼鸟的求偶礼物：*Zeitschrift für Tierpsychologie*, 1962, Nr. 5, S. 575.

关于雪鸮的求偶礼物：*Das Tier*, 1983, Nr. 1, S. 16-18.

关于鹈鹕的求偶礼物：*Journal für Ornithologie*, 1968, Nr. 2, S. 176.

关于鲣鸟：WDR, *Im Paradies der Vögel*, Südafrika. 9. 9. 1970.

Manfred Curry：*Bioklimatologie*. Piper, München 1952.

Robert Levenson：*Hamburger Abendblatt*, 23. 6. 1993.

关于狨猴及金狮面狨中的父亲角色：Brian Homewood：Jungle fire puts rare animals at risk. *New Scientific*, Vol. 125, No. 1704（1990）, p. 22.

Janet Fricker：Backpacking marmosets. *New Scientific*, Vol. 110, No. 1509（1986）, p. 29.

关于日本猕猴的社会结构：J. Itani u. a.：The social construction of natural troops of Japanese monkeys in Takasakiyama. *Primates*, Vol. 4（1963）, p. 1-42.

M. Kawai：*Ecology of Japanese monkeys*. Kawade-shoboshinsha, Tokyo 1964.

关于长臂猿与合趾猿的家庭结构：Richard R. Tenazu：Songs, choruses and countersinging of Kloss' Gibbons. *Zeitschrift für Tierpsychologie*, Bd. 40, Nr. 1（1976）, S. 37-52.

R. Paynes：The morning song of the gibbons. *National Geographic*, Vol. 155, No. 18

（1979）.

Jürg Lamprecht: Duettgesang beim Siamang. *Zeitschrift für Tierpsychologie*, Bd. 27, Nr. 2（1970）, S. 186-204.

Dian Fossey: *Gorillas im Nebel.* Kindler, München 1989.（英文版: *Gorillas in the Mist.* ）

A. H. Harcourt: Strategies of emigration and transfer by primates. *Zeitschrift für Tierpsychologie*, Bd. 48, Nr. 4（1978）, S. 401-420.

关于红毛猿间的伴侣关系: Barbara Harrison: *Kinder des Urwalds.* Brockhaus, Wiesbaden 1964.

H. D. Rijiksen: *A field study on Sumatran orang utans.* Mededelingen Landbouwhogeschool 78-2, Wageningen.

J. Mac Kinnon: The behavior and ecology of wild orang utans. *Animal Behaviour*, Vol. 22（1974）, p. 3-74.

Erna Pinner: Orang-Utans. *Naturwissenschaftliche Rundschau*, 1987, Bd. 29, Nr. 5（1976）, S. 170-171.

Michael P. Ghiglieri: Die Verhaltensökologie von Schimpansen. *Spektrum der Wissenschaft*, 1985, Nr. 8, S. 104-111.

Jane Goodall: Population dynamics during a 15 year period in one community of free-living chimpanzees in the Gombe National Park. *Zeitschrift für Tierpsychologie*, Bd. 61, No. 1（Jan. 1983）, p. 1-60.

J. J. Bachofen: *Das Mutterrecht.* Stuttgart 1861.

Margaret Mead: *Male and female.* William Morrow, New York 1949.

Derek Freeman. *Margaret Mead and Samoa.* Harvard University Press, Cambridge 1983.

关于原始人的婚姻关系: Irenäus Eibl-Eibesfeldt: *Die Biologie des menschlichen Verhaltens.* Piper, München 1984, S. 297-332.

Friedrich Engels: *Der Ursprung der Familie, des Privateigentums und des Staates.* 1884. Neuabdruck bei Dietz, Berlin, S. 213-214.

P. M. Murdock: *Ethnographic Altas.* University of Pittburgh Press, 1967.

Eberhard Trumler: *Hunde ernstgenommen.* Piper, München 1974.

关于大象的分娩: Iain/Oria Douglas Hamilton: *Unter Elefanten.* Bastei-Lübbe, Bergisch Gladbach 1983, S. 235-251.

Vitus B. Dröscher（Hrsg. ）: *Rettet die Elefanten Afrikas.* Rasch und Röhring, Hamburg 1990, S. 16-18.

关于牛羚的分娩: Richard D. /Runhild K. Estes: The birth and survival of wildebeest calves. *Zeitschrift für Tierpsychologie*, Bd. 50, Nr. 1（1979）, S. 45-95.

关于白耳狨猴: C. Naaktgeboren: *Biologie der Geburt.* Paul Parey, Berlin 1970.

关于母子关系: H. R. Schaffer: *Studies on mother-infant-interaction.* Academic Press, London 1977.

Margaret Vince: Taste sensitivity in the embryo of domestic fowl. *Animal Behaviour*, Vol. 25（1977）, p. 797-805.

Margaret Vince: Wie synchronisieren Wachteljunge im Ei den Schlüpftermin? *Umschau in Wissenschaft und Technik*, Bd. 67, Nr. 13（1967）, S. 415-419.

Joseph Terkel/Jay S. Rosenblatt: Turned on. *Scientific American*, Vol. 227, No. 5（1972）, p. 52.

P. H. /M. S. Klopfer: Maternal "imprinting" in goats. *Zeitschrift für Tierpsychologie*, Bd. 27, No. 7（1968）, S. 862-866.

Klaus Immelmann: *Verhaltensentwicklung bei Mensch und Tier.* Paul Parey, Berlin 1982, S. 507-580.

William L. Langer: Checks on population growth: 1750-1850. *Scientific American*, Vol. 226, No. 2（1972）, p. 92-99.

Dieter Palitzsch: Immer mehr Kinder psychisch krank. *Hamburger Abendblatt*, 22. 6. 93.

关于自然分娩与母婴同室: Bernhard Hassenstein: *Verhaltensbiologie des Kindes.* Piper, München 1987, S. 556.

Mary D. S. Ainsworth, p. p.: *Mother-infant-interaction and the development of competence.* In: K. J. Connolly/J. S. Brunner（Eds. ）: *The growth of the competence.* Academic Press, New York 1974.

Erwin Lagercrantz, p. p.: Der Streß der Geburt. *Spektrum der Wissenschaft*, Juni 1986, S. 96-104.

T. B. Brazelton: *Neonatal behavioral assessment scale.* W. Heinemann, London 1973.

关于家猫中的妈宝: Paul Leyhausen: Verhaltensstudien an Katzen. *Zeitschrift für Tierpsychologie*, Beiheft 2, 3. Auflage, 1973, S. 204-205.

关于抗挫败运动: Bernhard Hassenstein: *Verhaltensbiologie des Kindes.* Piper, München 1987, S. 104-107.

有关埃米莉·戴尔的信息: *Die Welt*, 27. 9. 1977.

Evelyn Shaw/Joan Darling. 转引自Urania Tierreich, Leipzig 1972。

Harald Niess: *persönliche Mitteilung.*

Hugo van Lawick: *Unschuldige Mörder.* Rowohlt, Reinbek 1972.

Franz Sauer/Eleonore Sauer: Verhaltensforschung an wilden Straußen in Südwestafrika. *Umschau in Wissenschaft und Technik*, Bd. 67, Nr. 20（Okt. 1967）, S. 652-657.

关于虾虎鱼中的父亲育幼工作: R. C. L. Hudson: Prelinminary observations on the behavior of gobiid fish. *Zeitschrift für Tierpsychologie*, Bd. 43, Nr. 2（Febr. 1977）, S. 214-220.

关于海狸中的父亲照顾幼崽: Francoise Patenaude: The ontogeny of behavior of free-living beavers. *Zeitschrift für Tierpsychologie*, Bd. 66, Nr. 1（Sept. 1984）, S. 33-44.

关于拟八哥的婚姻关系: R. Haven Wiley: Afflication between the sexes in common grackles. *Zeitschrift für Tierpsychologie*, Bd. 40, Nr. 1（Jan. 1976）, S. 59-79.

R. Haven Wiley: Afflication p. p. II, *Zeitschrift für Tierpsychologie*, Bd. 40, Nr. 3
（März 1976）, S. 244-264.

Lilli Koenig: Das Aktionssystem der Zwergohreule. *Zeitschrift für Tierpsychologie*,
Beihaft 13（1973）, S. 34-38.

Carsten Gärtner: *Vortrag vor dem Naturwissenschaftlichen Verien*. Hamburg, 24. 1. 1980.

Konrad Lonrenz/Niko Tinbergen: Taxis und Instinkthandlung in der Eirollbewegung der
Graugans. *Zeitschrift für Tierpsychologie*, Bd. 2, Nr. 2（1938）, S. 1-29.

Otto v. Frisch: Wiesenweihe trägt Junge ein. *Zeitschrift für Tierpsychologie*, Bd. 23, Nr. 5
（1966）, S. 581-583.

关于家禽幼畜摄取食物: Eckhard H. Hess: *Prägung*. Kindler, München 1973, S. 345-379.

关于青蛙接收的关键刺激: Irenäus Eibl-Eibesfeldt: *Der vorprogrammierte Mensch*.
dtv-wissenschaft 4177, München 1984, S. 42 ff.

关于慈鲷鱼接收的关键刺激: G. P. Baerends/J. M. Baerends-Van Roon: An
introduction to the study of the ethology of cichlid fishes. *Behaviour*, Suppl., No. 1
（1950）, p. 1-243.

Niko Tinbergen: Social releasers and the experimental method required for their study.
Wilson's Bulletin, Vol. 60（1948）, p. 6-52.

关于鸣禽接收的关键刺激: Peter Meyer: *Taschenlexikon der Verhaltenskunde*.
Schöningh, Paderborn 1984, und Ullstein TB 609, S. 183-184.

关于人类婴儿接收的关键刺激: H. F. R. Prechtl: The directed head-turning response
and allied movements of the human baby. *Behaviour*, Vol. 13（1958）, p. 212-242.

Niko Tinbergen/A. G. Perdeck: On the stimulus situation releasing the beginning response
in the newlz hatched herring gull chick. *Behaviour*, Vol. 3（1951）, p. 1-38.

Niko Tinbergen: *Die Welt der Silbermöwe*. Musterschmidt, Göttingen 1958, S. 179-223.

Friedrich Goethe: *Die Silbermöwe*. Ziemsen, Wittenberg 1956, S. 58-61.

Hanna-Maria Zippelius: Schlüsselreize – ja oder nein? *Biologie heute*, Nr. 397（Mai
1992）, S. 1-5. In: *Naturwissenschaftliche Rundschau*, Bd. 45（Nov. 1992）.

Ursula Eypasch: *Das Zusammenwirken von angeborener Bewertung und Erfahrung bei
der Lösung eines Erkennungsproblems – untersucht an jungen Silbermöwen*. Bonn
1989.

Dierk Franc: Schlüsselreize – ja oder nein? Eine Kritik. *Biologie heute*, Nr. 402（Okt.
1992）, S. 5-6. In: *Naturwissenschaftliche Rundschau*, Bd. 45（Okt. 1992）.

Klaudia Witte: Diskussionsbeitrag zu einem Artikel von Frau H. M. Zippelius in *Biologie
heute*. *Mitteilungsblatt der Ethologischen Gesellschaft*, Nr. 31（15. 5. 1993）, S. 9-13.

Elisabeth von Falkenhausen: Wissenschaftspropädeutisches Denken. *Biologie heute*, Nr.
397（Mai 1992）, S. 1. In: *Naturwissenschaftliche Rundschau*, Bd. 45, Nr. 5
（Mai 1992）.

Harry F. Harlow: The nature of love. *American Psychologist*, Vol. 12, No. 13

（1958），p. 673-685.

Harry F. Harlow/Margaret Kuenne Harlow: Social deprivation in monkeys. *Scientific American*, Vol. 207, No. 5（1962），p. 136-146.

Harry F. Harlow/Margaret Kuenne Harlow: The affectional systems. In: A. M. Schrier, p. p.: *Behavior of non-human-primates*, Vol. 2, Academic Press, New York 1965, p. 287-334.

Harry F. Harlow, p. p.: *Journal of Abnormal Psychology*, Vol. 72（1971），p. 161 ff.

John A. Bowlby: Critical phases in the development of social responses in man and other animals. *New Biology*, Penguin Books, 1953, No. 14, p. 25-37.

Christa Meves: *Die ruinierte Generation*. Herder, Freiburg 1982.

关于河马的防晒膏: Ian Redmond: Flußpferde in Zentralafrika. *Das Tier*, 1986, Nr. 9, S. 54-59.

Hans Klingel: *NDR III, Flußpferde im Ishasha River*.

关于小山羊的攀岩课: John A. Byers: Terrain preferences in the play behavior of Siberian Ibex kids. *Zeitschrift für Tierpsychologie*, Bd. 45, Nr. 2（1977），S. 199-209.

Norman Carr: *Rückkehr in die Wildnis*. Orell Füssli, Zürich 1963, S. 30-37.

关于水獭幼崽的游泳课: Peter Hollmann: Schwimmstunde. *Das Tier*, 1989, Juni, S. 22-23.

Bernhard Grzimek: *Geparden*. ARD, 21. 9. 1977.

Meredith Happold: Social behavior of the conilurine rodents of Australia. *Zeitschrift für Tierpsychologie*, Bd. 40, Nr. 2（1976），S. 113-182.

Meredith Happold: The entogeny of social behavior in four conilurine rodents of Australia. *Zeitschrift für Tierpsychologie*, Bd. 40, Nr. 3（1976），S. 265-278.

Ronald Straham（Ed.）: *Complete book of Australian mammals*. Angus and Robertson, London 1984, p. 391-429.

Margaret Mead: *Leben in der Südsee*. Szczesny, München 1965.

Jens Bjerre: *Kalahari, Steinzeitmenschen im Atomzeitalter*. Wiesbaden 1960.

Irenäus Eibl-Eibesfeldt: *Das verbindende Erbe*. Heyne, München 1991, S. 29-93.

Irenäus Eibl-Eibesfeldt: *Die!ko-Buschmann-Gesellschaft*. Piper, München 1972, S. 172-180.

关于冠海豹的母爱: Petra Deimer: *Das Buch der Robben*. Rasch und Röhring, Hamburg 1987.

W. D. Bowen: Hooded seal pups grow fastest. *New Scientist*, Vol. 110, No. 1504（1986），p. 23.

关于红袋鼠的亲子关系: Eleanor M. Russel: Mother-young relations and early behavioral development in the marsupials. *Zeitschrift für Tierpsychologie*, Bd. 33, Nr. 2（1973），S. 163-203.

关于海鸥亲鸟对残疾幼雏的爱: 基于作者本人在北奥格岛上的个人观察。

关于狒狒的代际冲突: Hubert Markl: Vom Eigennutz des Uneigennützigen.

Naturwissenschaftliche Rundschau, Bd. 24, Nr. 7（1971）, S. 281-289.

Stewart/J. Altmann: *Baboon ecology*. Karger, Basel 1970.

Thorleif Schjelderup-Ebbe: Beiträge zur Sozialpsychologie des Haushuhns. *Zeitschrift für Psychologie*, Bd. 88（1992）, S. 225-252.

关于原鸡的社会行为: Hans Hoefer, p. p.: *Indian wildlife*. Singapore 1988.

关于秃鼻乌鸦传递发现食物的信号: Annemarie Schramm: Einige Untersuchungen über Nahrungsflüge überwintern der Corviden. *Journal für Ornithologie*, Bd. 115, Nr. 4（1974）, S. 445-453.

Irene Würdinger: Vergleichend morphologische Untersuchungen zur Jugendentwicklung von Anser- und Branta-Arten. *Journal für Ornithologie*, Bd. 116, Nr. 1（1975）, S. 65-86.

Sybille Kalas: Ontogenie und Funktion der Rangordnung innerhalb einer Geschwisterschar von Graugänsen. *Zeitschrift für Tierpsychologie*, Bd. 45, Nr. 2（Okt. 1977）, S. 174-198.

关于线性等级制度: Klaus Immelmann: *Wörterbuch der Verhaltensforschung*. Paul Parey, Berlin 1982, S. 191-193.

A. Murie: *The wolves of Mount McKinley*. Fauna of the National Parks of the USA. Fauna Serial, 5（1944）.

McTaggart/Cowan: The timber wolf in the Rocky Mountain National Parks of Canada. *Canadian Journal of Research*, Vol. 25（1947）, p. 139-174.

Burkholder: Movements and behavior of a wolf pack in Alaska, *Journal of Wildlife Management*, Vol. 23（1959）, p. 1-11.

M. W. Fox: Social dynamics of three captive wolf packs. *Behaviour*, Vol. 47（1973）, p. 290-301.

F. H. Harrington/L. D. Mech: Wolf howling and its role in territory maintenance. *Behaviour*, Vol. 69（1979）, p. 207-249.

Erik Zimen: *Wölfe und Königspudel*. Piper, München 1971.

Erik Zimen: On the regulation of pack size in wolves. *Zeitschrift für Tierpsychologie*, Bd. 40, Nr. 3（1976）, S. 300-341.

Erik Zimen: *Der Wolf*. Meyster, Wien 1978.

Lois Crisler: *Wir heulten mit den Wölfen*. dtv, München 1962.

J. David/Sandra H. Ligon: Rotschnabelbaumhopfe: Familiensinn als Überlebensstrategie. *Spektrum der Wissenschaft*, Sept. 1982, S. 72-81.

J. David/Sandra H. Ligon: The communal social system of the green woodhoopoe in Kenya. *Living Bird*, Vol. 17（1978）, p. 159-197.

W. D. Hamilton: The genetic evolution of social behaviour. *Journal of Theoretical Biolgy*, Vol. 7（1964）, p. 1-52.

Richard Dawkins: *Das egoistische Gen*. Springer, Berlin 1978.

关于弓背蚁中的"自杀式兵蚁"：K. Dumpert：*Das Sozialleben der Ameisen.* Paul Parey, Berlin 1978.

Best Hölldobler/Edward O. Wilson：*The ants.* Springer, Berlin 1990, p. 307-348.

关于兵白蚁的自杀式行为：Glenn D. Prestwich：The chemical defenses of termits. *Scientific American*, Vol. 249, No. 2（Aug. 1983）, p. 294.

Y. P. Cruz：The last word in altruism. *New Scientist*, Vol. 110, No. 1513（1986）, p. 36.

J. Maynard Smith：Game theory and the evolution of behaviour. *Proceedings of the Royal Society*, London, Vol. 205（1979）, p. 475-488.

关于无私行为者的利己思想：Wolfgang Wickler：*Konsequenter Abschied vom Altruismus in der Natur.* Vorträge auf der DOG-Tagung in Melk, Sept. 1983, und auf der Ethologen-Tagung in Bayreuth, Sept. 1988.

Jeremy Cherfas：Tit for tat in the animal kingdom. *New Scientist*, Vol. 113, No. 1549（1987）, p. 36.

关于小型鹦鹉间的互助行为：Dierk Franck/Kyra Garnetzke-Stollmann：*Die Bedeutung von Nestgeschwisterbeziehungen für den Aufbau sozialer Strukturen bei Augenring-Sperlingspapageien.* Vortrag 100. Jahresversammlung der Deutschen Ornithologischen Gesellschaft 1988 in Bonn.

关于火鸡间的手足之情：C. Robert Watts/Allen W. Stokes：The social order of turkeys. *Scientist American*, Vol. 224, No. 6（June 1971）, p. 112-118.

Otto v. Frisch：*Spaziergang mit Tobby.* Franckh Kosmos, Stuttgart 1963.

关于崖海鸦间的互助行为：Beat Tschanz：Trottellummen. *Zeitschrift für Tierpsychologie*, Beiheft 4, 1968.

关于候鸟群的楔形队伍：Dietrich Hummel：Die Leistungsersparnis in Flugformation. *Journal für Ornithologie*, Bd. 119（1978）, S. 52-73.

关于灰鲸间的互助行为：Lyall Waston：*Sea guide to whales of the world.* Dutton, New York 1981, p. 76-80.

Lee Iacocca/William Novak：*Iacocca, eine amerikanische Karriere.* Ullstein TB 34388, Berlin 1989.

Cyril Northcote Parkinso：*Parkinson's low.* 1958.

Ernst Haeckel：*Die Welträthsel.* 1998.

M. L. Modha：The ecology of the nile crocodile. *East African Wildlife Journal*, Vol. 5（1968）, p. 96-105 und Vol. 6, p. 81-88.

Irenäus Eibl-Eibesfeldt：The fighting behavior of animals. *Scientist American*, Vol. 205, No. 6（Dec. 1961）, p. 112-122.

Duellmann：*Bericht in Bernhard Grzimek：Grzimeks Tierleben.* Band V. S. 406.

Wolfgang Wickler/Christel Nowak：Häutung und andere Verhaltensweisen von Taenianotus triacanthus. *Natur und Museum.* Bd. 99, Nr. 10（Okt. 1969）, S. 441-456.

Niko Tinbergen：*Wo die Bienenwölfe jagen.* Paul Parey, Hamburg 1961.

以动物为镜子：动物们的自然生活之道

Niko Tinbergen: *Kämpferische Bienenwölfe. Das Tier*, Sept. 1992, S. 68.

Walter Pflumm: Papierwespen im Konflikt zwischen Angriffs- und Saugtendenz – Versuche an einer künstlichen Futterquelle. *Zeitschrift für Tierpsychologie*, Bd. 64, Nr. 2（Febr. 1984）, S. 147-162.

Fritz Walther: Aggressive behaviour of onyx antelope at water-holes in the Etosha National Park. *Madoqua*, Vol. 11（1980）, p. 271-302.

Fritz Walther: Entwicklungszüge im Kampf - und Paarungsverhalten der Horntiere. *Jahrbuch des G. v. Opel-Freigeheges für Tierforschung*, Bd. 3（1961）, S. 90-115.

关于岩羚间的决斗：Augustin Krämer: Soziale Organisation und Sozialverhalten einer Gemsenpopulation der Alpen. *Zeitschrift für Tierpsychologie*, Bd. 26, Nr. 8（Dez. 1969）, S. 889-964.

关于狮子如何抑制杀戮欲望：Report: Why lions are not jealous lovers. *New Scientist*, Vol. 98, No. 1355（April 1983）, p. 219.

关于食人鲳间的争斗：Hubert Markl: Aggression und Beuteverhalten bei Piranhas. *Zeitschrift für Tierpsychologie*, Bd. 30, Nr. 2（Febr. 1971）, S. 190-216.

关于吸血蝠间的争斗：Uwe Schmidt/Kathrin van de Flierdt: Innerartliche Aggression bei Vampirfledermäusen am Futterplatz. *Zeitschrift für Tierpsychologie*, Bd. 32, Nr. 2（März 1973）, S. 13-146.

关于科莫多巨蜥间的争斗：W. Auffenberg: *The behavioral ecology of the Komodo monitor*. University presses of Florida, Gainsville 1981.

关于白鼬间的争斗：Trevor B. Poole: Aspects of aggressive behavior in polecats. *Zeitschrift für Tierpsychologie*, Bd. 24, Nr. 3（Sept. 1967）, S. 351-369.

Irenäus Eibl-Eibesfeldt: *Grundriß der vergleichenden Verhaltensforschung*. Piper, München 1967, S. 320-321.

关于渡鸦间的争斗：Eberhardt Gwinner: Untersuchungen über das Ausdrucks- und Sozialverhalten des Kolkraben. *Zeitschrift für Tierpsychologie*, Bd. 21, Nr. 6（Okt. 1964）, S. 657-748.

关于斑鸠的抗争行为：Konrad Lorenz: *Erredete mit dem Vieh, den Vögeln und den Fischern*. Borotha-Schoeloer, Wien 1960, S. 187-189.

George B. Schaller: Life with the king of beasts. *National Geographic*, Vol. 135, No. 4（1969）, p. 494-519.

Brian C. B. Bertram: The social system of lions. *Scientist American*, Vol. 232, No. 5（May 1975）, p. 54-65.

Hans Klingel: Soziale Organisation und Verhalten freilebender Steppenzebras. *Zeitschrift für Tierpsychologie*, Bd. 24（Okt. 1967）, S. 580-624.

A. R. E. Sinclair: *The African buffalo*. Univesity of Chicago Press, 1977.

Hans Siggi: Differentation of female positions in Hamadryas one-male-units. *Zeitschrift für Tierpsychologie*, Bd. 53, Nr. 3（1980）, S. 265-302.

A. E. Johann: *Elefanten Elefanten*. C. Bertelsmann, München 1974, S. 108-115.

T. H. Clutton-Brock: Reproductive success in red deer. *Scientist American*, Vol. 252, No. 2（Febr. 1985）, p. 68-74.

R. Norman Owen-Smith: The social ethology of the white rhinoceros. *Zeitschrift für Tierpsychologie*, Bd. 38, Nr. 4（Nov. 1975）, S. 337-384.

Anders Mollers: Lang tails appeal to female swallows. *New Scientist*, Vol. 118, No. 1612, p. 40.

关于仙人掌地雀的年龄标识: Irenäus Eibl-Eibesfeldt: *Galapagos*. Piper, München 1991, S. 290-323.

Report: Finches prefer older males. *New Scientist*, Vol. 116, No. 1591（Dec. 1987）, p. 13.

Lajos Sasvari: Different observational learning capacity in juvenile and adult individuals of congeneric bird species. *Zeitschrift für Tierpsychologie*, Bd. 69, Nr. 4（Aug. 1985）, S. 293-304.

Adiraan Kortlandt: On the essential morphological basis for human culture. *Current Anthropology*, Vol. 6（1965）, p. 320-326.

Walter Neuhaus: Dein Hund, das Nasentier. *Das Tier*, 1977, Nr. 1, S. 45-47.

Lorus/Murgerey Milne: *Die Sinneswelt der Tiere und Menschen*. Paul Parey, Berlin 1963, S. 133.

关于从社会生物学角度解释不伤害对手的行为: Erik Zimen: *Der Hund*. C. Bertelsmann, München 1988, S. 235-247.

关于执行命令时的卑躬屈膝: Stanley Milgram: *Das Milgram-Experiment*. Rororo 7479, Reinbek 1988.

关于战争中的暴行: Barbara Tuchman: *Die Torheit der Regierenden*. S. Fischer, Frankfur/Main 1984.

Katharina Heinroth: Das Kindchenschema bei Mensch und Tier. *Zoologischer Garten*, Bd. 56（1986）, Nr. 4/5, S. 289-298.

A. A. Myberg: An analysis of parental care of eggs and young by adult Cichlid fishers. *Zeitschrift für Tierpsychologie*, Bd. 21, Nr. 1（1964）, S. 35-98.

关于尼罗鳄的育幼行为: Anthony C. Pooley/Carl Gans: The nile crocodile. *Scientific American*, Vol. 234, No. 4（April 1976）, p. 114-124.

关于鳄鱼的育幼行为: Jack McClintock: Ein Alligator in meinem Garten! *Das Tier*, 1983, S. 4-9.

Konrad Lorenz: Die angeborenen Formen möglicher Erfahrung. *Zeitschrift für Tierpsychologie*, Bd. 5（1943）, S. 235-409.

Wolfgang Schleidt: Störungen der Mutter-Kind Beziehungen bei Truthähnen durch Gehörverlust. *Behaviour*, Vol. 16（1960）, p. 254-260.

Nicholas B. Davies/Michael Brooke: Coevolution of the cuckoo and its hosts. *Scientific*

American, 1991, p. 66-73.

Christian Vogel: Ökologie, Lebensweise und Sozialverhalten der grauen Languren. *Zeitschrift für Tierpsychologie*, Beiheft 17, Berlin 1976.

Thomas T. Struhsaker: Infanticide and social organization in the redtail monkey. *Zeitschrift für Tierpsychologie*, Bd. 45, Nr. 1（1977）, S. 75-84.

Niko Tinbergen: *The herring gull's world.* Collins, London 1963.

Friedrich Goethe: Beobachtungen bei der Aufzucht junger Silbermöwen. *Zeitschrift für Tierpsychologie*, Bd. 12（1955）, S. 402-433.

J. A. Graves/A. Whiten: Adoption of strange chicks by herring gulls. *Zeitschrift für Tierpsychologie*, Bd. 54, Nr. 3（1980）, S. 267-278.

V. C. Wynne-Edwards: *Animal dispersion in relation to social behavior.* Oliver and Boyd, Edinburgh 1962.

V. C. Wynne-Edwards: Population control in animals. *Scientific American*, Vol. 211, No. 2（Aug. 1964）, p. 68-74.

V. C. Wynne-Edwards: Self-regulating systems in populations of animals. *Science*, Vol. 147（March 1965）, p. 1543-1548.

J. C. Cowlson/Grace Hickling: Grey seals choose to be overcrowded. *New Scientist*, Vol. 24, No. 416（Nov. 1964）, p. 342.

Detlev Ploog: *Mitteilungen der Max-Planck-Gesellschaft*, 1971, Nr. 1, S. 2.

关于雪鸮如何控制出生率: Anker Odum: *Das Tier*, 1983, S. 16-18.

N. Southern: Population control in tawny owls. *New Scientist*, Vol. 765（1971）, p. 408-410.

Erik Zimen: *Der Rotfuchs*. C. Bertelsmann, München 1989.

Detlev Ploog: Auf dem Weg zum denkenden Wesen. *BP-Kurier*, 1964, Nr. 2, S. 37.

T. T. Macan: Self-controls on population size. *New Scientist*, 1965, No. 474, p. 801-803.

C. M. Breder: Gruppy. *Animal Life*. London 1969, p. 991-992.

关于天蛾的退化: G. Schneider: Über den Einfluß verschiedener Umweltfunktionen auf den Färbungspolyphänismus der Raupen von *Erinnyis ello*. *Oecologia*, Bd. 11（1973）, S. 351-370.

Dietrich v. Holst: Sozialer Streß bei Tupajas. *Zeitschrift für Tierpsychologie*, Bd. 63（1969）, S. 1-58.

关于褐家鼠种群密度过高时的精神压力: J. B. Calhoun: Population denstiy and social pathology. *Scientist American*, Vol. 106, No. 2（1962）, p. 139-148.

Otto Koenig: Die Wohlstandsverwahrlosung der Kuhreiher. *Journal für Ornithologie*, 1966, Nr. 3 und 4., S. 406.

Günter Niemeyer: Rebellion bei Rhesusaffen. *Hamburger Abendblatt*, 3. 9. 1970.

关于翻车鱼的产卵数量: Christiane Möller: *Fische der Nordsee*. Kosmos Feldführer, Franckh Kosmos, Stuttgart. S. 88.

Gerd von Wahlert: *30 Millionen Menschen?* Fischer, Stuttgart 1970.

Eva Engelhardt: Vom Mythos der Überbevölkerung. In: *Sollidarsiche Welt*, Sept. 1985,
 S. 3 f.

Colin Clark: *The myth of overpopulation*. Melbourne 1973.

Ansgar Skriver: *Zu viele Menschen? Die Bevölkerungskatastrophe ist vermeidbar*. Serie
 Piper, München 1986.

Hartmut Kärner: Der unerklärte Krieg der Reichen gegen die Armen. *Frankfurter
 Rundschau*, 27. 11. 1985.

关于卡伦·普赖尔对海豚的研究: Donald R. Griffin: *Wie Tiere denken*. dtv, München
 1990.

关于海豚利用次声波麻痹猎物: Ian Anderson: Dolphins stun their prey with sound.
 New Scientist, Vol. 116, No. 1586（Nov. 1987）, p. 32.

动物本性与生存策略的巨幅展画

——《以动物为镜子：动物们的自然生活之道》导读 *

赵芊里

（浙江大学　社会学系　人类学研究所，浙江杭州 310058）

本书作者费陀斯·德浩谢尔是德国著名动物行为学家，动物行为学科普作品全球最畅销作家之一，德语世界家喻户晓的文化名人。作为作者最重要的动物行为学著作之一，本书论及的问题主要有以下十个方面。

一、人与动物的界限

自有文字记载的历史以来，一直有人试图找出人区别于其他动物的界限，如将使用工具、理性、情感、语言、文化、艺术、政治、道德等看作人独有的能力或现象的主张。在本书中，作者论及的人与动物界限论主要有以下几种：

1.1 只有人类才是会制造和使用工具的动物吗？

作为人类的兄弟姐妹物种，青潘猿会用石头作锤子和砧板砸坚

---

* 本文为浙江大学文科教师教学科研发展专项项目（126000-541903/016）成果。

果，会用草茎或细枝作钓竿钓白蚁等昆虫，会用棍子和树叶作刺刀和盛器获取蜂巢中的蜂蜜，会用中空的长草茎作远程嗅觉工具，会制作并使用木铲、木凿、牙签等工具，会用嚼烂的树叶敷伤口或吸水，会用大片树叶当餐巾纸或卫生纸，会用木棍、石块、椰子等当武器抵御或攻击敌害。

拟鸮树雀和红树林雀会用仙人掌刺当凿子凿开树皮找虫子吃。海獭会用石头当锤子敲开鲍鱼等海洋动物的硬壳从而食其肉。白兀鹫会用喙衔石头砸开坚硬的鸵鸟蛋壳并食用蛋。绿鹭会用形似小昆虫的木屑当诱饵来捕鱼。马蜂会用沙石和花蜜制成的"混凝土"堵住粮仓和孵化室的入口，以防敌害入侵。针毛收获蚁会用树叶吸收自己搬不动的水果或昆虫的汁液或体液，从而搬食回巢。织叶蚁会用幼虫当梭子并用其吐出的丝将叶片缝合在一起。箭蚁会用部分同伴的身体当花蜜储罐。鬼面蛛属蜘蛛会用蛛网投向并捕捉路过的蚂蚁。雄蝼蛄会挖管风琴双管状的地道，以之作扩音器，从而提高吸引雌性的歌唱效果。

在人的指导下，一个叫康兹的祖潘猿用石头互相撞击的方法成功地制造出了完美性超过人类制造的早期石器的石刀。

大量相关事实表明："人是唯一会使用工具的动物"的论调是不能成立的。关于人与动物的工具制作，作者认为：我们只能说人类是最顶尖的工具制造者，在工具的数量、复杂性和精密性上，人类超过了所有其他现已发现的地球动物。由此，在工具的制造和使用上，人与动物的差别不是质上的而只是量上的。

1.2 只有人类才是有情感的动物吗？

养动物的人从动作、姿态、表情、声音等就能感受到动物在具体情境下的（喜、怒、忧、惧的）情感，这对他们来说是一种显然的事实。但在某些经常伤害动物的人（如养殖场场主、驯兽师、动物实验者、猎人等）以及某些习惯于给人与动物划界的知识分子（如哲学家、文学家、教育家等）中，却盛行着"只有人类才是有情感的动物，非人动物是没有情感的反射机器"的观点。作者认为：之所以如此，是因为前一种人需要为自己虐待动物的行为辩护，后一种人则是为了抬高人类而贬低非人动物从而满足人的虚荣心。除了只有刺激–反射机制的原始动物（如变形虫、水母、水蛭等）外，其他动物也即我们通常所说的动物都是有本能及相关情感的生命体。（非原始）动物的本能行为都是与特定激素和情感相关联的，也是可受理性调控的。总之，按作者在本书中所言，除少数原始动物外，所有（非原始）动物都是知苦痛、有爱憎的有情物，而非只是血肉机器（因此，人不能不顾动物的痛苦感受而随意虐待乃至杀害动物）。不过，笔者想在此做点补充：根据 21 世纪一些科学家所做的实验，连没有神经系统的植物也会对刺激有情感反应（甚至连水这种无机物也会对人的情感态度做出反应），因而，无神经系统的原始动物也有情感反应这一推论就应该是可以成立的。由此，作者关于动物情感的上述结论实际上可修改为：所有动物都是有情感的存在物。至此，关于情感论的人与动物界限论，我们可以得出结论：它也是不成立的。

1.3 只有人类才是有语言的动物吗？

长尾猴在遇到不同天敌，如猎豹、鹰、蟒蛇时，会发出不同的声音信号——低沉的呜咽声、尖锐的鸣叫声、带 R-R-R-R 音素的刺耳尖叫声，并做出不同的避敌行为，如飞速爬到树上、极速蹿入荆棘丛中、环顾四周并在找到敌害所在之处后避而远之。这表明：那三种声音是代表着不同的意义的。这种负载着明确的意义并进而导致针对当前问题的有效行动的声音不是语言又是什么呢？

在发现来自地上和空中的不同的天敌，如猫、猛禽时，乌鸫也会发出不同的警报声——一连串鸣叫、高亢的尖叫，并做出不同的避敌行为，如边寻找掩护边继续鸣叫、迅速躲藏并不再鸣叫。无论怎么解释，我们都无可否认：在其产生的实际效果上，这种声音起到的就是语言的传情达意作用。

在发现猛禽时，只有在有同类在场的情况下，原鸡才会发出警报声；若当时只有一只原鸡独自在场，那它就会一声不响地快速寻找掩护。可见：即使像原鸡这种演化层次不高的动物也知道在何种情况下发出警报声才有意义；由此，它们的发警报行为并非只是本能的情感宣泄，而是受一定的理性控制的。

蜜蜂可通过舞蹈告诉同伴蜜源所在方位和距离，并由此将同伴们引向蜜源。可见：这种舞蹈就是蜜蜂的肢体动作语言。

实验证明：灰鹦鹉能学会几十个人语单词（包括指称实物、颜色和形状的词以及表示否定的"不"），理解这些词的意义，并能组词成句。

青潘猿能学会人类手语乃至人为符号并以之成功交流，会以手语词汇造句来表达情形或需求，与同类或人类成功交流，甚至能造出新词。可见：青潘猿完全具备语言能力，尽管它们的语言媒介主要是动作、姿态和表情。青潘猿还能理解人为的抽象符号，并通过带显示器的打字机成功实现了人与猿的非面对面交流。

祖潘猿甚至能听懂人类口语并能按口语指令行事（如"去休息室取橙子"）。

仅仅此书论及的动物语言现象就已经证明：许多非人动物也有

自己的语言，甚至能理解并使用人类的语言；由此，语言论层面上的人与动物界限论也是不成立的。

1.4 只有人类才是有文化和教育的动物吗？

是否有文化也曾被看作人与动物的一条分界线：动物行为是纯粹基于本能的，只有人的行为才能是基于文化的。若按日本动物行为学家今西锦司的观点将文化看作后天习得的行为能力与方式及其运用和成果的话，那么，在关于工具论层面的人与动物界限论的讨论所提及的案例中，我们就可发现：在某种动物（如青潘猿）的某些特定群体中才有的制造与使用特定工具的行为及其能力和方式肯定是后天习得的，否则，这种行为就应该是整个物种所有群体和个体与生俱来的。由此，动物特定群体和个体制造和使用工具的行为肯定**是一种文化**，而非本能。

教育是传习知识、技能、规则等的活动，是文化中的一种较狭义的文化。教育论层面的人与动物界限论的合理性又如何呢？让我们来看事实。

青潘猿母亲教孩子使用工具：青潘猿用砧板状和锤子状石头砸坚果的能力通常是母子间传授与学习的结果。在教学中，青潘猿母亲会以故意放慢的动作向孩子展示摆放与敲击坚果的每一个步骤，而后让孩子练习，并随时纠正其不正确的动作，直到做成功。年幼的青潘猿得在母亲的教导下练习几年才能熟练掌握这一技能。青潘猿间的工具使用教学毫不逊色于人类师徒间的技能教学。

母猫、母狮、母豹教幼崽捕猎技能：母猫会给小猫提供活的蜥蜴、青蛙、鼠等作为捕猎练习用具，会根据捕猎对象的危险性和小猫已有捕猎技能的高低来决定教学方式。母狮会以实地演习的方式教幼狮捕猎技能。母狮在前面匍匐前进，幼狮便努力模仿每一个动作。母狮只会在幼狮们饱腹并放松因而不易焦躁而有耐心的情况下安排狩猎训练课。母猎豹的狩猎课是更精致的实战演练：它会衔着一只活的小瞪羚走到几只在玩耍的小猎豹面前，而后放下小瞪羚，让小猎豹们去追瞪羚。当小猎豹们靠近瞪羚时，母猎豹又会向孩子们演示如何用前爪将猎物后腿拍向一边从而阻止其前进。在一次又一次的演示与模仿中，小猎豹们学会了追逐、猛扑、咬死猎物的技能。

母水獭教游泳、母山羊教攀岩：在小水獭 3 个月大时，母水獭就会将尚不懂水性的小水獭拖进水中，教它们学游泳。小山羊初遇悬崖峭壁时会进退两难，不知所措，并因恐惧而哀嚎。这时，母山羊会赶到小山羊身边，用身体接触使它镇定下来，而后把前肢搭在孩子肩膀上，以此指明前行方向并给予支撑，直到它到达安全之地。

河狸父亲教小河狸伐木筑坝：河狸能造屋筑坝，是动物中最杰出的工程师之一。河狸们伐木、开渠、造屋、筑坝等技能都是跟着父亲逐渐习得的。

狗父教子社会行为规则：在出生 3 周后，澳洲野犬父亲会测试幼崽的社会化倾向。在社会化关键期的第 4 周到第 7 周，幼犬必须经常与父亲和兄弟姐妹一起玩耍（如轮流扮演赢家与输家），从中学习社会行为规则（遵循则受鼓励，违反则受惩罚），从而实现社会化。

当我们看到非人动物们也进行谋生技能和社会行为规则（及本物种语言等）的教学活动时，我们还能妄称教育是人类独有的吗？

以动物为镜子：动物们的自然生活之道

二、动物中的母系社会与母权制度

2.1 原猴中的母系社会及其母权制度

考察发现：所有的原猴（如黑美狐猴、獴美狐猴、蓝眼黑美狐猴、褐美狐猴、竹狐猴、冕狐猴、领狐猴、大狐猴等）的社会都是雌性担任群体首领并以雌性为中心组织起来的母权制母系社会。由此，人类所属的灵长目动物社会是从母权制母系社会起源的。这对我们理解人类社会形态的源流与演变具有重要参考价值。

2.2 母系狒狒社会及其母权制度

狒狒是体形最大的猴子。狒狒社会是母权制母系社会：雌性终生留在本群，雄性则须在青春期到来时迁徙到别群；群体首领由年富力强的雌性担任。

在狒狒群中，尽管雄性比雌性体高力大，但雄性并不能凭体力优势成为首领。即使雄性有这种企图，雌性们也不会听从。最讨雌狒狒们喜欢并拥有最好的食物、寝位、交配机会等资源的是在群中生活时间长、性格温顺、举止有礼的雄狒狒，而非入群不久、攻击性很强、热衷于打斗的雄性！

雌狒狒们是怎样驯服雄性、从而维护雌性相对于雄性的更高地位的呢？办法主要有三种：**一是建立稳定的母系社会结构**。狒狒群的基本社会结构是由群内最年长的雌性及其女儿和孙女组成的母系亲属关系网，这种基于血缘和亲情的母系亲属关系牢不可破，构成了天然的雌性联盟。由于本群出生的雄性一到青春期就离开本群，生活在本群的成年雄性都是外来的且不会永久留群（不适应者很快就会离开，适应者通常待上三五年，最久不超过十年，因为这时雄性若不离开就有可能与自己的女儿交配，而狒狒已有乱伦禁忌），因而，成年雄性之间难以结成牢固的联盟。尽管雌狒狒间有时也有争吵，但在面对雄性的暴力侵犯时，雌性们总是会团结在一起，并以联盟优势制服雄性。**二是拒绝与粗暴无礼的雄性交配。**当这种雄狒狒靠近时，雌狒狒会立即跑开；若雄狒狒试图强暴，就会被雌性群起攻之。这种因粗暴而被拒交配的现象会极大地影响雄性的繁殖成功率和生活质量，因而对雄性具有很好的规训作用。**三是阻止蛮横的雄性对温顺的雄性的攻击。**当温顺雄狒狒受到蛮横雄狒狒攻击时，它会抓过一个较年长的雌狒狒或幼狒狒，将其当作盾牌挡在身前，由此迅速阻止攻击。但当一个蛮横雄性欲借此使自己免受惩罚时，被抓的狒狒便会大叫，其他狒狒就会群起攻之。温顺者受保护、蛮横者受抑制的现实也会对雄狒狒产生一定规训作用。经验教训会让雄狒狒渐渐意识到：在雌性联盟稳固的母系社会中，争强斗胜、争权夺位对于自己的生活不仅无益反而有害，因而就会逐渐学会自我控制、尊重他者尤其是雌性。

母系狒狒社会的生活现实告诉我们：在雌性留群并结盟、雄性外迁且需多次转群的母系社会中，雌性是可维持比雄性高的地位并不受其欺压的；雄性也是可学会控制自己的攻击性和权位欲并与雌性和别的雄性和平相处的。母系狒狒社会摒弃和抑制暴力、崇尚并维护和平的社会管理方式，实际上取得了比父系社会通常崇尚暴力的社会管理方式好得多的社会效果：雌性在群体中执掌权力并承担生儿育女、寻找素食、调解纠纷等雌性所擅长的任务，雄性在群体中承担猎取肉食和抵御敌害等雄性所擅长的任务；两性在性情、能力等方面的互补合作促使群体生活富足、和谐、安全与和平。母系狒狒社会的组织方式与生活实践及其效果对人看待与解决自身社会中的同类问题，尤其是两性地位关系问题具有很大启发意义，它提醒我们：对两性形态（体形、体力等）差异较明显又雌雄共群生活的社会动物来说，实施效果最好的很可能既不是通常崇尚暴力的父权制，也不是实际上难以做到的两性平权制，而是通常崇尚和平、雌性地位略高于雄性的弱母权制。

三、婚姻的本能基础与物质基础

3.1 性本能可导致两性交配但不能带来长期稳定的婚姻

在许多动物中，两性间只有在发情期才会交配，并在交配完后很快就分离。因而，作者说：性本能所导致的两性关系只限于发情期乃至一次性交期。而且，性本能的觉醒通常都会唤起攻击本能并带来冲突：在很多动物中，一到发情期，雄性就会为争夺雌性而大打出手，两性间也会因攻击性水平高而容易发生冲突。

有些动物（尤其是许多鸟类）在远未性成熟时就已两性结对生活，彼此照护，与夫妻无异，但并无性行为。这种"订婚"现象有力地驳斥了性是婚姻唯一纽带的观点。事实上，有些动物（如绿头鸭）的婚姻期主要是与性无关的订婚期，因为在交配后，这些动物中的两性伴侣很快就会离异。

由此可见：作为长期稳定生活伴侣关系的婚姻肯定不是由性本能带来的。

3.2 亲和性结对本能才是美满而持久的爱情与婚姻的本能基础

性并不能带来持久的婚姻。那么，那种使两性个体长久乃至终身相伴生活的力量到底是什么呢？经长期研究，德国女动物行为学家海尔加·菲舍尔发现：在某些动物中存在着一种基于生理上的催产素和心理上的亲和感的结对本能——**亲和性结对本能**，正是这一与性无必然关系（可相关也可不相关）的社会性本能在驱使着两性个体互相寻觅、结对，并以双方关系上的亲和性长期有效地抑制着彼此的攻击性，从而造就持久的爱情和婚姻。观察表明：在未性成熟的少儿期就结对生活的动物都是有着很强的结对本能，在性成熟并进入正式婚姻后，这种动物的婚姻常常是和谐美满并可维持终身的。可惜的是，**人类拥有的结对本能强度较弱**，以至于许多缺乏相关知识和体验的人不知道、不认可、不重视这种本能，甚至误将实际上常常导致冲突的性本能看作两性结对的唯一驱力。但值得庆幸的是，**人类的确拥有结对本能！**当人能认识到结对本能在自身身上的存在且顺应这一本能而寻求各方面与自己和谐的异性并与之结对生活时，人类的婚姻也是能较为牢固而持久的。

德浩谢尔认为：当代人类婚姻面临危机（离婚与非婚率高、婚姻持续时间短、配偶间暴力冲突多等），主要原因在于许多人错将性、物质和其他现实利益当成婚姻的基础，而没有将作为**婚姻的社会生物性根源**的亲和性结对本能当作婚姻的基础，从而使婚姻根基不牢。由此，**解决人类婚姻危机的根本之道**在于：认识、顺从并设法强化人类已然具有的亲和性结对本能。

3.3 婚姻的物质基础

尽管德浩谢尔认为婚姻最根本的基础应是亲和性结对本能，但他也看到了：在相当多的动物中，婚姻也需要有一定的物质基础。

"房地产"常常是雄性获得雌性青睐的必要条件：在巢居的鸟中，雄性得向雌性展示房产才能获得雌性青睐。在一些鸟（如粉头斑鸠）中，雄性拥有的巢要比其自身更能刺激雌鸟卵巢与输卵管的发育。在另一些鸟（如麻雀）中，若雄性招引了雌性，在发现雄性并无房产后，雌性便会立刻弃之而去。在圈地而居的动物（如水羚）中，雌性通常也只会选择与拥有领地的雄性交配。雌性重利或"拜金"的现象其原因不难解释：在雌性需要雄性帮助完成谋生与繁育任务的情况下，雌性自然会希望作为其配偶的雄性有能力提供有食物等生活资料的领地即"地产"或可作为栖居与繁育之所的巢穴即"房产"。

食物形式的礼物也常常是雄性获得雌性青睐的必要条件：很多动物中的雄性在求爱时都会给雌性送礼，这种求爱礼物通常是食物。例如：雄燕鸥、雄燕隼、雄短尾雕、雄紫蓝金刚鹦鹉分别会给意中"人"送一条鱼、一只蜻蜓、一条蛇、一堆果实，那意味着："我能为妻儿提供足够食物，请接受我吧！"在某些动物中，即使已结为夫妻，雄性的供食也仍然是维持夫妻关系的一种必要手段。例如：若雄雪鸮未用旅鼠喂养妻子，雌雪鸮便会拒绝与之交配。在另一些动物中，雄性在求爱时会既送食物又送筑巢材料。例如：雄杜鹃会给雌鸟送金龟子，还会送上一根小树枝，那意味着："我能筑巢并养育后代！"

根据笔者的梳理，德浩谢尔实际上认为：动物们的**婚姻**有**两大影响因素**——物质资料与亲和关系。**物质资料是基础性的，亲和关系才是根本性的**；相应地，动物配偶间的情感也有恩情与爱情两种。只有兼有**物质资料**和（基于结对本能的）**亲和关系**，动物两性才能缔造**既有物质基础又有和美爱情的美满婚姻**。

四、灵长目动物的婚姻形式及其原因

德浩谢尔在本书中谈论婚姻时主要涉及的是灵长目动物，根据笔者的梳理，作者谈到的按物种出现时间先后排序的灵长目动物的婚姻有以下几种。

4.1（临时性的）一妻多夫制

4.1.1 马达加斯加原猴中的一妻多夫制

在鼠狐猴和倭狐猴等最原始的原猴中，一个雌性会与周边的几个雄性交配。但这种两性关系只发生在短暂的发情期，在此之外，两性并不结对生活。因而，这种两性关系只能算是**发情期的临时性一妻多夫现象**，还称不上是真正的婚姻。

在社会关系较紧密的原猴（如环尾狐猴、黑美狐猴、獴美狐猴、褐美狐猴、竹狐猴、冕狐猴、领狐猴、大狐猴等）中，雌性地位明显高于雄性（只要雌性发出"喷嚏"声，在场的雄性就会闪避到一旁，一切让雌性优先）。在这种母权制的狐猴社会中，婚姻是平均一个雌性配两三个雄性的一妻多夫制；不过，狐猴中的一妻多夫制并非一个固定雌性对几个固定雄性的一妻多夫制，而是几个雌性共同与两三倍于雌性的雄性相配的"猴均"意义上的**一妻多夫制**（对整个群体来说，实际上是多妻多夫制；对每一个个体来说，实际上是一妻多夫制或一夫多妻制）。只有在多雌多雄群集的情况下，狐猴才会交配，而且是集体交配；在单雄单雌的情况下，狐猴们并不交配（因而，狐猴中不可能出现一夫一妻制）。

4.2 （正式的终身制的）一夫一妻制

南美新世界猴中的**一夫一妻制**：狨猴（约 20 种）都是单偶制动物。其中，**金狮面狨是严格单偶制动物**，夫妻双方一生都不会让配偶离开自己的视域。夫妻中若有一方在 10 岁后死亡，活着的一方就不再与异性交配。在金狮面狨中，照料与保护幼崽的是雄性，而雌性只负责怀孕、生崽和喂奶。

东南亚的**长臂猿与合趾猿**也是实行**终身单偶制**的灵长目动物。一对夫妻拥有一块专属领地，不让其他同类进入领地，双方一生都不会让配偶离开自己的视域。这两种猿都会通过夫妻二重唱来强化彼此的（尤其是非发情期的）情感联系，也会以合唱的方式向别的同类宣示领地权。长臂猿和合趾猿对生活伴侣的极端严密的监控、对别的异性同类的极端排斥使得它们的社会规模不可能超出家庭的水平。

关于合趾猿与长臂猿实行一夫一妻制的原因，德浩谢尔说：以果实为主食的这两种猿的一块领地能产出的食物只够养活一对夫妻及其几个孩子，而无法容纳更多成员。这便是这两种猿实行一夫一妻制的食物资源基础。

4.3 走婚形式的多配偶制（一夫多妻与一妻多夫并行制）

在大猿中，**红毛猿的婚姻是平时分居偶尔团聚的一夫多妻与一妻多夫并行制**（其中的异性有主次之分）。其原因主要是栖息地中食物（果实）稀缺，除未成年者不得不跟随母亲生活外，成年个体不得不分散开来寻找食物。由于平时并不共同生活，红毛猿的婚姻形式其实是一种走访频率较低的**走婚制**。

4.4 一夫多妻制

在大猿中，**高壮猿**的婚姻是一夫多妻制。高壮猿会避免近亲交配，雌高壮猿成年后会离家，与外群雄高壮猿相处，并根据相处情况（尤其是雄性照顾幼崽的能力及自己在妻妾群中的地位）决定是长期相伴还是自由分离。只要有机会，雄高壮猿总是会扩大自己的"后宫"（但一般不超过 4 个雌性）。雌高壮猿一生中通常会换三四个伴侣，直到找到如意郎君，才会与其共同生活多年（这表明：高壮猿婚姻稳定与否的决定因素也是亲和性等社会性因素，而不是性）。

关于高壮猿实现一夫多妻制的原因，作者说：高壮猿的栖息地竹林能提供的食物足以养活通常由 1 夫 4 妻 1 助手再加 5 个左右的孩子组成的一个大家庭。在食物资源足够的情况下，任何动物都具**有尽可能多地繁育后代的自然倾向**，而**一夫多妻制最有利于实现这种自然倾向**。除食物供应外，敌害的多寡和强弱也是影响家庭（或更大的群体）规模的原因之一。

4.5（非血缘性）群婚制或无婚姻制

青潘猿群是猿群中规模最大的，通常有 30~50 名成员，雌雄各占约一半。青潘猿并无固定的配偶关系，严格来说是无婚姻的；但从群内两性无固定对象的性行为上看，也可以说青潘猿实行的是群内雌性与雄性两个亚群体之间的群婚制。由于雄青潘猿（有时也有雌青潘猿）到青春期就会离开自己所出生的群体，年轻的雌青潘猿通常也不会与从小就认识且比自己年长一辈的雄性交配，因而，青潘猿群内的群婚制并非血亲之间的群婚制，通常并不会产生乱伦与近亲繁殖问题。

灵长目动物的婚姻状况告诉我们：**婚姻并没有从某种所谓低级**

形式（无固定配偶乃至血亲婚配）到所谓高级形式（终身性一夫一妻制）的线性演化模式。每种动物中稳定的婚姻形式都是动物适应其生存环境中的**食物供应和敌害多寡**，以及**两性攻击性水平相对关系和亲和性结对本能的有无与强弱**等现实的结果。从在现实环境中适应生存需要的角度看，**每种婚姻形式都有其合理性，不同的婚姻形式并没有（无条件的）绝对的高下之别**。这一关于婚姻形式的合理性的结论不仅适用于非人动物，也同样适用于人类（如作者所说：仅从食物供应角度看，一妻多夫制、一夫一妻制、一夫多妻制分别与食物极稀缺、较稀缺、较丰富的生存条件相适应；因而，在人类中，能获取较丰富食物的采食者和农牧者一般都采取一夫多妻制，较难获得食物的猎人一般采取一夫一妻制，生活在极端恶劣环境中、无论用哪种方式都不易获得食物的人们则不得不采取与节制生育相适应的一妻多夫制）。

五、母爱与父爱及亲子关系

5.1 母爱本能与母子关系

狗的母爱唤醒方式：狗崽出生后首次吮吸母乳是唤醒母爱并建立亲子亲情的必要条件。母爱被唤醒后，母狗就会不断舔舐孩子，给其吸奶、取暖等。若无吸奶这一关键刺激，母爱未被唤醒的母狗就会对孩子麻木不仁。

象的母爱唤醒方式：母象第一次用鼻子嗅刚出生的孩子时，母爱就被象崽的气味唤醒了。随后，母象就会对孩子做出一系列照护行为。

鸟的母爱唤醒方式：雏鸟在蛋壳里发出的细微叫声就能唤醒鸟

的母爱，雏鸟出壳后根据在蛋壳里就已熟悉的母亲的声音就能找到母亲并受其照护。

总之，**母爱能否被唤醒的决定因素是在幼雏出生后的一小段关键时间中，母亲与幼雏是否有感官上的亲密接触。**

研究发现：给从未交配和怀孕过的雌性哺乳动物注入催产素也会使其表现出舔舐、哺乳、照护等母性行为。这证明：在分娩前后的一小段时间中，雌性脑垂体分泌的**催产素就是母爱本能得以激发、母子亲情得以建立的生理基础。**

由此可推知无须催产素帮助即可生孩子的**剖宫产**及产后立即将**母子分离**等非自然做法的危害：**会使母爱不能得到自然激发、母子亲情不能得到自然建立**，从而在一定乃至很大程度上影响母子关系和孩子的成长！

研究还发现：在两性交配过程中（尤其是在达到性高潮时），雌性（乃至雄性）体内也会有**催产素**产生并进入血液中，从而**造成两性成年个体之间类似于母子（或父子）亲情的爱情**。由此可推知：**爱情是亲子情在两性伴侣间的模拟性扩展**。

5.2 父爱本能与父子关系

鸟的父爱唤醒方式：即将出壳的雏鸟叫声、雏鸟破壳而出的景象、雏鸟稚嫩可爱的模样及叫声除了唤醒母爱外，也会唤醒雄鸟的父爱本能。

哺乳动物的父爱唤醒方式：哺乳动物的父爱主要由幼崽稚嫩可爱的模样唤起。但幼崽唤醒父爱有个前提，即雄性知道幼崽是或很可能是自己的后代，否则就会唤起**雄性杀婴**的本能倾向（杀掉非亲生幼崽可使其母更快进入发情期从而给雄性带来繁殖机会）。

在人类中，丈夫陪伴在分娩的妻子身旁、孩子出生后父亲就与之亲密相处也都有助于父爱本能的唤醒与父子亲情的建立。**父母共同照护孩子的经历则有助于夫妻爱情关系的增强。**

六、动物社会中的等级制度

6.1 圈养环境中家鸡中的啄序

20 世纪 20 年代，挪威生物学家托莱夫·谢尔德鲁普 – 埃贝发现：彼此陌生的家鸡在初遇时会互啄，而后依胜负排定相对地位高低；最终，整个鸡群中会出现每一个个体都在台阶式的等级序列中占据一个固定位置的状态。在位序排定后，鸡群中就会出现一种行为规则：地位最高者可啄所有别的鸡，地位次高到倒数第二高者可啄所有地位比自己低的别的鸡，地位最低者只能忍受被任何地位高于己者啄；若被啄的地位低者反抗则会受地位高者惩罚。这就是被称为"啄序"的家鸡中的"线性等级制度"。在面对食物和异性时，啄序也决定着鸡群中每一个个体进食与交配的相对先后顺序。

6.2 自然状态下野鸡中的等级秩序

在谢尔德鲁普 – 埃贝发现鸡群中的"啄序"后，许多人相信等级制是社会动物中的自然现象，并由此认为一级压一级的等级制具有天然合理性。但 20 世纪 50 年代之后动物社会行为学的新进展告诉我们：家鸡中的啄序并不那么自然。对生活在自然栖息地中的野鸡来说，只有在两只野鸡同时发现食物的情况下，等级制才会发挥调节作用：等级高者拥有优先权。在两掌宽（约 10 厘米）之外，地位较低的野鸡就仍拥有对食物的自主支配权。实际上，在活动范围不受限制且行为自由的自然栖息地中，即使是弱势的野鸡，也容易躲避强者的攻击，何况到处都可以觅食，野鸡们也没必要一定要抢某个定点的食物。可见：家鸡中严格的线性等级序列是由窄小的人工圈养环境引起的，在只有特定地点才有食物而不能四处自由觅食、在被攻击后无法逃脱被攻击的情况下，家鸡们才不得不形成、接受并遵守严格的线性等级制度，以避免窄小空间中的冲突所可能导致的严重伤害。

在定居性人类社会中也存在着与家鸡中的"啄序"类似的等级制现象，究其原因，类似于鸡圈的缺乏自由的生存环境至少是原因之一。正如作者所说：就像圈养区中强势的狼会用暴力来建立和维持自己对其他狼的统治地位一样，在国家社会中，有人会用军警、法律等强制手段来建立和维持自己的统治地位。

观察表明：在自然状态下，野鸡或其他鸟类中并不存在所谓线性等级序列，而只有呈正态分布的个体间地位关系：只有少数最强者与最弱者之间的地位关系是基本稳定的，居于中间的大多数个体间并无固定不变的地位关系，它们之间的地位关系除了受体力与攻击性等生理因素的影响外，还受心理、地貌、机遇以及第三方（尤其是长辈）干预等多种因素的影响，因而实际上常处于波动之中。

七、动物社会中的民主

这部分内容在本书中较少，但书中论及的**狼群中的民主**现象很耐人寻味。

狼群中有头狼，但头狼并不像某些想当然的人所以为的是以暴力掌控一切的独断专行者。实际上，狼群中的各种专家——猎物侦察员、危险探测员、杀手、伏击手、幼崽保镖等——在相关事务的决策中都有一定话语权。头狼做决定也须尊重多数成员意愿，否则就无权做决定。如果头狼多次决策错误，那么，它就会被狼群经民主程序撤职，具体方式有二：其一，一头年轻的公狼向年老的头狼发起挑战，在挑战过程中，视其他成员支持哪一方的多，挑战者决定是放弃挑战还是击败头狼、从而成为新头狼。其二，作为头狼之妻的母狼将已不受群狼信任的头狼赶出狼群（让其自生自灭），并与有意取代头狼的年轻公狼交配，由此确定新头狼。

八、动物中的利他与互助行为

8.1 多种动物中的利他与互助现象

林戴胜鸟中的利他行为：红嘴林戴胜鸟生活在天敌多、食物少的恶劣环境中，在婚姻方面，它们实行独夫独妻制：在一个由十几只鸟组成的鸟群中，只有地位最高的雄鸟和雌鸟可结为夫妻并生养后代；其余成员则放弃了生育权，而用几乎毕生的精力来为那对夫妻服务——充当觅食者、护卫者和幼雏保姆等。那些助手为何会有这种似乎极端利他的行为呢？其实，它们的利他行为也是有利己效果的：帮助他者使它们获得了在能为其提供庇护的群体中栖身的权格。这就是林戴胜鸟为适应极端恶劣的环境而演化出来的同类间互助模式。

侏獴中的利他与互助行为：正常侏獴群由 5~20 个个体组成（少于 5 个则难以抵抗天敌而容易被消灭，多于 20 个则难以在有限的领地中找到足够的食物）。轮流担任哨兵是侏獴群最基本也最有效的防卫措施。哨兵獴不仅要忍饥挨饿，且因位置暴露而易被天敌注意乃至杀害。由此，担任哨兵对当事个体来说是几乎有百害而无一利的事。但若一个侏獴群中没有个体愿意担任哨兵，那么，群中个体就会一个接一个地被天敌（主要是毒蛇）所捕杀，最终全群覆灭。

当个体数量过少时，侏獴群就会因防卫力量不足而面临灭绝。这时，侏獴群就会寻找邻近个体数量同样不足的侏獴群，与之融合成一个较大群体。无论亲缘关系远近乃至无论是否有亲缘关系，在这种情况下，两群合为一群对原先的两群来说都是互利共赢的，即在利他的同时也利己。因而，一旦有必要，动物中就很容易出现这种兼具利他与利己性质的互助行为。

蜜蚁中的自我牺牲式利他现象：蜜蚁会采蜜但不会建造储蜜器具，为了应对饥荒，一些工蚁会通过吸食大量花蜜成为腹部膨胀百倍的活的储蜜罐。在饥荒期，蜜蚁们就从这些"储蜜罐"中获得食物，直到"储蜜罐"被吸空，并因此而萎缩死亡。这种以自我牺牲来利他的现象在昆虫中相当常见。

白蚁中的自我牺牲式利他现象：解甲白蚁中的工蚁在碰到敌害时会自行爆炸，以炸开的黏稠物质使敌害失去战斗力。弓背蚁中的兵蚁在碰到敌害时也会自行爆裂，以喷洒出来的胶水粘住敌害并使敌害在胶水硬化时丧生。

加利福尼亚小蜂中的自我牺牲式利他现象：加利福尼亚小蜂卵会自我克隆，其中一部分快速成长为兵蜂。当有外卵进入繁殖基地时，兵蜂们就会发起进攻，将外卵刺死。一旦孪生弟弟妹妹们发育成熟并飞离繁殖基地，兵蜂们便会衰老而死。

8.2 对动物中利他与互助现象的解释

非人动物中也存在利他与互助现象，这一点已被动物行为学观察确证无疑。尚待解决的问题是如何解释这些现象。在上述五种动物中，我们可以假设：作为哺乳动物的侏獴个体能意识到分工合作之于自身和群体生存的重要性，身为鸟类的林戴胜鸟也能意识到服务他者与获得庇护之间的关系，这样，它们的利他行为就可理解成**一种理性选择**。但昆虫中对当事个体完全无益的自我牺牲式利他现象就难以用理性选择来解释了，因为这种利他行为对个体来说是一次性且以死亡为后果的，个体根本无从得到回报。为此，汉密尔顿、道金斯与威尔逊等人提出了基因层面"**自私的利他主义**"学说：只要有利于与自身相同的基因的传承，动物个体不需要相关自觉意识就会对与自己有亲缘关系的个体或群体做出利他行为；这种行为从个体层面看是完全无私的，但从基因层面看仍然是自私的。

在非合作不能达到某种目的乃至无法生存的情况下，兼具利他与利己性质的互助行为就会在无论是否有亲缘关系的个体或群体之间发生。这表明：**互利中的利他现象并不受亲缘关系的限制，它也存在于无亲缘关系的同种乃至异种个体或群体之间**（如：胡狼与鬣狗、北极狐与北极熊、海豚与金枪鱼合作捕猎，牙签鸟在为尼罗鳄清洁口腔的同时获得食物，等等）。

8.3 利他与利己的关系

考察任何利他现象，我们都可以从某种或某些角度发现其中内含着利己性。由此，关于利他与利己的关系，作者认为：**利己是动物的本性**，也是动物能做出利他行为的基础和归宿。利己与利他并不截然对立而是内在统一的，**利他源于也统一于利己**。从任何角度或层次看都**完全无私的利他是不可能的**（即使是基于同情的不求回报的利他，也内含着设身处地这一想象中的虚拟性利己）。

九、物口过剩的危害与物口控制的自然机制

9.1 物口过剩导致自相残杀

狮子过多导致互相残杀：在一片草原上，当狮子过多时，狮群之间就会发生领地争夺战，大量狮子被杀死。当种群密度下降到现存狮子都有足够猎食空间的程度时，狮子间的相互残杀就会停止。而后，基于繁殖本能，狮子又会越来越多，并再次导致互相残杀。狮群之间是和平共处还是互相残杀的最大决定因素就是种群数量相对于栖息地中的食物供应量是否过剩。从实际效果上看，狮子之间的互相残杀是"狮口"控制的一种自然机制，它保证了种群规模和密度每隔一段时间都会得到一次调整，从而使狮子得以避免因种群数量过剩导致大饥荒而走上灭绝之路。

田鼠过多导致互相残杀：在食物丰盛之年，田鼠会大量繁殖，拥挤的空间给原本遵循一夫一妻制的田鼠带来外遇机会，雄田鼠们为争夺雌性而相互残杀，导致雄鼠锐减（死亡率90%），并因雌雄比过高（9：1）而实行一夫多妻制。在食物依旧丰盛的情况下，一夫多妻制导致田鼠数量爆炸式增长。一夫多妻的田鼠大家庭中还会出现乱伦交配和近亲繁殖。当有外来雄田鼠入侵时，本地成年雄田鼠就会因纵欲过度造成的身体虚弱而不堪一击，其"后宫佳丽"就会被外来者夺走。外来雄田鼠的体味对雌田鼠有堕胎作用，会导致胚胎溶解或流产，刚出生的幼鼠则会被外来雄鼠吃掉。而在新首领的后代尚未出生时，下一位外来征服者便已出现。所有的胚胎或幼鼠又会再次丧命。由此，鼠群中不断上演着"杀戮－交配"的剧目，却不再有新生命到来，成年田鼠也会因杀戮、体衰或惊恐而死。最终，种群数量过剩给田鼠带来的就是互相残杀而导致的大灭绝。

银鸥过多导致成鸥杀幼：银鸥数量过多时也会出现同类相残现象：成年银鸥会捕食幼鸥。在种群数量过剩时期，幼鸥被成年鸥捕食的比例达 70%~90%。

猴子过多导致自相残杀：当某块栖息地（尤其是人工圈养区）中猴子过多时，猴群（如 1970 年 9 月德国汉堡哈根贝克动物园中的猴群）中就会突然爆发血腥混战，导致大量伤亡。对此，德浩谢尔解释说：拥挤使得每一个体都缺乏必要的生存空间，由此导致精神压力与攻击性大增，当精神压力与攻击性突破临界点时，互相残杀就成了释放精神压力和攻击本能的最直接方式。德浩谢尔认为：人口稠密的城市中常会出现打群架乃至黑帮火拼的现象，其根本原因同样是人口过剩。

9.2 物口过剩导致种群灭亡

在少数缺乏物口控制机制的动物（如蝗虫、旅鼠、跳羚、红嘴奎利亚雀、中华绒螯蟹等）中，物口密度过高反而会导致繁殖力增强，由此导致物口密度越来越高。当物口过多、当地的食物被消耗殆尽时，种群就不得不迁徙到其他地方去觅食。在种群寻找新食物资源的过程中，慌不择路的盲目性常常将它们带入死亡之境：数十亿个体的蝗虫群会因长途跋涉耗尽体力而在浩瀚的沙漠或海洋中集体死亡，数百万个体长途迁徙的旅鼠群几乎最终都会在北冰洋中集体溺亡，增殖到数百万只的田鼠群总是会因瘟疫而灭绝，中华绒螯蟹在吃完栖息地中的食物之后甚至会吃掉同类。

德浩谢尔说：物口过剩导致大灭亡是自然规律，人类也不例外。动物行为学主要创始人康拉德·洛伦茨认为：人口过剩是人类面临的最大问题。

9.3 物口过剩导致物种退化

牛背鹭过多导致其不会觅食与育幼：牛背鹭原本是实行一夫一妻制的，但当种群数量过剩时，牛背鹭中就会出现随处可见的多角性关系、强奸甚至乱伦性交。雌鹭会踩烂鹭蛋，不再照护幼鹭。在这种情况下长大的牛背鹭不会自己觅食（即使身旁就可找到食物），而要靠父母喂养；在自己做了父母后，它们不仅不会喂养自己的孩子，甚至连自己都仍然需要年长的父母来喂养。

德浩谢尔认为：在物口过剩时，动物在基本的谋生和繁育能力上的严重退化是由物口拥挤所导致的精神压力所引发的精神病现象。对因物口过剩而陷入集体精神病状态的种群，光靠提供生活资料根本就不足以使之恢复正常的生存能力。

9.4 物口过剩导致道德退化

在个体间彼此熟悉的小型社会中，成员们遵循"一报还一报"（善有善报、恶有恶报）的道德准则；若有违反，就会受到惩罚（被指责、孤立乃至逐出群体），从而维持群内良俗和个体间良性互动。但在彼此大多陌生的大型社会中，在个体间偶尔相遇便再难相逢的情况下，欺诈者往往得利却不会受到惩罚。由此，物口过剩带来的另一种后果是：在规模过大的社会中，一报还一报的道德准则会失灵，社会成员的道德水平就会退化，损人利己、恩将仇报等不道德行为就会泛滥。

9.5 物口控制的自然机制

研究表明：除极少数正走在灭绝之路上的动物外，几乎所有动物都演化出了本能性的物口控制的自然机制——节欲、避孕、堕胎、杀婴、战争等。

塘鹅以多数个体放弃繁殖权来控制种群数量：当种群数量过剩时，塘鹅会在栖息地专门划出一块繁殖区域，只有在繁殖区中占据了一个位置的塘鹅才会筑巢、下蛋、孵蛋并哺育后代，其余的塘鹅则放弃了繁殖后代的权格。只有当繁殖区中有成年塘鹅死亡时，才会有旁边的塘鹅替补进去。

灰海豹以挤杀幼崽的方式控制种群数量：当栖息地中灰海豹过多时，灰海豹们密密麻麻地挤在一起；在这种情况下，成年灰海豹会顾不上照顾幼崽，许多幼海豹会被成年海豹压死或因与母亲隔开而饿死。灰海豹们会在眼下食物并未紧缺时就基于预防未来饥荒的动机而实施以拥挤大量杀幼而控制种群数量的策略。

牛蛙以节制交配控制种群数量：当幼蛙过多因而合叫声过响时，成年雄蛙们就不再发出旨在吸引雌蛙的鸣叫，因而也就不会再有与雌蛙的交配行为，从而产生控制种群数量的效果。成年雄蛙看来是以幼蛙的叫声响度来作为"蛙口"统计方式的。

雪鸮与灰林鸮根据食物丰缺情况来控制生育：在发情期，雄雪鸮要给雌雪鸮送食物形式的礼物（旅鼠），否则，雌雪鸮就不会同意交配。在食物短缺的年份，雄雪鸮通常会因饥饿而立即吃掉发现的食物，因而就不会有礼物可送给雌鸮；因此，雌鸮就不会与之交配，从而，当年就不会生育后代。

在食物（老鼠）丰富的年份，在繁殖期，灰林鸮夫妻是分工合作的：雌鸮负责孵蛋，雄鸮负责猎食与供食。在这种情况下，所有的蛋都能孵化成幼鸮。在食物短缺的年份，雄鸮无法提供足够的食物，雌鸮就得在孵蛋期间自己外出找食物。在这种情况下，蛋的孵化率就会大大减少，从而导致种群数量大大下降。

从实际效果上看，可以说：雪鸮和灰林鸮都能根据食物丰缺来控制种群数量。

赤狐根据种群密度调控种群数量：赤狐家庭通常由一夫一妻及其 5 个成年女儿和 5 个未成年幼崽组成。在家庭成员较多时，整个家庭只有母亲会生育。在家庭成员过少时，母亲与所有已成年女儿都会生育，从而很快使家庭规模恢复到正常水平。

大象以节欲降低生育率来控制种群数量：非洲一些地区曾滥杀大象，这迫使大象大量涌入保护区，造成了种群数量过剩。不久，过多的大象就相继吃完了保护区中的树叶、树皮，被毁坏的森林先是变成了草地，后又变成了半荒漠。许多大象（尤其是老年象和未成年象）活活饿死，幸存的也皮包骨头。在没有人为干涉的情况下，保护区中的大象竟然自发采取了节欲式生育调节法：它们将生育间隔期从约 2 年延长到了近 7 年，用自觉降低出生率的办法逐步缓解了饥荒，并最终达到了种群数量与环境中的食物供应量之间的平衡。

黄粉䗹以避孕和食卵等方式控制种群数量：黄粉䗹是一种寄住在面粉中的甲虫，繁殖速度很快。但黄粉䗹的粪便产生的气味具有避孕效果，随着种群密度及相应的粪便气味浓度的提高，雌䗹的生育能力会降低，幼虫发育到性成熟的时间也会延长；而且，一旦䗹数超过每克面粉 2 只，雌䗹在产卵后就会立即吃掉自己的卵。由此，黄粉䗹总是能及时调节种群数量，从而避免物口爆炸、种群灭绝。

蛙以厌食药和减速生长等来控制种群数量：在蛙中，先出生的蝌蚪会释放出一种有气味的厌食药物，它会使后出生的蝌蚪绝食而死。由此，先出生者获得了生存优先权，物口密度也得到了控制。除厌食药外，蛙类还有另一种种群数量控制方式：若同时出生的蝌蚪过多，那么，它们的生长速度就会减慢，变成蛙后体形也异常得小，并会因无法与正常蛙竞争食物而死，从而使种群数量减少。

三肠虫以返童方式控制生育：在因种群数量过多面临饥荒时，成年三肠虫便开始绝食，身体会缩短至原来的1/5，退回性成熟前的"童年"状态，从而停止生育。当环境中食物供应正常时，它们又会重新生长、再次性成熟并繁育后代。

孔雀花鳉以食幼方式稳定种群密度：孔雀花鳉会根据生存空间大小确定某个水体中可存活的孔雀花鳉总数，一旦超出平均每两升水一条鱼的种群密度，雌孔雀花鳉就会吃掉刚出生的孩子；而在留存的鱼中，雌雄比总是2∶1。由此，在某个水体中，孔雀花鳉的种群密度总是保持不变，因而，永远都不会出现孔雀花鳉过剩问题。

天蛾幼虫以招引天敌方式控制种群数量：天蛾幼虫在树上独居时体色是绿色的，可很好地伪装自己。若周围出现同类，随着种群密度不断增高，它们的体色就会分别变成伪装效果越来越差的蓝色、棕色、灰色。由此，它们会招来越来越多的天敌（鸟类等），从而使种群数量迅速减少。

树鼩以自我清除方式控制种群数量：树鼩是猿猴的祖先型动物之一，这种动物对种群密度十分敏感，以至于当树鼩过多时，它们就会因压力过大而依次出现杀婴、性无能、胚胎溶解、紧张致死现象，从而使种群数量下降并最终使种群密度恢复正常水平。

褐家鼠以弃婴和杀婴等方式控制种群数量：当种群密度过高时，雌雄褐家鼠都会出现行为退化现象：雌鼠不再照料幼鼠，雄鼠会暴力攻击雌鼠甚至吃掉幼鼠；由此导致幼鼠死亡率接近100%，雌鼠死亡率超过50%，雄鼠也多因身心俱疲而过早死亡。这种鼠群内部的自相残害实际上成了家鼠控制种群密度的一种自然机制。

十、动物们如何化解冲突谋求和平

10.1 失败者以认输姿态获得胜利者宽恕

两条**尼罗鳄**打斗时，若其中一条向另一条呈现无鳞甲覆盖的容易受伤的柔软部分（一种表示认输的姿态），那么，胜利者就会将认输者的一条腿含在利齿间却不咬下去（一种表示宽恕的姿态），而后放开。至此，两条鳄就达成了和解。

羚羊有着长可超 1 米、必要时能刺穿许多动物身体的尖角，但在同类相斗时，它们只是用角互相猛击，而不将角刺向对方，因而通常都不会伤害同类。

两条**响尾蛇**相斗时会用身体彼此缠绕，而后身体突然弹射出去，使双方绊倒。几个回合后，若其中一条未能迅速起身，另一条就会用身体将前者压在地上，并在几秒钟后放开，让对方逃跑。响尾蛇都有毒牙，但在同类相斗时，却不会使用这一致命武器，而是仅凭力气进行摔跤比赛，并在决出胜负后就和平分开。

箭毒蛙背部皮肤腺分泌的毒液是一种瞬间致命的武器，但在同类相斗时箭毒蛙并不会使用毒液。箭毒蛙的争斗方法是：先伸展四肢发出叫声以示威胁，而后用头部撞击对方，最后互相摔跤，以是否摔倒决出输赢，而后让输家逃跑。

鬼鱼的背刺是致伤利器，但在同类相斗时，鬼鱼也不会使用背刺，而是只凭力气进行一场可能耗时几小时的顶推比赛，当一方向下低头或身体朝一侧倾斜（那是表示认输的姿态）时，另一方就会停止顶推，让对方逃走。

狼蜂、**黄蜂**和**马蜂**都有毒刺，但在同类相斗时它们也不会使用毒刺，而是围着对方绕圈，并用头部互撞，直至坠落。落地后，双

以动物为镜子：动物们的自然生活之道

方则会进行摔跤比赛。自觉不敌的一方会找机会逃跑，赢者也就不再追赶。

德浩谢尔认为：以技能比赛方式决出胜负而后宽恕输了的对手，是基于物种延续需要演化出来的动物界普遍存在的一种生存策略。在争斗中总是杀死对手的做法不利于物种延续甚至会导致物种灭绝，因而终究会在演化中被淘汰掉。

对许多人忘记了这一自然法则，在争斗中不宽恕对手、不规避伤亡的做法，德浩谢尔说：对人类而言，没有比从非人动物们的行为中借鉴学习更具人道性的行为方式更重要的事了！

10.2 攻击行为的仪式化（或游戏化）与无害化

若两只**转角牛羚**发生打斗，不久，双方就会跪下前腿，以长有弯弓状羚角的头部做盾牌，护住防护薄弱的脖胸。此后，双方的打斗就变成了一种仪式化的角力比赛，一种体育游戏，而非真正的战斗。若一方先向前推进一段后又缓慢后退（一种表示不想恋战的信号），那么，对方就会停止角力。转角牛羚的几乎不具有杀伤性的弯弓状的角看起来就像是专门为仪式化的攻击行为而演化出来的。

麝牛打斗时通常也不用角，而是用盔甲化了的前额互相撞击，直到一方昏厥，决出胜负，比赛性的打斗便会结束。

羱羊生活在陡峭的山坡上。若两只羱羊有意以角力方式决斗，那么，它们都会先让对方找到一处可稳固站立的地方，以免跌入深谷而伤亡。羱羊间的角斗还常常有第三方在场监督，若有一方想要作弊，"裁判员"就会用自己的角叉起作弊方的角，将其推至一边，而后让它们继续角力比赛。

将人类中的决斗与动物间的决斗相比，我们可以发现：许多动物（尤其是牛科动物）中的决斗方式都比人类的更公平，甚至更人道。**动物在与同类决斗时通常都遵循下述原则：先威胁，后决斗，终宽恕。若威胁有效就不再决斗，若是竞技性比赛，那么决出胜负后就不再实施致伤亡性攻击。赢家宽恕输家（给其留生路）。**

发生冲突后能有和平的结局是当事者抑制攻击性的结果。关于动物的攻击性抑制能力，有这样两个规律：其一，**一种动物所拥有的攻击性武器的致伤致死性越强，其所拥有的攻击性抑制力也就越强**（如狮子），**反之就越弱**（如鸽子）；其二，**冲突双方关系越亲近，当事者对自身攻击性的抑制力就越强**（如亲友间），**反之就越弱**（如陌生同类或异类之间）。基于这两个规律，对本非猛兽、攻击性并不太强的人类在拥有大规模尤其是远距离杀伤性武器后，为何会在到处都是陌生人的大型社会中做出比地球上任何动物都残忍的同类相残行为，德浩谢尔做出了这样的解释：因为攻击性并不太强，人类演化出来的攻击性抑制力也不太强；身处人口过剩的大型乃至巨型社会中，面对被看作敌人的陌生人尤其是隔着远距离的同类，人类就更难唤起本来就不太强的攻击性抑制力，因而，攻击性一旦发动就不可控。

10.3 雌性抑制雄性攻击性的自然机制

雌性的气味是抑制雄性攻击性的特效药物：几乎所有哺乳动物中的雄性都对雌性特别宽容，即使被雌性冒犯也容易宽恕雌性。这种现象可有多方面原因，但其中一个很直接很明显的生理层面的原因是：雌性所散发的含有雌性激素成分的气味具有立竿见影的攻击性抑制效果。

雄性宽容雌性的另一个比较明显的原因是：雌性是繁殖使命的

主要承担者，伤害或杀害同物种的雌性就等于减少了雄性自身与雌性交配的机会，因而，无论是否具有相关理性意识的参与，雄性都会演化出宽容雌性的稳定行为倾向。

在很多动物中，雄性在征服雌性后会出现杀婴现象（杀掉非己出的婴儿，以使雌性尽快进入发情期）。但在某些哺乳动物中，雌性也已演化出应对策略。例如：在被外来雄狮征服后，雌狮会让雄狮嗅自己身上及卧处的含有雌性激素的体味，使之得到安抚；几天后，雄狮就会放弃杀婴企图。

雌性气味有安抚雄性作用、使之不伤害妇孺的现象或机制在人类中也存在，只是强度较弱。因而，对人类来说，要想有效地抑制雄性施暴，除了抑制攻击性的自然机制外，还需要有道德戒律等措施的支持。

10.4 幼雏引发成年动物爱怜之情与护幼本能从而免遭伤害的自然机制

看到幼小动物（小猫、小狗及人类婴幼儿等）稚嫩可爱的样子，几乎没有人能立即对这些小动物下毒手，因为这种样子会唤醒成年者对幼者本能的爱护之情。事实上，娇小可爱的样貌是动物们（主要是哺乳动物和鸟类以及少数有哺育后代现象的鱼类、两栖类和爬行动物）演化出来的在幼年期防范侵害乃至获得爱护的一种有效手段。在存在护幼现象的动物中，每种动物幼崽让成年者觉得可爱从而激发出成年者的爱怜之情与护幼之举的幼态特征各不相同或有所不同。

10.4.1 鸟类的可爱特征与护幼行为

幼鸟的不同于成年者的羽色（如幼白天鹅的灰色羽毛）、求食、求救时的姿态（张开的大嘴）和叫声、口腔中具有幼态特征的颜色等能激发出成年鸟的爱怜之情和护幼之举，因而都是可爱特征。有些寄生鸟能模仿寄主鸟幼鸟张嘴的样子和跟寄主鸟幼鸟一致但更鲜艳的口腔颜色，因而能得到成年鸟更好的照护。

10.4.2 哺乳动物的可爱特征与护幼行为

对**犬科和牛科**动物来说，幼崽特有的气味就是主要的可爱特征。

对**猫科**动物来说，幼崽圆胖的身体、大眼和柔软的绒毛是主要的可爱特征。

对**猴**来说，幼猴的圆胖之躯、大眼和柔软绒毛同样是（未成年与）可爱特征；对某些猴子（如狒狒、猕猴、疣猴）来说，幼猴不同于成年猴的**毛色**也是可爱特征。

人类婴儿的可爱特征不是一诞生就有，而是稍晚才有的，人类婴儿的可爱特征主要是：**圆圆的头颅、隆起的前额、大眼睛、圆润的面颊与胖胖的四肢。**

非灵长目动物幼崽的可爱特征主要对父母尤其是母亲起效，灵长目动物的可爱特征的起效范围则从父母扩展到了同群其他成员乃至不同群的同类。

作为导读，本文似乎已写得过长。但实际上，作为作者篇幅最长、内容也最多样的著作之一，本书中还有一些笔者并未在导读中给予概述的重要内容，例如：**动物社会组织松紧度及个体自由度与环境中的食物资源丰缺度的关系，**动物个体社会化的过程，（可在性爱中产生的）**催产素和抗利尿激素对结对本能的强化作用，父母关爱对孩子心理健康的影响，**动物们的耻感，等等。

最后，让我们以德浩谢尔揭示本书主题的一句话来作为这个导读的结束语：**堕落的人们将自己想象中的糟粕投射到动物们身上，我将一生与此抗争到底并（为改变人们对动物们的错误观念而）大声疾呼。**